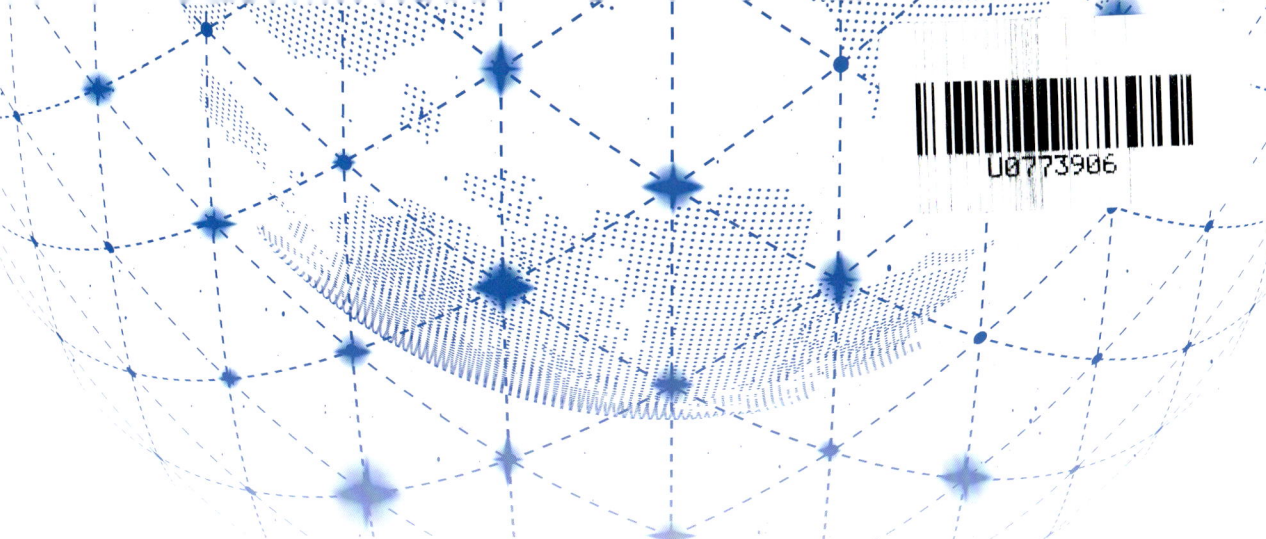

重点科技领域
前沿态势报告
2020

刘琦岩 等 著

科学技术文献出版社
·北京·

图书在版编目（CIP）数据

重点科技领域前沿态势报告 . 2020 / 刘琦岩等著 . —北京：科学技术文献出版社，2021.5
 ISBN 978-7-5189-7866-3

Ⅰ.①重… Ⅱ.①刘… Ⅲ.①科学技术—研究报告—中国 Ⅳ.① N12

中国版本图书馆 CIP 数据核字（2021）第 082286 号

重点科技领域前沿态势报告2020

| 策划编辑：周国臻 | 责任编辑：崔灵菲 | 责任校对：王瑞瑞 | 责任出版：张志平 |

出 版 者	科学技术文献出版社
地　　址	北京市复兴路15号　邮编 100038
编 务 部	（010）58882938，58882087（传真）
发 行 部	（010）58882868，58882870（传真）
邮 购 部	（010）58882873
官方网址	www.stdp.com.cn
发 行 者	科学技术文献出版社发行　全国各地新华书店经销
印 刷 者	北京地大彩印有限公司
版　　次	2021年5月第1版　2021年5月第1次印刷
开　　本	787×1092　1/16
字　　数	200千
印　　张	14
书　　号	ISBN 978-7-5189-7866-3
定　　价	98.00元

版权所有　违法必究

购买本社图书，凡字迹不清、缺页、倒页、脱页者，本社发行部负责调换

《重点科技领域前沿态势报告 2020》作者名单

刘琦岩　郑彦宁　郑　佳　孟　浩
李志荣　傅俊英　梁琴琴　李　秾
邢晓昭　周肖贝　袁　芳

前沿与颠覆

（代序）

人类知识的前沿是产生新知识、新技术的创新场所，一个民族与科技前沿的关系也喻示着她与未来的关系。关注科技前沿，识别创新动向，甄别变革性机会，是科技情报工作的基本功课。当今世界科技进步日新月异，向现实生产力转化的步伐不断加快，对科技情报服务工作提出更高要求。作为我国最大的国家级公益性科技信息研究机构，中国科学技术信息研究所（简称"中信所"）于2006年组织落实《国家中长期科学和技术发展规划纲要（2006—2020年）》，成立了"重点科技领域课题组"，启动了国家重点科技领域的前沿跟踪、专题深度分析与研究工作，密切关注国际重要前沿领域部署与进展，支撑科学决策。15年来，重点科技领域课题组在实践中逐渐形成了"事实型数据+专用方法工具+专家智慧"的科技情报研究方法和框架体系，在行业内得到广泛应用和推广。在实践中，以服务国家重大科技创新为宗旨，紧跟全球科技创新服务趋势和潮流，逐渐确立了以"新材料、新能源、先进制造、生物医药、信息技术"等为重点的研究方向，建立了对战略部署、政策措施、技术进展及发展趋势、产业动向等前沿动态进行重点跟踪的长效机制，形成了"小核心、大网络"的研究群，完成高质量的深度分析研究报告、战略研究报告、调查报告百余份，为国家科技发展战略和政策制定、科技计划与项目管理提供了有力的决策支撑。

当前，立足新科技革命浪潮潮头，各领域涌现出众多前沿技术和新兴技术。创新驱动发展作为建设创新型国家的重大战略，科技交叉前沿领域成为带动科学重大发现和突破的前沿阵地，将引领未来的科技革命与产业革命。与此同时，按照创新的内在逻辑，不断探索开发与建设科学技术的新知识体系和新研究方法，成为科技情报服务工作者面临的巨大挑战。众所周知，科学是人类在长期认识和改造世界的历史过程中所积累起来的认识世界事物的知识体系；技术是人类根据生产实践经验和应用科学原理而发展成的各种工艺操作方法和技巧，以及物化的各种生产手段和物质装备。科学体系由命题性知识融合而成，基本上是围绕宇宙演变、物质结构、生命起源、意识本质这4个世界本源性的"根问题"展开探索的；技术体系是指令性知识的汇集，相关新知识围绕着新材料、新能源、先进制造、生物技术、信息技术这五大"前沿线"加速展开。今天，这4个科学"根问题"和五大技术"前沿线"仍将是酝酿原创突破和颠覆性技术最为可能的创新空间。

如何通过实时的科技情报监测、预测与响应体系建设，支撑未来前瞻性部署研究可能产业化的颠覆性技术，成为当前我国科技情报事业的主要挑战之一。为此，围绕中信所国家级国际创新战略智库、国家科技资源大数据中心、国家科技信息资源综合利用与服务中心（简称"一库两中心"）的建设目标，面向未来大数据驱动的科技情报服务，中信所重点科技领域课题组以代表新一轮科技革命和产业变革方向的六大前沿技术——软体机器人、神经形态芯片、脑机接口、类石墨烯二维材料、基因编辑、钙钛矿太阳电池为重点研究对象进行了深度分析。研究以专利、论文、科技项目、投融资、学术会议、科技论坛等科技数据和信息为基础，从发展历程、观点与碰撞、竞争与合作、未来展望4个维度深入分析了技术的内涵与外延、发展脉络、政府支持、专家观点、市场情况、区域竞争与合作、创新主体、顶尖人才等，展望了前沿技术的发展前景，提炼出未来技术发展尚需解决的问题和方向，探讨了全球背景下开放合作对技术发展的促进作用，并提出我国发展上述前沿技术领域的建议。

在本书撰写过程中，全体作者分工合作，保障了书稿的顺利完成。刘琦岩负责总体策划、选题确定和内容指导；郑彦宁、郑佳负责总体推进和内容协调；孟浩作为项目顾问参与管理工作，并负责撰写钙钛矿太阳电池前沿态势报告；李志荣主要负责书稿统筹、全书体例规范和统一、类石墨烯二维材料前沿态势报告的选题策划及进度管理等；傅俊英主要负责全书图表样例设计和标准化、数据的统一处理等；梁琴琴是软体机器人前沿态势报告的主执笔人；李秾是神经形态芯片前沿态势报告的主执笔人；邢晓昭是脑机接口前沿态势报告的主执笔人；周肖贝是类石墨烯二维材料前沿态势报告的主执笔人；袁芳是基因编辑前沿态势报告的主执笔人。在撰写过程中，中信所重点科技领域课题组在读研究生谢祥生、李阳、魏诗瑶、李偲、安淑荻等参与了资料收集、数据分析工作。对于全体成员为书稿的完成所付出的辛勤努力，在此表示最真挚的谢意。

本书的研究工作同时受到中信所重点工作项目、中信所与上海市科学学研究所联合承担的"2020浦江创新论坛"项目资助，在此表示感谢。科学技术文献出版社编辑周国臻、崔灵菲等在本书出版中，在书稿校对和编辑、版式设计等方面提出了非常专业的建议，在此一并表示感谢。

本书是对科技情报服务内容、呈现方式的新探索和实践，书中难免存在疏漏或者错误，希望广大读者不吝赐教。希望本书的出版能为国家科技发展战略和政策规划等提供有效支撑，为领导的科学决策、专家学者的科学研究提供参考。

刘琦岩

2020 年 12 月

目 录

1 软体机器人前沿态势报告 ·· 1
   一、发展历程 ·· 3
   二、观点与碰撞 ·· 8
   三、竞争与合作 ·· 14
   四、未来展望 ·· 35
   参考文献 ·· 36

2 神经形态芯片前沿态势报告 ·· 39
   一、发展历程 ·· 40
   二、观点与碰撞 ·· 50
   三、竞争与合作 ·· 54
   四、未来展望 ·· 70
   参考文献 ·· 71

3 脑机接口前沿态势报告 ·· 73
   一、发展历程 ·· 74
   二、观点与碰撞 ·· 78
   三、竞争与合作 ·· 85
   四、未来展望 ·· 102
   参考文献 ·· 106

4 类石墨烯二维材料前沿态势报告 ……………………………………… 109
一、发展历程 …………………………………………………… 111
二、观点与碰撞 ………………………………………………… 115
三、竞争与合作 ………………………………………………… 122
四、未来展望 …………………………………………………… 138
参考文献 ………………………………………………………… 140

5 基因编辑前沿态势报告 ……………………………………………… 143
一、发展历程 …………………………………………………… 144
二、观点与碰撞 ………………………………………………… 153
三、竞争与合作 ………………………………………………… 156
四、未来展望 …………………………………………………… 176
参考文献 ………………………………………………………… 178

6 钙钛矿太阳电池前沿态势报告 ……………………………………… 183
一、发展历程 …………………………………………………… 184
二、观点与碰撞 ………………………………………………… 186
三、竞争与合作 ………………………………………………… 195
四、未来展望 …………………………………………………… 210
参考文献 ………………………………………………………… 211

软体机器人前沿态势报告

1920 年，作家卡雷尔·恰佩克在他的科幻小说《罗萨姆的万能机器人》中第一次提出机器人的概念，从此，创造出机器人并让其为人类服务激励着全球各国的研究者不断探索。1939 年第一台机器人诞生于美国西屋电气公司，1956 年美国人乔治·德沃尔制造出世界上第一台可编程的机器人，1959 年第一台工业机器人诞生于美国 Unimation 公司，1968 年第一台智能机器人由美国斯坦福研究所研发出来。

在机器人技术近百年的发展历程中，以工业机器人和服务机器人为代表的刚性结构机器人，在工业、医疗和特种领域已经有了广泛的积累和应用，在当前依然是机器人领域研究的主要方向。然而，随着机器人应用领域的不断扩大，传统刚性结构机器人已无法满足特殊极端场景的应用，如复杂易碎物体抓持、狭窄空间作业等，同时刚体机器人由于外表面为金属材料，在与人类协作完成任务时容易对人类造成伤害，人机交互性能差，刚体机器人天然存在的灵活度有限、安全性和适应性较差等弊端也逐步显现。

在此背景下，具有表面柔软、行动灵活、易变形等特点的软体机器人开始进入研究者的视野。软体机器人本体采用软材料或柔性材料加工而成，可连续变形，具有无限自由度，其良好的安全性和柔顺性弥补了刚体机器人的不足。从而实现更安全的人机交互，并能适应各种非结构化环境。在医疗康复、灾害救援、地形勘探、国防安全、太空探索等领域应用前景广阔。

当前，软体机器人已经成为机器人领域一个重要的研究方向，传统机器人强国为了抢占竞争制高点，很早就开始相关布局及研发。不同于工业机器人领域的巨大差距，我国在软体机器人领域的研究与美国、欧洲、日本等国家和地区处于同一起跑线，在 Science 杂志的子刊 Science Robotics 上经常能够看到我国软体机器人的研究成果。此外，我国软体机器人领域的国际合作和产学研合作也非常活跃。

基于此，我们选取软体机器人作为机器人领域的前沿技术进行深入分析，从发展历程、观点与碰撞、竞争与合作等角度考察全球发展情况，并对软体机器人的未来趋势给出判断。为我国软体机器人技术的发展提供参考，同时也为我国机器人产业在新的竞争方向上取得先发优势提供支撑。

一、发展历程

（一）定义

1. 麻省理工学院丹妮拉·鲁斯（Daniela Rus）教授

2015年，麻省理工学院Daniela Rus教授发表在 *Nature* 杂志上的综述文章"Design, Fabrication and Control of Soft Robots"中对软体机器人做出了如下定义：软体机器人的"软"，指的是软体机器人本体结构材料的软，即对制作软体机器人材料的弹性模量做出限制。传统的机器人制作材料的杨氏弹性模量范围是 $10^9 \sim 10^{12}$ Pa，而生物体组织的杨氏弹性模量范围大致介于 $10^4 \sim 10^9$ Pa（图1-1），而我们对软体机器人预期的弹性模量也是介于 $10^4 \sim 10^9$ Pa，因为当组成机器人的材料与生物特别是与人类的组织相近甚至更加柔软的时候，才能够从本质上保证人机交互的安全性。

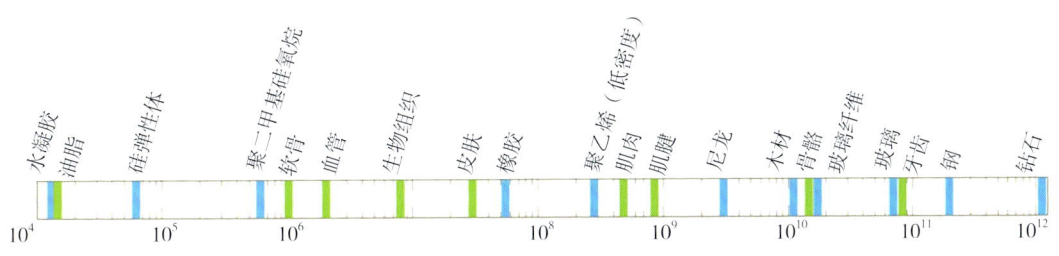

图1-1　材料的杨氏弹性模量（单位：Pa）

2. 北京航空航天大学王田苗教授

王田苗教授在其关于软体机器人的综述文章《软体机器人：结构、驱动、传感与控制》中写道：软体机器人本体采用软材料或柔性材料加工而成，可连续变形，从原理上具有无限自由度，自身良好的安全性和柔顺性弥补了刚体机器人的不足。例如，软体机器人可以大幅弯曲、扭转和伸缩，可在有限空间下作业，如微创腹腔手术和灾难救援等；自身可以连续变形，在仿生结构和仿生运动方面可以更好地模仿生物原型；可以根据周围的环境改变自身的形状和颜色等，在复杂易碎物体抓持、野外极端环境下行走和伪装逃生等方面具有极大的应用前景。

（二）研究方向

王田苗教授在其文章《软体机器人：结构、驱动、传感与控制》中总结了软体机器人研究的三大主要分支（图1-2）。

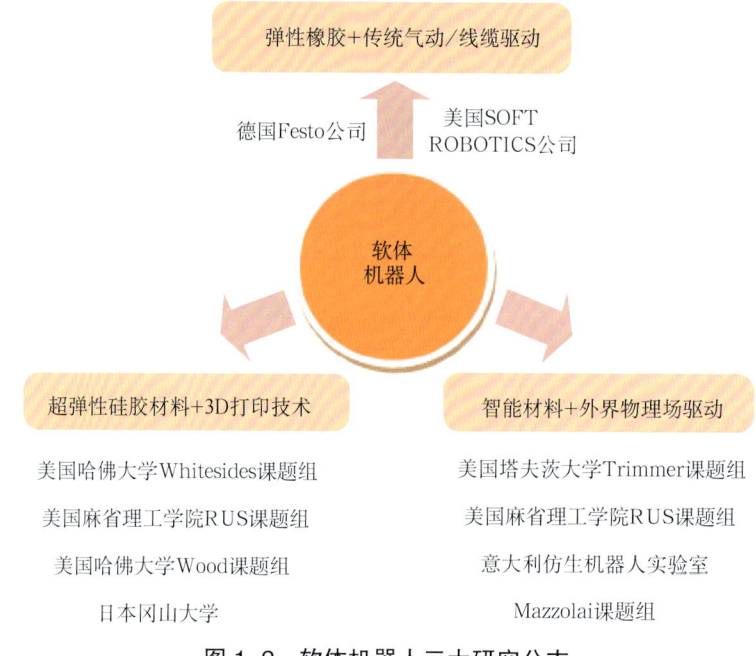

图 1-2　软体机器人三大研究分支

①以传统气动/线缆驱动为主的研究，如德国 Festo 的象鼻机器人和气动肌肉等，这方面的研究已有几十年的历史，趋于成熟。

②以超弹性硅胶材料作为本体材料，结合最新 3D 打印技术的研究，这类机器人多是气动驱动，承压小，变形大，运动灵活，是软体机器人最热门的一个研究分支。代表机构有美国哈佛大学、美国麻省理工学院、日本冈山大学等。

③利用智能材料，如介电弹性体（dielectric elastomer，DE）、导电聚合物（electro active polymer，EAP）、形状记忆合金（shape memory alloy，SMA）、形状记忆聚合物（shape memory polymer，SMP）等在外界物理场驱动下变形而产生运动的研究，这是智能材料在软体机器人领域的一个新应用，在微小型机器人领域具有很大的前景。代表机构有美国塔夫茨大学、美国麻省理工学院、意大利仿生机器人研究实验室等。

（三）重大事件

软体机器人产品的研究始于 20 世纪 80 年代，日本、美国等机器人传统强国在保持刚体机器人发展优势的同时，已经逐渐意识到刚体机器人的应用瓶颈，开始寻求补充替代产品。表面柔软、易变形、能够灵活移动、对人类更加友好的软体机器人成为研究的重点，软体机器人产品开始进入人们的视野。

1989 年，日本冈山大学软体机器人实验室完成了早期的软体机器人——小型柔性机械手，该机械手采用白色硅胶材料浇注而成，使用压缩气体驱动方式，具有 7 个自由度能够完成基本抓持动作。

1991 年，日本东芝公司和横滨国立大学发明了一种三通道纤维驱动器，在该驱动器作用下实现了拉压、扭转、弯曲等动作，其在腿式移动机器人和工业抓取上得到了较好的应用。2007 年，日本冈山大学和大阪大学合作研发出了蝠鲼机器人，该机器人利用纤维增强驱动器，通过控制两个驱动器的弯曲实现在水里游动的动作。

2007 年，日本冈山大学和大阪大学合作研发出了蝠鲼机器人，该机器人利用纤维增强驱动器，通过控制两个驱动器的弯曲实现在水里游动的动作。

2009 年，欧洲 5 个国家成立章鱼项目组，旨在研究章鱼传感器机器驱动原理，对章鱼的运动从组织结构进行分析并模拟生物力学特性，提出了收缩横向肌肉实现伸长，收缩轴向肌肉实现缩短，收缩外部和内斜纹肌实现扭转功能。

2011 年，哈佛大学 Whitesides 课题组研发了基于流体弹性驱动器（FEA）的气动四足软体机器人，通过有序地驱动 5 个驱动器可以产生爬行和起伏两种运动模态。该机器人可以在冰雪、炭火等极端环境下作业，并且可以承受汽车碾压等巨大压力。

2016 年，哈佛大学的研究者们研制成功了一种章鱼形状的全柔性机器人——Octobot。其采用了过氧化氢分解产生水和氧气的化学反应为装置提供动力。氧气通过内嵌的微阀门，使得 Octobot 的腕足进行交替摆动，从而实现了整体的运动。

2017 年，北京航空航天大学王田苗、文力团队研发出仿生鲫鱼软体吸盘机器人，研究成果发表在 *Science Robotics* 杂志上，且被封面推荐。该机器人采用了复合多材料 3D 打印工艺，其驱动为仿生的纤维增强柔性驱动器，最终在仿生柔性鱼鳍上实现了真实鱼鳍的抬起/收合，以及可控的多相位、幅度组合的波动等多种运动模式。主要应用于国防科技、水下救援、海洋生态检测。

2019 年，麻省理工学院研发出磁控软体导丝机器人，机器人内芯是一种柔软的聚合物基质，其中均匀分布着磁性微粒，因而可以通过外部磁场编程精确控制机器人的走向。为了灵活出入复杂曲折的脑血管环境，机器人最外层还涂有一层水凝胶以降低表面摩擦力。直径不到 1 mm，就像一根细细的导线，能在复杂的血管环境中穿行，帮助医生完成脑部等重要部位的微创手术。磁控软体导丝机器人兼具柔软性、微型化、3D 打印、精准模型、远程控制、多功能等优势，为未来手术机器人的设计和制造指出了一个新方向。

2019 年，清华大学、北京航空航天大学、美国加州大学伯克利分校合作研发出一种在运动速度和抗压性方面堪比蟑螂的软体机器人。研究人员把一块柔性压电材料和一块聚合物骨架结合起来，设计了一个类似蟑螂的机器昆虫，再为它配备一条具有特殊力学结构的"腿"，根据它的运动步态调整结构设计，最终实现了速度和抗压性的突破。可用于环境监测和灾害救援领域。单纯用柔性材料制造的机器人运动速度缓慢，如何同时具备快速灵活的运动能力和较强的抗挤压能力，一直是软体机器人领域的一个难题。

2019 年，*Science Robotics* 的封面发布了韩国科学技术院（KAIST）开发的可用于软体机器人的超薄人造肌肉，具有柔软、灵敏、耐用的优点。

2019 年，美国国家航空航天局与美国海军共同资助机器人创业公司 Breeze Automation 开发了可以在海底或宇宙空间使用的软体机器人技术，并在加州大学伯克利分校举办的"机器人+AI"活动上进行了展示。

2020 年，美国北卡州立大学、科罗拉多州立大学和纽约市立大学的科学家合作开发出了能够快速移动的柔性脊背软体机器人，成果发表在 *Science Advances* 上。机器人身长约 7 cm，重量约 50 g，移动速度可达每秒 2.7 个身长（187.5 mm/s）。

软体机器人的发展历程如图 1-3 所示。

1 软体机器人前沿态势报告

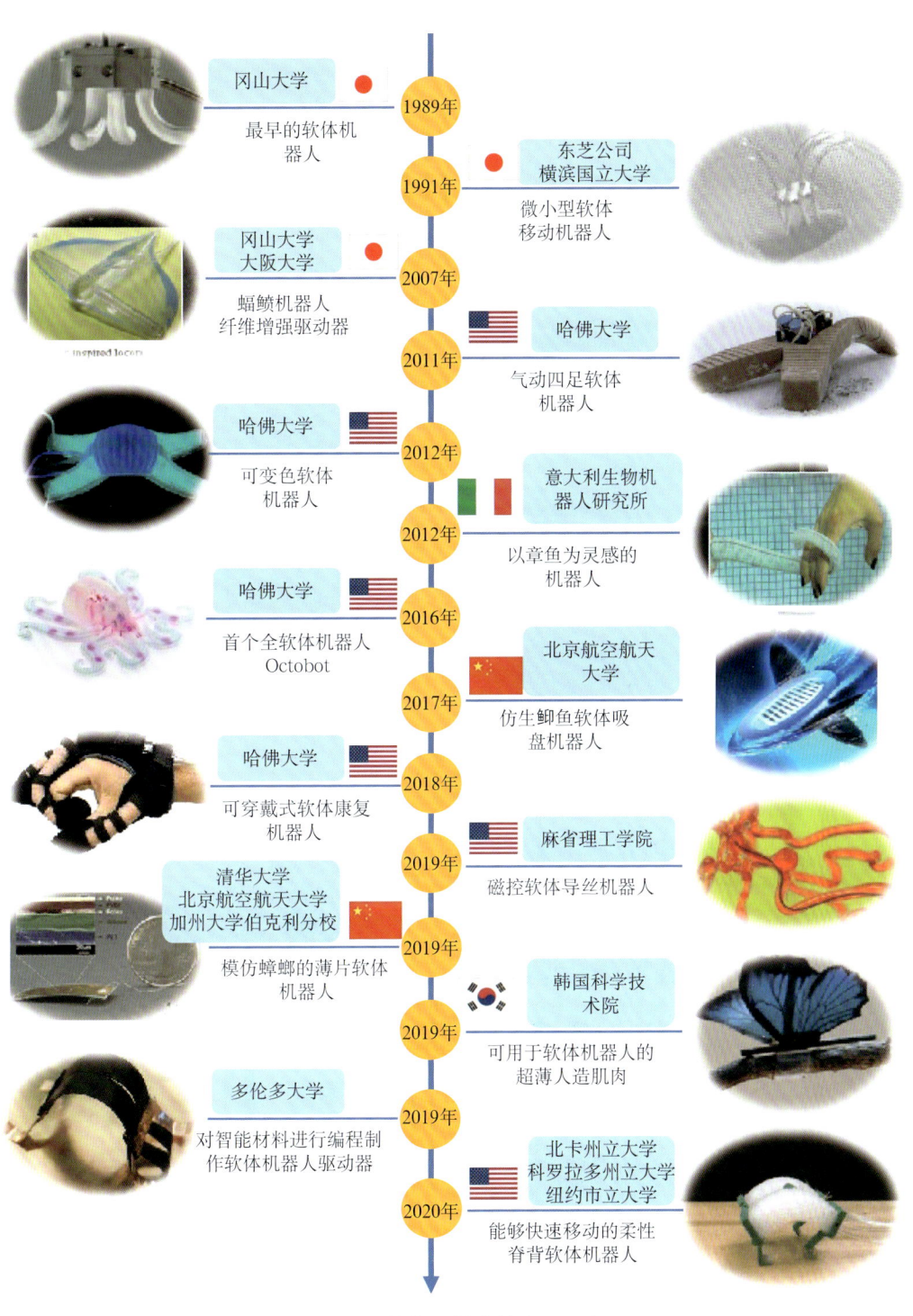

图1-3 软体机器人的发展历程

二、观点与碰撞

优越的人机交互性能为软体机器人开辟出广阔的应用空间,政府、机构、学者开始将目光从传统的刚体机器人转移到软体机器人的研发上来。美国、欧盟、日本等传统刚体机器人强国,同样非常重视软体机器人的布局。以支持和开展超前科技研发为主要使命的美国国防部高级研究计划局(DAPRA)从 2007 年就开始设立专项基金用于软体机器人的研发;欧盟也从 2009 年开始在欧盟"第七框架"计划下支持软体机器人的研发;"机器人王国"日本在刚体机器人一统江湖的局面下,也于 2019 年提出将软体机器人作为重要的跨学科研究主题。

科研机构是引领前沿基础科学研究的重要主体,从概念界定、本体材料、驱动技术、控制技术等方面加以探索。麻省理工学院 Daniela Rus 教授在 Nature 杂志上发文表述了软体机器人的概念界定,美国科学院院士、美国工程院院士、哈佛大学 George M. Whitesides 教授、意大利机器人与自动化协会主席 Rezia Molfino、香港科技大学机器人研究院院长王煜等在清华论坛、世界机器人大会等公开场合对软体机器人的优越性能和未来发展予以阐述。

在基础探索的同时,软体机器人的产业化也初见端倪,在世界机器人大会、日本国际机器人展等全球性机器人盛会上开始出现软体机器人的身影,以软体机器人为主角的国际会议、赛事也在不同国家召开,以软体机器人为主要产品的企业开始受到资本的青睐,传统的制造企业也开始涉足软体机器人产品的开发。

(一)政府支持

1. 美国:国防部高级研究计划局

美国国防部高级研究计划局(DARPA)从 2007 年开始设立专项基金用于软体机器人的研发。哈佛大学、麻省理工学院、斯坦福大学、塔夫茨大学等多个美国顶尖高校都获得资助进行软体机器人研究。

2017 年,在 DARPA 和美国国家科学基金会资助下,麻省理工学院计算机科学与人工智能实验室(CSAIL)和哈佛大学威斯研究所(Wyss)的研究人员联合研制了一种液压驱动、折纸式机器人"肌肉"。该机器人"肌肉"是软体机器人研究领域的一项技术突破，有望为传统机器人提供一种可行、强大、安全的驱动方案。

2. 欧盟："第七框架"计划

2012—2015 年，在欧盟"第七框架"计划（FP7）的大框架下，"Cognitive Systems and Robotics"专项提供近千万欧元启动了关于仿生柔性微创手术臂的研究项目 STIFF-FLOP，来自欧亚 6 个国家（英国、德国、意大利、以色列、西班牙、波兰）的机构参与了该项研究。具体机构有英国伦敦大学国王学院、欧洲内镜外科协会、以色列希伯来大学、意大利理工学院、波兰自动化和测量工业研究所、英国影子机器人公司、西班牙 Tecnalia 研究与创新基金会、意大利比萨圣安娜高等学校仿生机器人研究院、意大利都灵大学、英国萨里大学、德国锡根大学。

3. 欧盟：科研创新框架计划

2016 年，在欧盟科研创新框架计划（Horizon 2020）的大框架指导下，一个来自欧盟七国九大组织的跨领域国际研究团队开始研发一款可穿戴软体仿生外骨骼 XoSoft。这九大组织包括爱尔兰的利莫瑞克大学、撒克逊应用科学大学、意大利科学研究所等在内的高等院校和研究所。除此之外，来自其他 5 个领域（包括机器人技术、生物工程、环境智能和设计等）的专家团队也提供了帮助，其中不乏一些在复健、老年医学和假肢应用上技术精湛的临床医生。

4. 美国：陆军研究实验室

2018 年，美国陆军研究实验室和明尼苏达大学已合作开发能在战场上 3D 打印并用于可在密闭空间内轻松移动的机器人的柔性材料，就像鱿鱼等无脊椎动物可能通过水下岩石洞的方式。这种机器人可用于军事，其可以进行非常极端的弯曲变化，所以能在人类无法到达的地方随意穿梭。

5. 日本：科学技术振兴机构

2019 年 3 月，日本科学技术振兴机构发布了《超越学科》（"Beyond Disciplines"）报告，提出了 12 个跨学科研究主题，在"机器人集成技术"主题中，将软体机器人作为一个重要研究方向。

6. 美国：美国国家航空航天局

2019年4月，美国国家航空航天局（NASA）的创新先进概念（NIAC）计划公布2019年入选第一阶段和第二阶段的18项技术概念，一种带有软体机器人、自愈皮肤和数据收集功能的智能宇航服设计处于第一阶段技术资助中。

NASA兰利研究中心实习生Chuck Sullivan和Jack Fitzpatrick 2019年专注开发软体机器人设计，有朝一日可以在太空、月球甚至火星上处理"危险、肮脏或无聊"的任务。

（二）专家观点

1. 麻省理工学院Daniela Rus教授

在2016年全球人工智能与机器人峰会机器人专场上，Daniela Rus教授讲述了世界机器人领域十二大前沿技术趋势，软体机器人排在首位。

2. 哈佛大学乔治·麦克利兰·怀特塞兹（George M. Whitesides）教授

2018年未来科学大奖颁奖典礼暨F2科学峰会上，George M. Whitesides教授提出，相比于主要由金属材料构成的传统机器人，软体机器人具有质量轻、成本低、可回收、易控制等优点，因此可以更好地与人类协作，从而在食品采摘、抓取作业、仓库物品筛选等领域具有广阔的应用前景。

3. 热那亚大学丽兹雅·玛丽亚·莫菲诺（Rezia Maria Molfino）教授

在2019年世界机器人大会上，Rezia Maria Molfino教授指出，最近在柔性结构、可变形的柔性连杆和非线性建模方面的发展，使得软体机器人变得更加发达，更类似于生物体，灵活性和实用性更高，同时也能够提高人类工作时的安全性。

4. 意大利理工学院芭芭拉·玛祖莱（Barbara Mazzolai）教授和维吉尔·马托利（Virgilio Mattoli）教授

Barbara Mazzolai教授和Virgilio Mattoli教授联合在*Nature*杂志上撰文表示："世界第一个全软体机器人Octobot的诞生，意味着一个新时代已经来临，软体机器人即将全面超越传统钢铁铸成的机器人。"

5. 瑞士苏黎世大学罗尔夫·菲佛（Rolf Pfeifer）教授

Rolf Pfeifer 教授在他的著作"How the Body Shapes the Way We Think"中写道：软体机器人系统有可能利用形态学计算来适应世界，并与之相互作用，而这种方式在刚性系统中，很难实现，甚至是不可能的。遵循具身人工智能的原则，软体机器人或许能让我们以不可能的方式开发生物学启发下的人工智能。

6. 香港科技大学王煜教授

在2018年世界机器人大会上，香港科技大学王煜教授指出，相较于刚体材料而言，软体材料的互动性会好很多，如果用软体材料做出新的机器人，可能会开拓出新的应用领域。

（三）市场行为

1. 美国：Superflex 公司

2016年，研发可以增强用户的躯干、臀部和腿部产品的外骨骼套装的 Superflex 公司，获得960万美元 A 轮融资。

2. 美国：Auris Surgical Robotics 公司

2017年，开发用于治疗喉咙、肺部和肠胃疾病的软体机器人的 Auris Surgical Robotics 公司，从2009年至今共进行了8轮融资，总融资额达7.3亿美元，共有13家机构参与投资。

3. 美国：Soft Robotics 公司

美国软性机器抓手制造商 Soft Robotics 公司从2013年成立至今共经历了3轮融资，包括 ABB 风险投资公司、霍尼韦尔风险投资有限公司、发那科公司等15家机构先后投资了该公司（图1-4）。

融资分别发生在2015年、2018年和2020年，融资总额达4800万美元。其中，2015年融资500万美元，有4家机构参与投资，Material Impact Fund 基金会领投，其他机构还有 ABB 风险投资公司、海银资本、Taylor Ventures。2018年融资2000万美元，有11家机构参与投资，Hyperplane Venture Capital 和 Scale Venture Partners 两

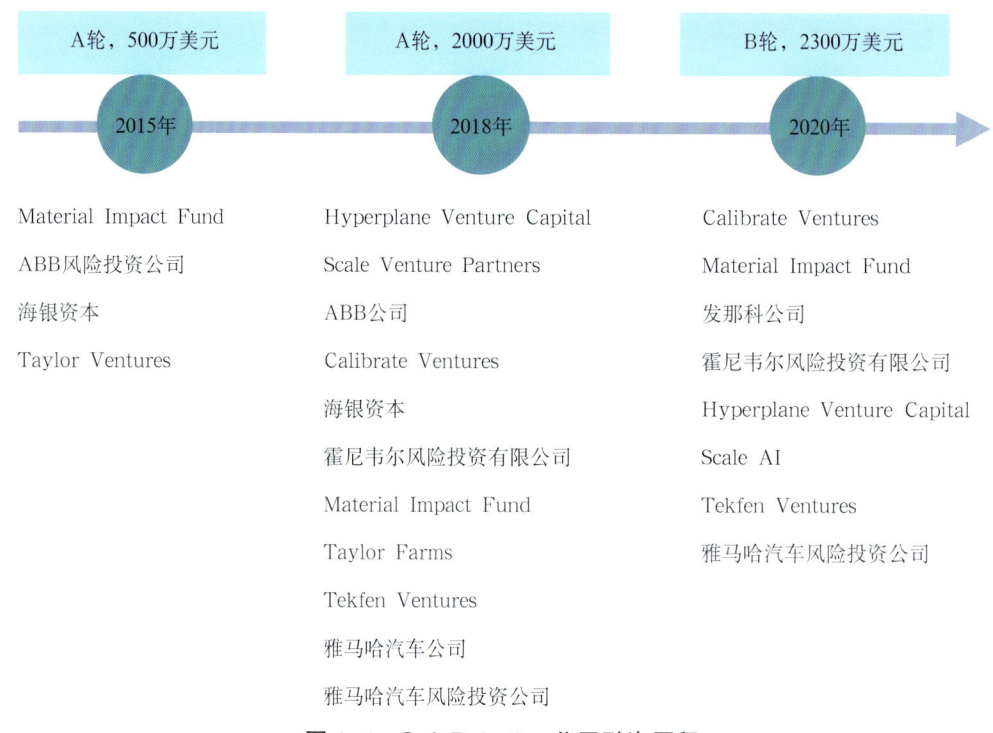

图 1-4 Soft Robotics 公司融资历程

家机构领投，其他机构还有 ABB 公司、Calibrate Ventures、海银资本、霍尼韦尔风险投资有限公司、Material Impact Fund、Taylor Farms、Tekfen Ventures、雅马哈汽车公司及雅马哈汽车风险投资公司。2020 年融资 2300 万美元，有 8 家机构参与投资，Calibrate Ventures 和 Material Impact Fund 领投，其他机构还有发那科公司、霍尼韦尔风险投资有限公司、Hyperplane Venture Capital、Scale AI、Tekfen Ventures、雅马哈汽车风险投资公司。

可以看出，该公司融资金额在不断增加，同时投资机构类型也发生了变化，从最初专门的风险投资机构（如 Material Impact Fund、海银资本），到有工业机器人企业（如 ABB 公司、发那科公司）和其他制造业企业（如霍尼韦尔风险投资有限公司、雅马哈汽车公司）参与投资，软体机器人产品的市场应用在不断拓宽，市场影响力也在不断扩大。

4. 中国：北京软体机器人科技有限公司

北京软体机器人科技有限公司是一家柔性抓持机器人研发商，其产品是一款柔性抓持器。该公司成立于 2016 年，至今共进行了 4 次融资，投资方有雅瑞天使投资、滨江普华天晴投资、云卓投资、捷逸基金和深创投。

5. 中国：苏州柔触机器人科技有限公司

2017 年，苏州柔触机器人科技有限公司获得 1000 万元天使轮融资，投资方为明势资本和水木资本。

（四）会议赛事

1. 美国：机器人挑战赛

DARPA 从 2012 年开始启动机器人挑战赛（DARPA Robotics Challenge），2017 年的主题是"地表之下挑战赛"，目的是为促使全球参赛者们研发出帮助人类在地下导航、绘图及搜寻的系统，软体机器人以其身体柔软、环境适应强的特点，表现抢眼。

2. 意大利：第一届国际软体机器人大会

2018 年 4 月 28 日，第一届国际软体机器人大会在意大利里窝那举行。

3. 中国："软体机器人理论与技术"国际研讨会

2015—2019 年，每年一届，已举办五届研讨会。

2016 年，第二届，主办单位：浙江大学，主题：软体机器人理论与技术发展、介电弹性体驱动研究。

2017 年，第三届，主办单位：上海交通大学，主题：生物 3D 打印、软体机器人力学、软体机器人柔性力学设计与控制、软体机器人材料研究及其在医学方面的应用。

2018 年，第四届，主办单位：北京航空航天大学，主题：软材料驱动、软材料传感、软材料变形控制。

2019 年，第五届，主办单位：华中科技大学，主题：磁控机器人运动特性、机器人外骨骼、水凝胶低温力学、介电弹性体的力电行为、新一代触觉传感器。

4. 日本：2019 日本国际机器人展

在 2019 年 12 月 18—21 日举办的全球最大机器人展览会之一的日本国际机器人展上，日本中央大学、Amoeba Energy 等展出了最新软体机器人产品。

三、竞争与合作

从专利和论文数据视角，对全球软体机器人领域的研究态势、竞争格局、合作创新进行了分析。由于数据统计的滞后性，近 2 年的数据仅供参考。

（一）趋势及重大创新

1. 专利申请趋势

软体机器人的专利申请开始于 20 世纪 70 年代初（图 1-5），在 2793 件相关专利中，包含 1911 件申请专利和 1062 件授权专利，专利总体授权率为 55.6%。经过长期的技术积累，最早的软体机器人诞生于 1989 年的日本冈山大学，进入 21 世纪后，

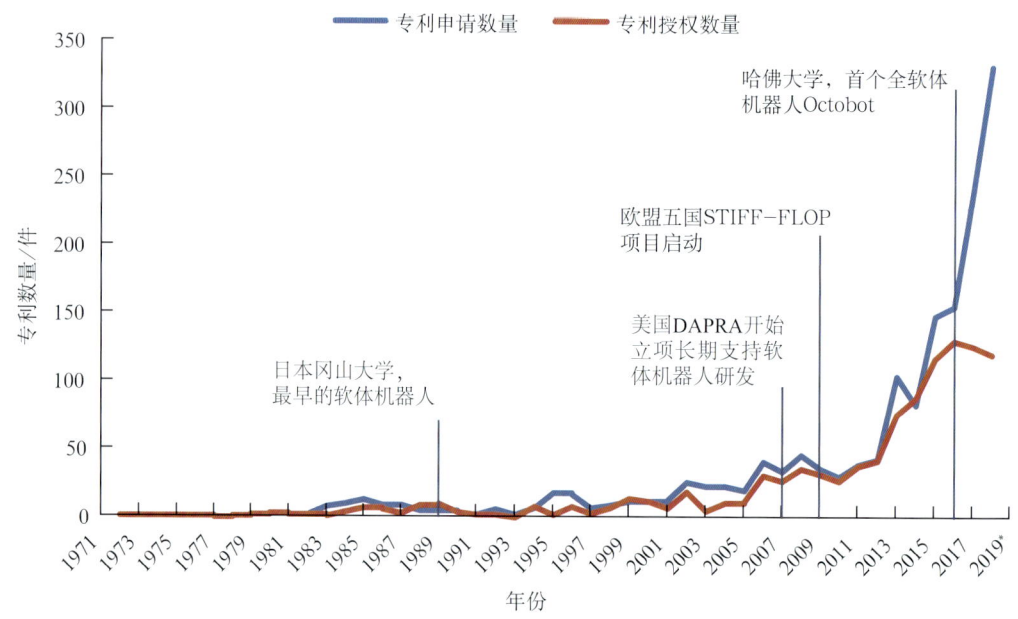

* 表示该年数据为不完全统计。

图 1-5 软体机器人领域专利申请情况

美国和欧盟率先开始布局软体机器人的技术创新。2012年后软体机器人的技术创新进入爆发期并延续至今，哈佛大学于2016年研发出首个全软体机器人，标志着软体机器人的研究进入新的阶段。

2. 论文发表趋势

软体机器人相关论文开始发表于20世纪70年代末（图1-6），截至2019年，有SCI收录论文3180篇，CPCI-S收录论文2493篇。

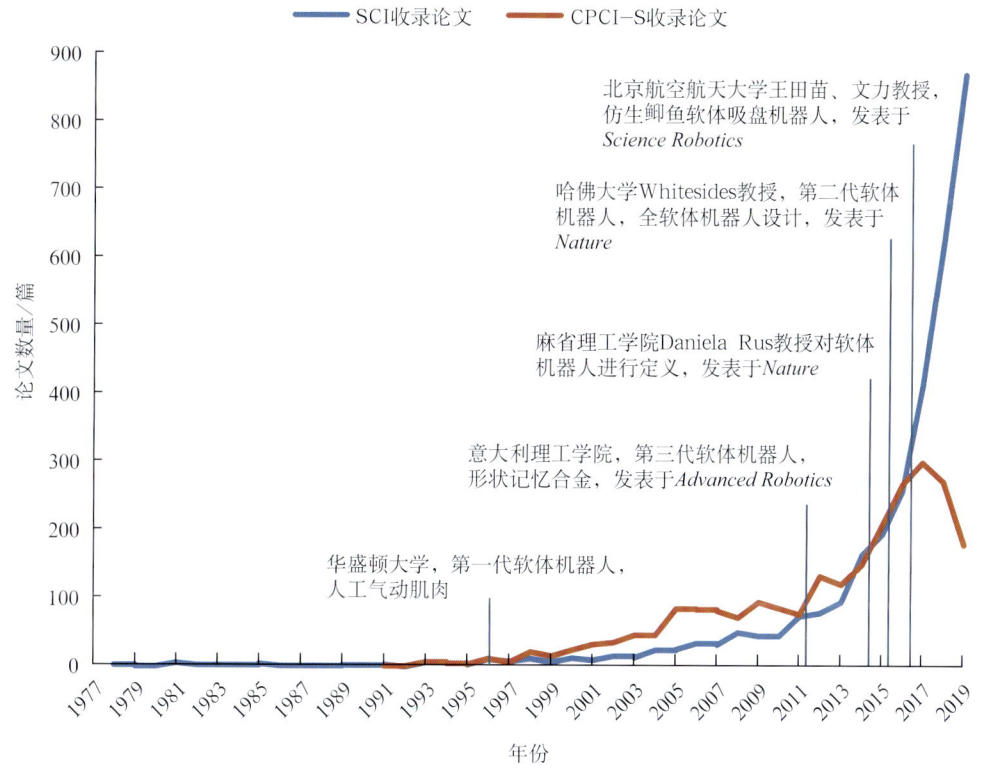

图1-6 软体机器人领域论文发表情况

经历了长达20年左右的基础研究积累后，在20世纪90年代末数量开始增长，1996年华盛顿大学发表了第一代软体机器人的论文，研究人工气动肌肉。进入21世纪后，论文数量显著上升，尤其是2010年后多个科研机构开展了第二代和第三代软体机器人的研究，如哈佛大学、麻省理工学院、意大利理工大学、北京航空航天大学等。2012 年，意大利理工学院在 *Advanced Robotics* 上发表论文，用智能材料形状记忆合金制作软体机器人本体和驱动。2016 年哈佛大学 Whitesides 教授在 *Nature* 杂志上发表论文，制作出全球首个全软体机器人。2017 年，北京航空航天大学王田苗、文力团队研发出仿生鮣鱼软体吸盘机器人，并发表于 *Science Robotics*。2019 年 1 月，上海交通大学与麻省理工学院采用介电弹性体人工肌肉作为本体材料研发出了能够爬壁的软体机器人。2019 年 9 月，哈佛大学采用液晶弹性体作为本体材料开发了可折叠软体机器人 Rollbot，该机器人通过液晶弹性体预热变形进行驱动。2019 年 10 月，多伦多大学对智能材料进行编程制作软体机器人驱动器。2020 年 4 月，卡内基梅隆大学研发出通过形状记忆合金加热变形驱动的软体机器人。

（二）国家 / 地区竞争格局

1. 专利视角

从专利数量和专利总被引频次（专利质量）的视角综合考察不同国家的竞争格局（图 1-7）。综合实力居前 5 位的国家为中国、美国、日本、韩国和德国。中国的专利数量遥遥领先，但专利质量较低（总被引频次为 1856 次）。美国恰恰相反，专利数量虽少，但专利质量很高（总被引频次为 3659 次）。

主要国家专利申请趋势显示（图 1-8），2000 年以前软体机器人主要的研究来自于美国和日本，2000—2010 年，德国和韩国开始参与其中，2010 年后，中国在软体机器人领域的技术创新成果不断涌现，同时全球软体机器人领域的技术创新格局也发生了变化，中国和美国成为主要的技术创新国家。

1 软体机器人前沿态势报告

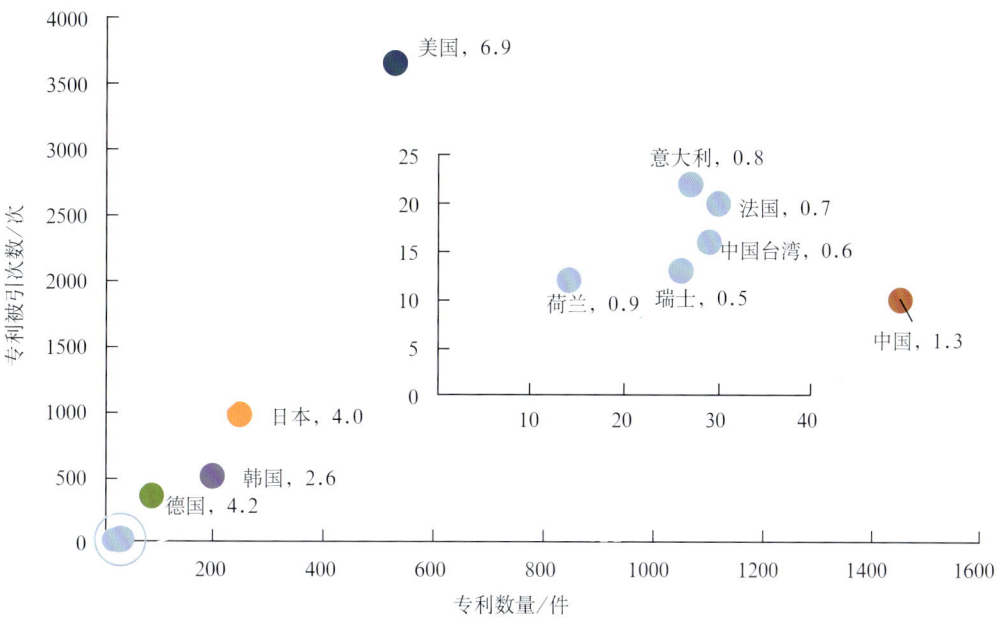

注：国家/地区后所列数字为专利的平均被引次数。

图 1-7 软体机器人领域专利申请数量全球排名居前 10 位的国家/地区

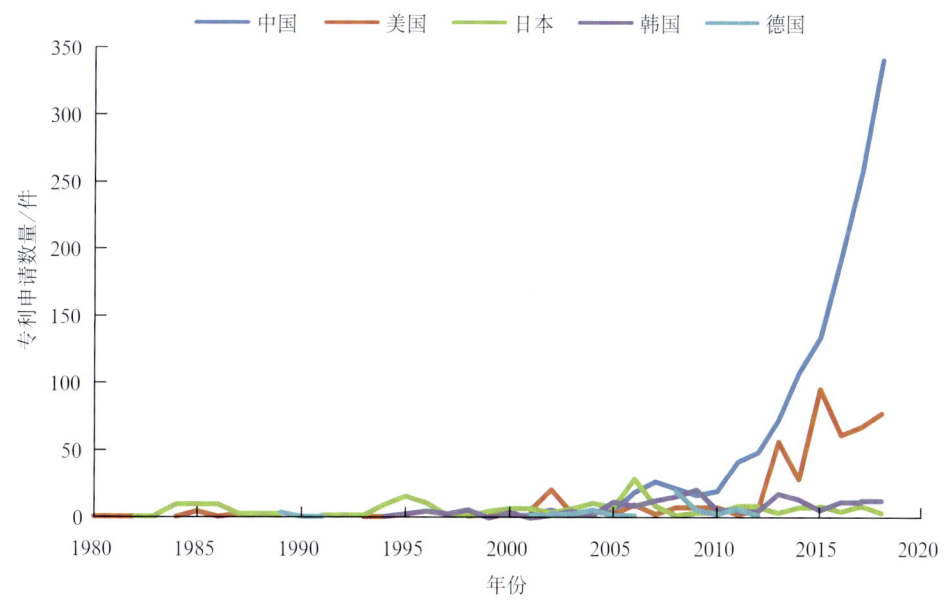

图 1-8 软体机器人领域专利申请数量全球排名居前 5 位国家的历年趋势

从专利数量和平均被引次数具体考察排名居前 5 位国家的技术创新情况（图

1–9）。专利数量居前 5 位的国家为中国、美国、日本、韩国、德国。专利平均被引次数居前 5 位的国家依次为美国、德国、日本、韩国和中国。

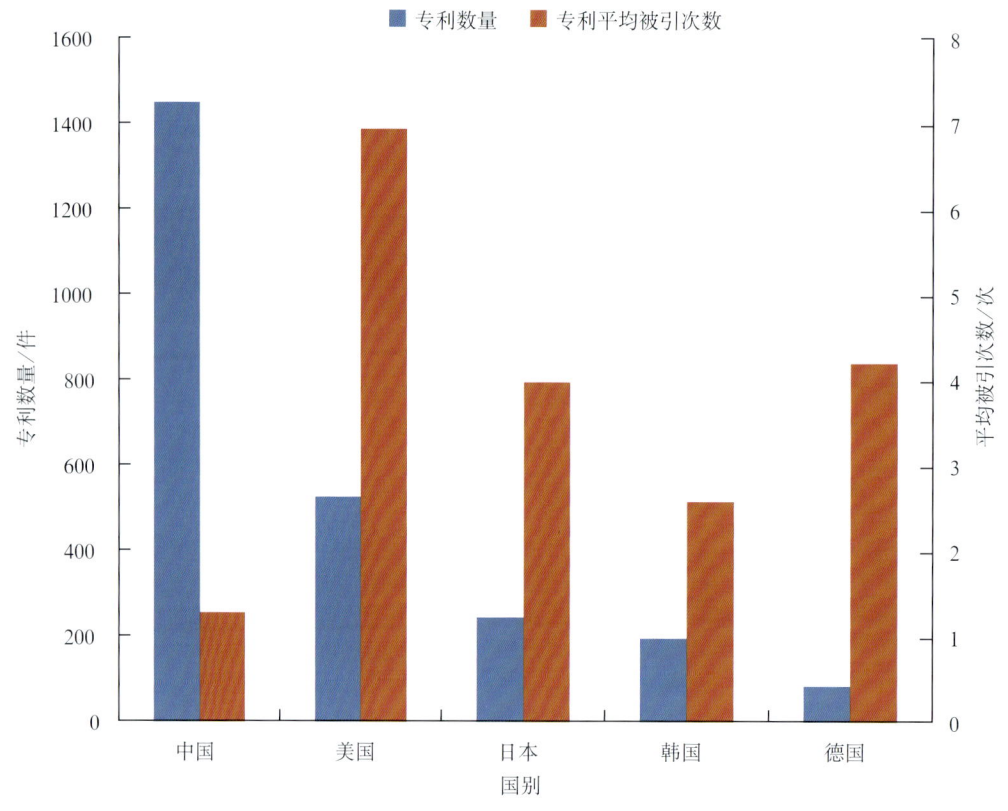

图 1–9　软体机器人领域专利申请数量全球排名居前 5 位国家的专利平均被引情况

2. 论文视角

从论文数量和论文被引情况综合考察不同国家及基础研究实力（图 1–10）。居前 5 位的国家为美国、中国、日本、意大利和韩国。美国在基础研究成果数量和质量方面均大幅领先于其他国家。从论文占比随时间区间变化来看（图 1–11），美国和中国呈增长态势，中国增长速度较快，日本则在降低，韩国和意大利保持平稳。从论文被引次数占比随时间区间变化来看（图 1–12），美国在不同的时间区间，被引占比持续保持在 40% ~ 50%，中国的论文占比随时间上升，但直到 2017—2019 年也仅为 16.2%，与美国依然存在较大差距。

1 软体机器人前沿态势报告

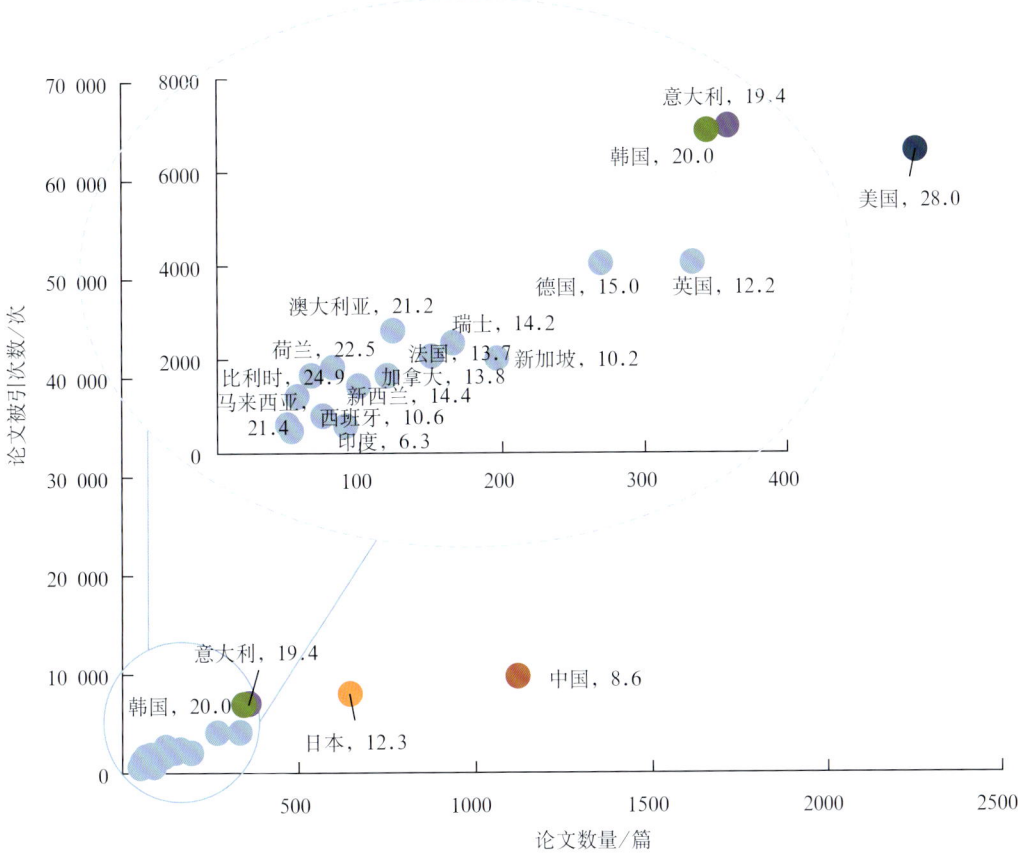

注：国家后所列数字为论文的平均被引次数。

图 1-10 软体机器人领域论文发表数量全球排名居前 20 位的国家

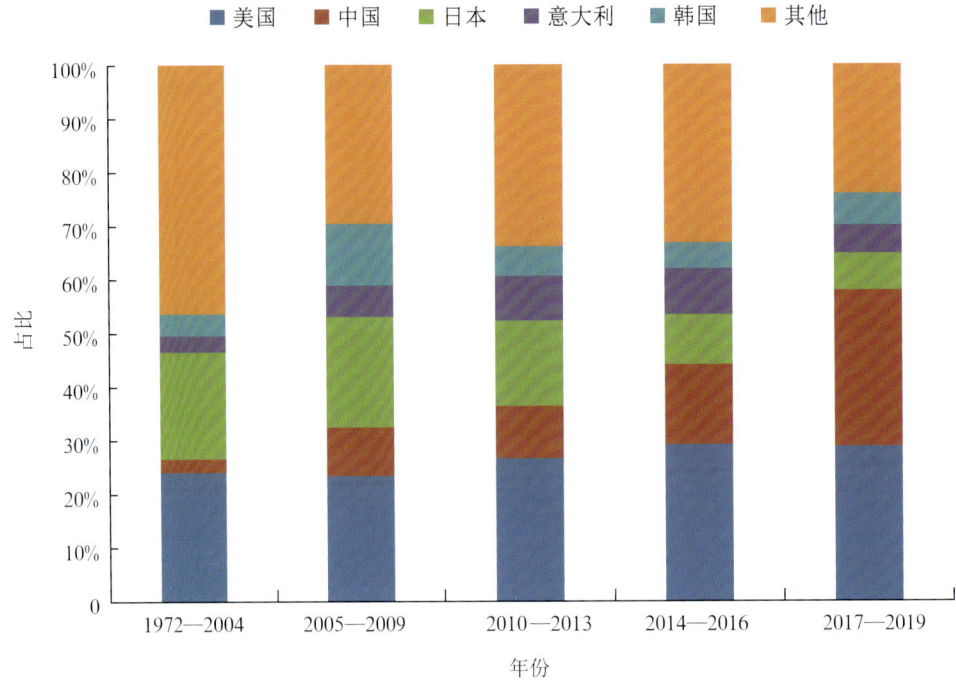

图 1-11 软体机器人领域主要国家不同时间区间论文数量占比变化情况

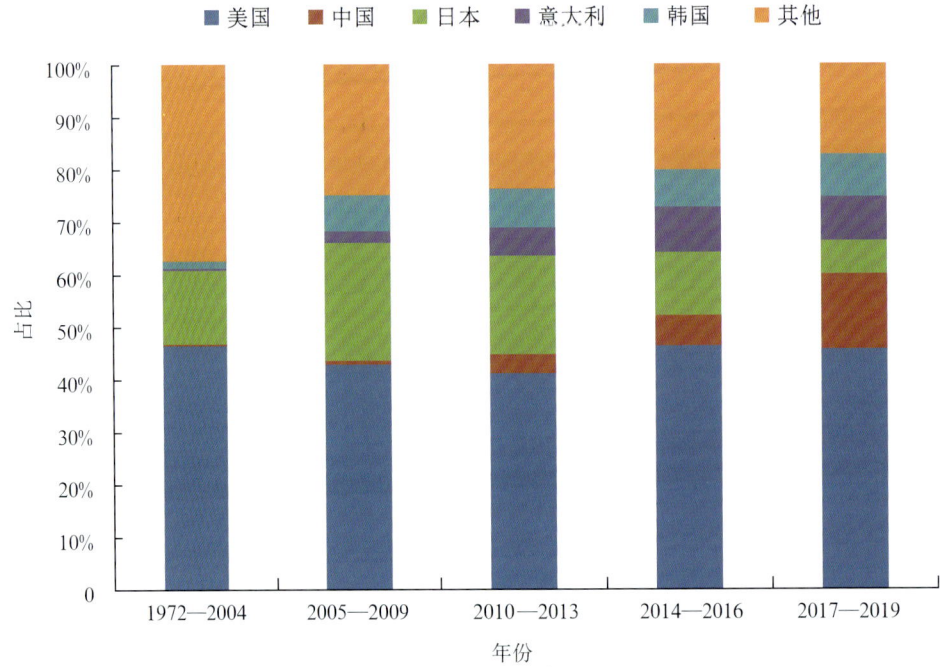

图 1-12 软体机器人领域主要国家不同时间区间论文被引次数占比变化情况

（三）城市竞争格局

从软体机器人研究集中分析情况来看（图1-13），全球和中国[①]存在一定差距。在全球范围内，软体机器人研究区域分布广泛，居前20位城市的论文数量总和占论文总量的40%，而对中国的研究发现，居前5位城市的论文数量总和占论文总量的61%，表明在中国软体机器人的研究区域性较为集中。

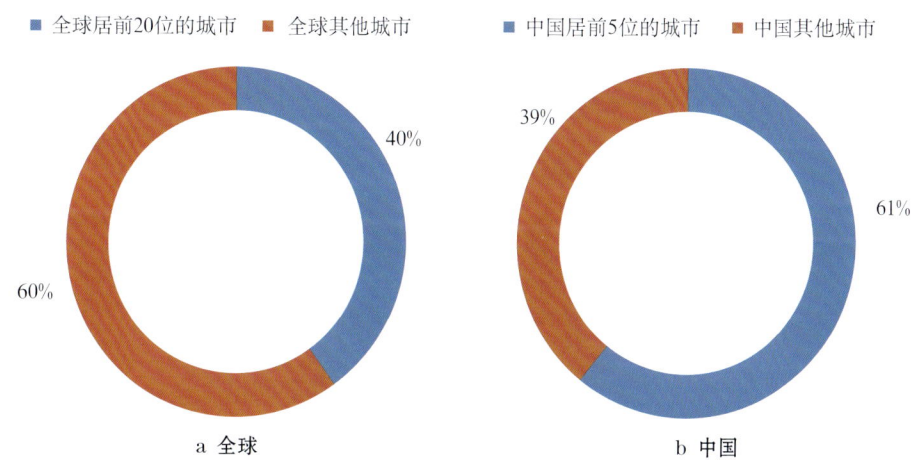

图1-13　软体机器人领域全球及中国城市论文数量集中分布情况

软体机器人领域全球城市论文竞争格局显示（图1-14），综合实力居前10位的城市为坎布里奇、东京、北京、新加坡、上海、首尔、比萨、浙江、香港、匹兹堡。美国坎布里奇在论文数量和被引频次两个维度上都遥遥领先（平均被引次数更高达56.3次），全球领先的软体机器人科研机构哈佛大学和麻省理工学院就位于该区域。东京大学和早稻田大学所在地的东京，清华大学和北京航空航天大学所在地的北京，两者在论文数量上不相上下，处于第二梯队，但在论文质量上东京（平均被引次数为18.4次）高于北京（平均被引次数为9.9次）。新加坡（平均被引次数为10.3次）作为新加坡国立大学所在地，其综合实力处于第三梯队，论文质量与北京处于同一

[①] 由于数据提取原因，中国有些城市的数据提取不到，故本书中表述中国的城市时，可能用其所在省、自治区的名称。下同。

水平。上海、首尔、比萨、浙江、香港、匹兹堡等城市综合实力处于第四梯队。

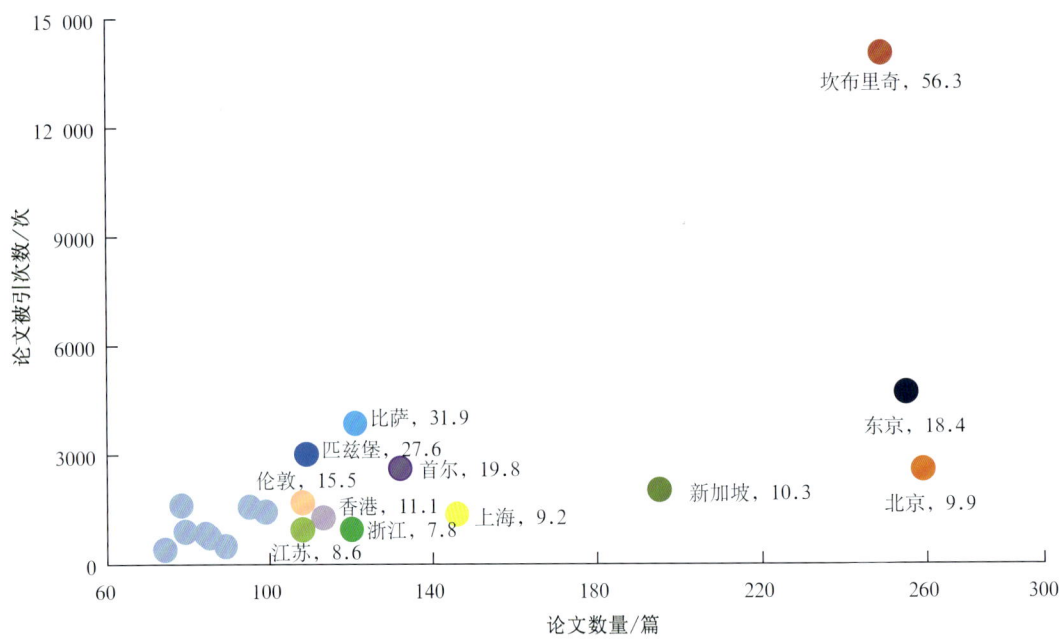

注：城市后所列数字为论文的平均被引次数。

图 1-14 软体机器人领域全球城市论文竞争格局

软体机器人领域中国城市论文竞争格局显示（图 1-15），综合实力居前 10 位的城市为北京、上海、香港、浙江、江苏、广东、陕西、黑龙江、湖北、安徽。北京的中国科学院、清华大学、北京航空航天大学、北京理工大学等，上海的上海交通大学，浙江的浙江大学、浙江工业大学，香港的香港大学、香港科技大学，江苏的南京理工大学，黑龙江的哈尔滨工业大学、东北大学，陕西的西安交通大学，安徽的中国科学技术大学，湖北的华中科技大学等都是我国研究软体机器人的主要机构。

1 软体机器人前沿态势报告

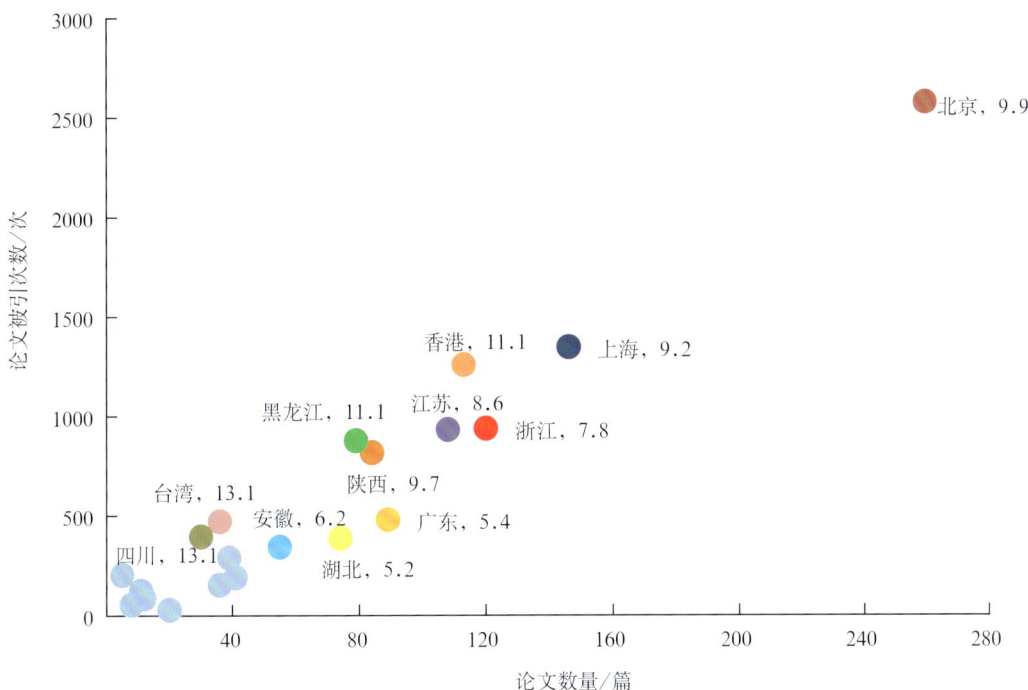

注：城市后所列数字为论文的平均被引次数。

图 1-15 软体机器人领域中国城市论文竞争格局

（四）机构竞争格局

1. 专利视角

从专利视角窥探全球及中国软体机器人应用研究主体的竞争实力。从机构类型来看（图 1-16），全球范围内企业和大学占主要比重，而中国的情况存在差异，大学的专利申请在不同时间区间的占比均在 50% 及以上。

全球机构分布中（图 1-17），专利申请数量居前 20 位的申请人中，有 15 家科研机构。美国哈佛大学（Harvard University）、Soft Robotics INC. 及我国的哈尔滨工业大学排在前 3 位，其中 Soft Robotics INC. 正是哈佛大学 Whitesides 软体机器人研究团队为了将其技术成果转化为商品而成立的。来自美国的机构还有迪士尼公司（The Walt Disney Company）和直观外科手术公司（Intuitive Surgical INC.），均为企业。来自中国的机构主要为大学，除哈尔滨工业大学外，还有上海交通大学、清华大学、浙江大学、中国科学院、北京航空航天大学等。此外，还有来自日本的松下公司（Panasonic Corporation）及韩国科学技术研究院（Korea Institute of Science and Technology）。

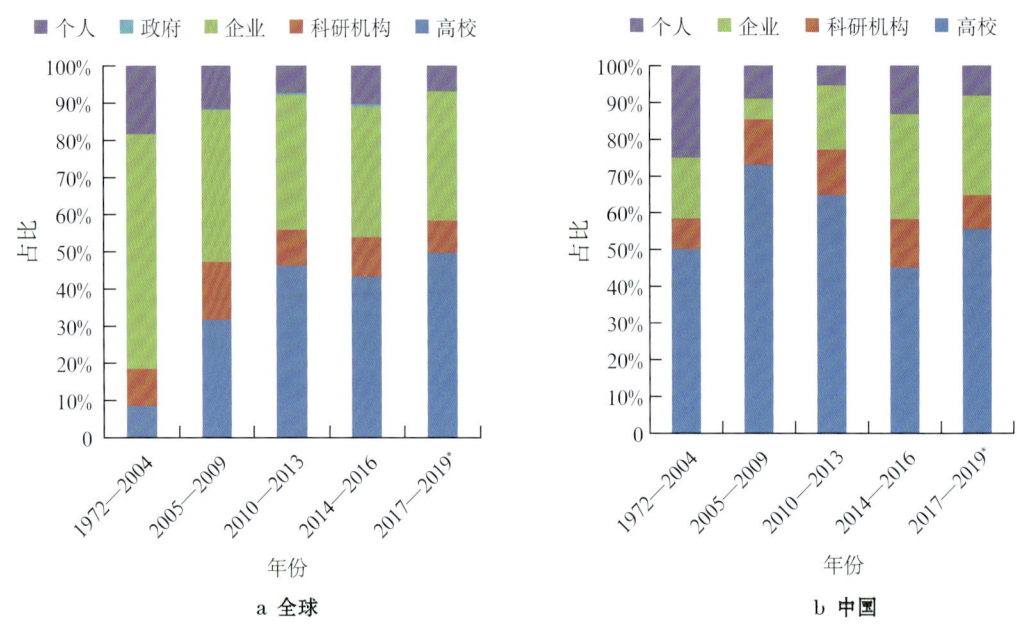

* 表示该年数据为不完全统计。

图1-16 软体机器人领域全球及中国不同类型机构申请专利占比情况

中国机构分布中（图1-18），大学是专利申请的主要来源，哈尔滨工业大学、上海交通大学、浙江工业大学、清华大学和浙江大学排在前5位。居前20位的专利申请机构中唯一的企业为佛山伊贝尔科技有限公司。

2. 论文视角

从论文视角考察了不同类型机构在软体机器人领域的基础研究情况，如图1-19所示。从全球范围来看（图1-19a），基础研究的主要来源依次为大学、科研机构和企业，在不同的时间区间中，大学的论文数量占比持续保持在70%~80%。从中国范围来看（图1-19b），大学同样占比最大，在60%以上，在2005—2009年更是大于90%。分析表明，大学在软体机器人基础研究领域中占据绝对优势。

1 软体机器人前沿态势报告

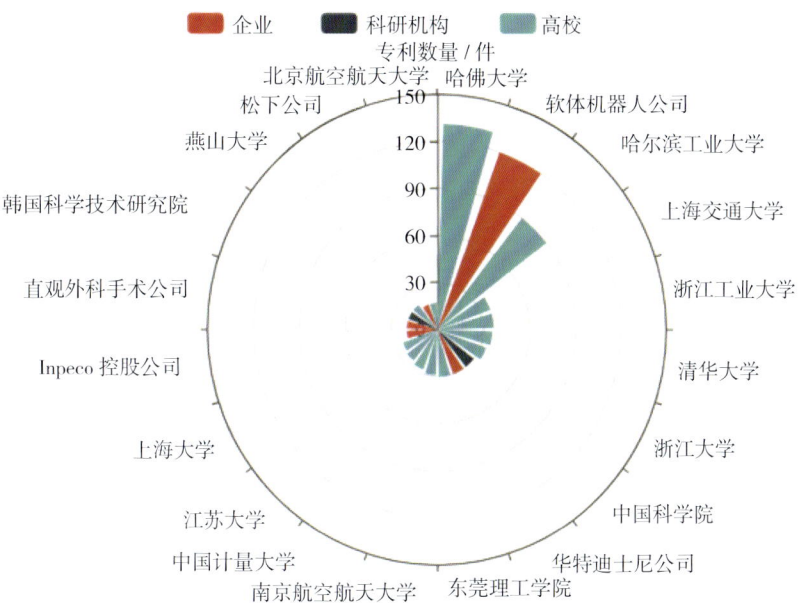

图 1-17 软体机器人领域全球排名居前 20 位的专利申请机构

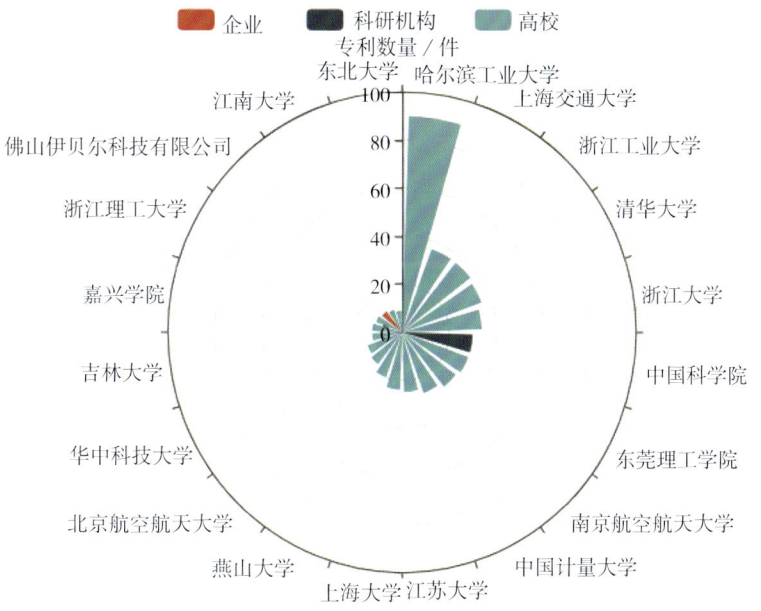

图 1-18 软体机器人领域中国排名居前 20 位的专利申请机构

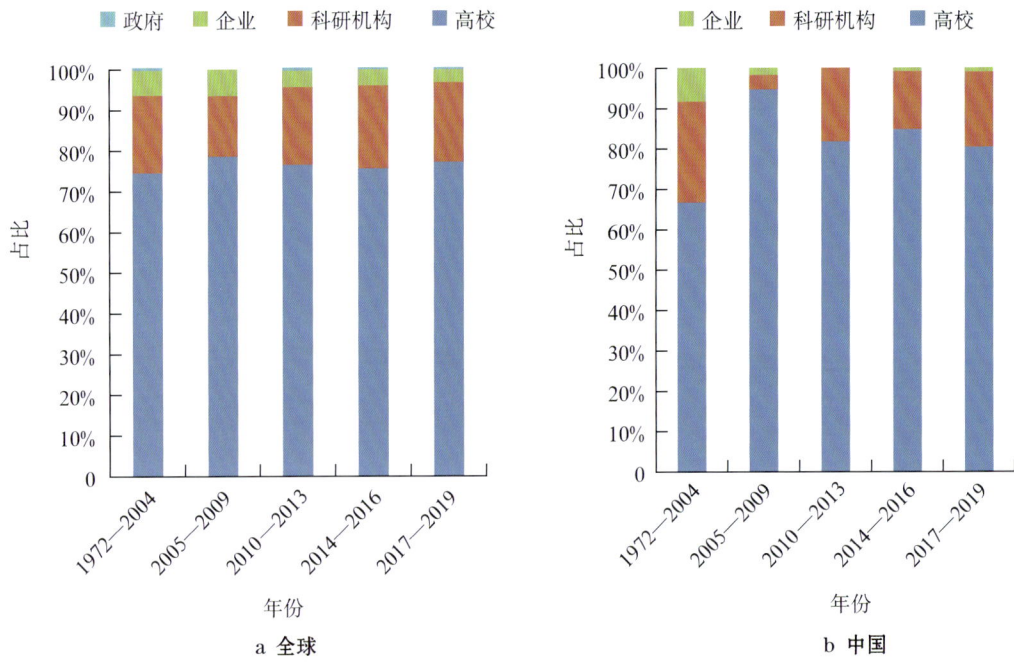

图 1-19 软体机器人领域全球及中国不同类型机构发表论文占比情况

从全球范围具体机构分布来看（图 1-20），论文数量居前 20 位的机构全部为科研机构和高校。论文发表数量居前 10 位的依次为中国科学院、哈佛大学、新加坡国立大学、加州大学系统、意大利理工学院、麻省理工学院、圣安娜高等研究学院、奥克兰大学、卡内基·梅隆大学、首尔大学。论文平均被引次数居前 10 位的依次为哈佛大学、麻省理工学院、东京大学、意大利理工学院、加州大学系统、卡内基·梅隆大学、圣安娜高等研究学院、首尔大学、洛桑联邦理工学院、中国科学院。综合来看，美国、意大利、日本的机构在软体机器人领域的基础研究实力较强。

可以看出，来自美国和日本机构的技术创新综合竞争力较强，以美国哈佛大学（平均被引次数为 62.2 次）、麻省理工学院（平均被引次数为 57.9 次）和东京大学（平均被引次数为 51.9 次）为代表。意大利和韩国的机构创新能力次之，代表机构有意大利理工学院（平均被引次数为 30.6 次）、圣安娜高等研究学院（平均被引次数为 25.2 次）和韩国首尔大学（平均被引次数为 23.7 次）。中国机构平均被引次数最高的为中国科学院（13.9 次）。

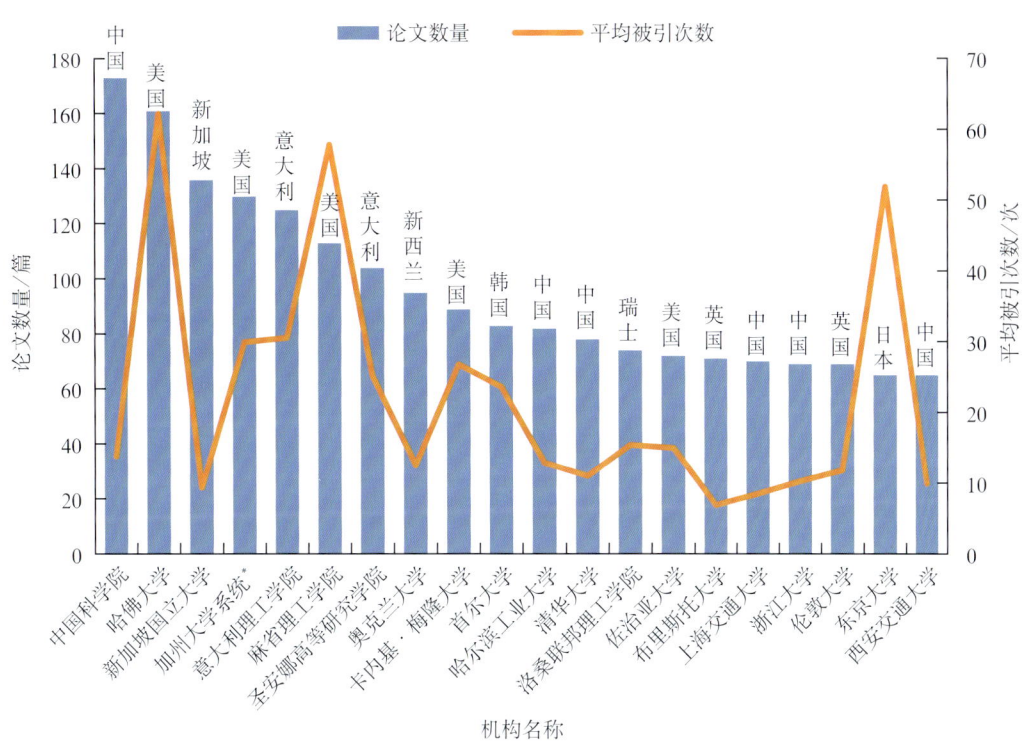

*包含了对应分校的数据。

图 1-20　软体机器人领域全球排名居前 20 位的论文发表机构

就中国的具体机构分布来看（图 1-21），论文数量居前 10 位的机构依次为中国科学院、哈尔滨工业大学、清华大学、上海交通大学、浙江大学、西安交通大学、北京航空航天大学、中国科学技术大学、华中科技大学、香港大学。论文平均被引次数居前 10 位的依次为中国科学院、香港大学、东南大学、香港中文大学、哈尔滨工业大学、西安交通大学、浙江大学、清华大学、北京航空航天大学、上海交通大学。综合上述结果，在软体机器人领域基础研究综合实力较强的中国机构有中国科学院、哈尔滨工业大学、香港大学、西安交通大学、东南大学、浙江大学、清华大学、北京航空航天大学等。

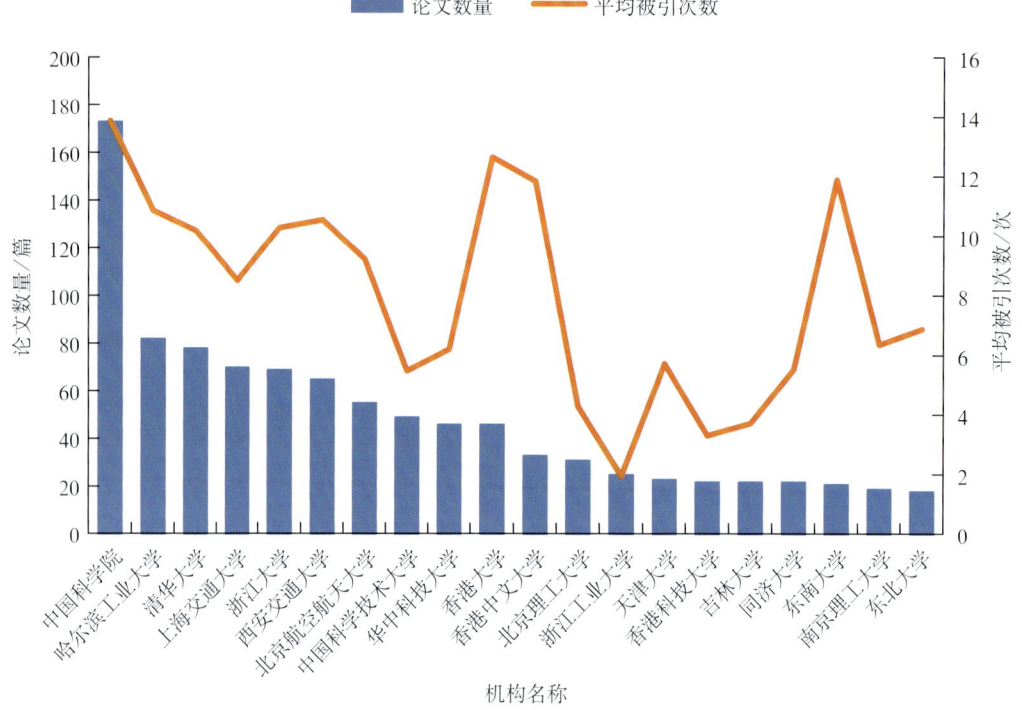

图 1-21　软体机器人领域中国排名居前 20 位的论文发表机构

（五）区域合作

1. 国家合作

当前科研领域的国际合作越来越频繁，国际合作充分调动和融合全球的智力资源，对前沿技术的创新起到很好的助推作用。下面分别从专利和论文的视角考察全球软体机器人的国家间合作情况。

从专利数据来看（图 1-22），软体机器人领域应用研究的国家间合作较为集中，专利申请对外合作最多的国家为瑞士，合作国家有意大利、美国、德国、芬兰；美国与其他国家的合作也较多，合作国家有中国、法国、瑞士。中国目前只与美国进行了专利合作申请。从论文数据来看（图 1-23），软体机器人基础研究的国家间合作非常紧密，对外合作最多的是美国，合作国家有中国、日本、意大利、韩国、英国、德国、新加坡、瑞士、法国；中国的对外合作强度仅次于美国，合作国家有美国、日本、

1 软体机器人前沿态势报告

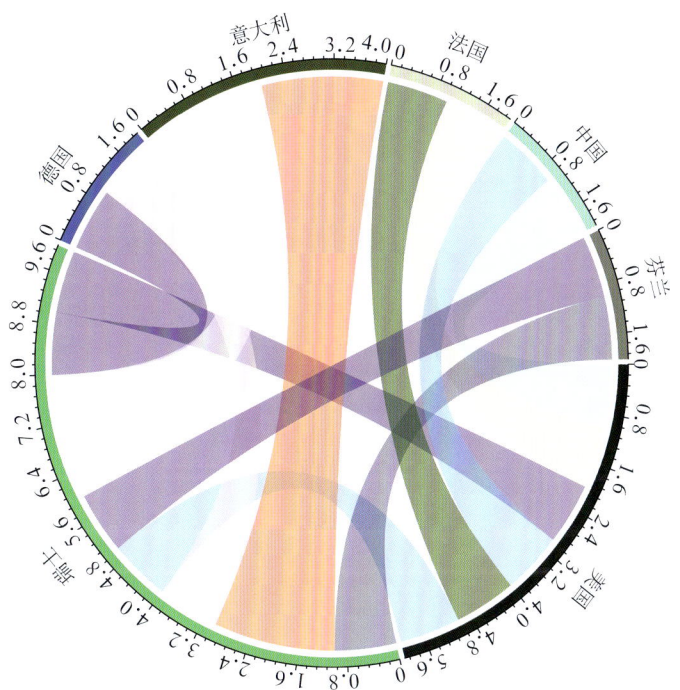

图1-22 软体机器人领域主要国家间专利合作情况

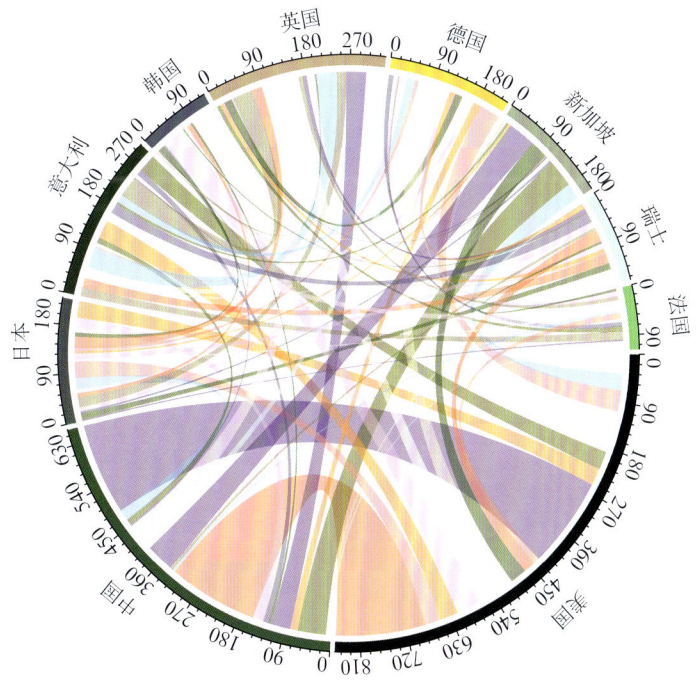

图1-23 软体机器人领域主要国家间论文合作情况

韩国、新加坡、意大利、英国、瑞士、德国、法国；此外，日本、意大利、韩国、英国、德国等国家间的合作也较多。在基础研究的合作中，中美合作是最为频繁的，共同发表了175篇相关论文。

2. 城市合作

从全球城市间国际合作分析来看（图1-24），合作发表论文数量在20篇以上的城市有美国坎布里奇和波士顿、意大利比萨和热那亚。合作发表论文数量在10～20篇的城市有日本东京和神奈川、日本东京和大阪、新加坡和中国香港、美国坎布里奇和中国北京、中国北京和香港。合作发表论文数量在5～10篇的城市有新加坡和中国上海、韩国首尔和美国匹兹堡、美国匹兹堡和波士顿、意大利比萨和英国伦敦、英国伦敦和意大利热那亚、美国坎布里奇和日本东京、美国坎布里奇和新加坡、美国坎布里奇和韩国首尔、美国坎布里奇和意大利比萨、美国坎布里奇和中国香港、美国坎布里奇和匹兹堡、中国北京和上海。可以看出，国内城市间的合作强度大于国际的城市合作。国际的城市合作主要发生在美国坎布里奇和中国北京、韩国首尔和美国匹兹堡、意大利比萨和英国伦敦、新加坡和中国上海之间。

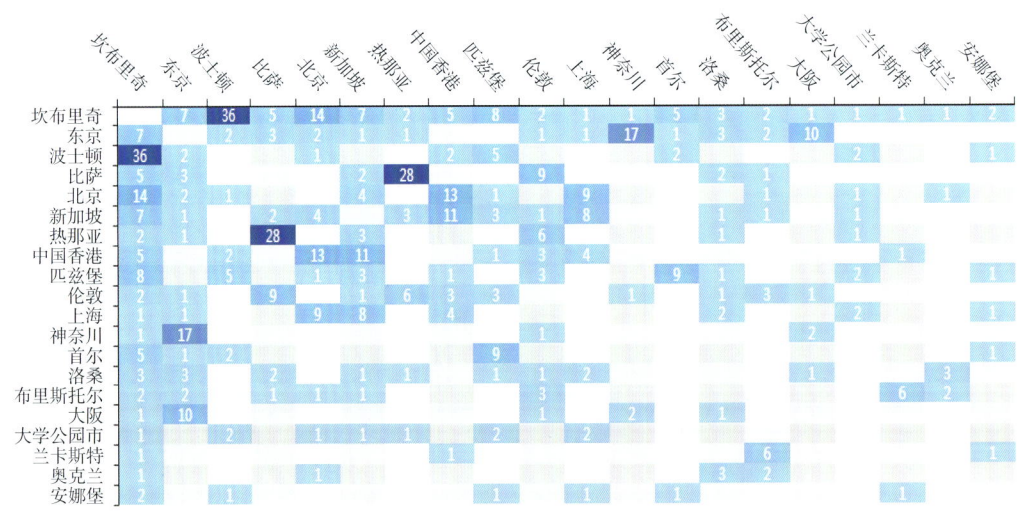

图1-24 软体机器人领域全球主要城市间论文合作情况（单位：篇）

（六）顶尖人才

1. 哈佛大学 George M. Whitesides 教授

哈佛大学 George M. Whitesides 教授是美国著名化学家，在有机金属化学、纳米技术、超分子组装、核磁共振谱学、物理有机化学、软光刻技术、微流体等诸多领域都有突出的贡献。Whitesides 教授的实验室一直致力于软材料替换机器人中所有刚性部件的研究。Whitesides 教授与多个科研机构的研究人员展开了广泛的合作（图1-25），例如，土耳其比尔肯大学（Bilkent University）、韩国基础科学研究所（Institute for Basic Science Korea，IBS）、韩国蔚山国立科学技术研究所（Ulsan National Institute of Science Technology，UNIST）、美国康奈尔大学（Cornell University）、美国卡内基梅隆大学（Carnegie Mellon University）、澳大利亚悉尼大学（University of Sydney）、加拿大阿尔伯塔大学（University of Alberta）及中国北京理工大学（Beijing Institute of Technology）等。另外，Whitesides 教授的实验室也于行业内的企业保持密切合作，如美国 Soft Robotics 公司和 IROBOT 公司，促进其创新成果快速商业化。

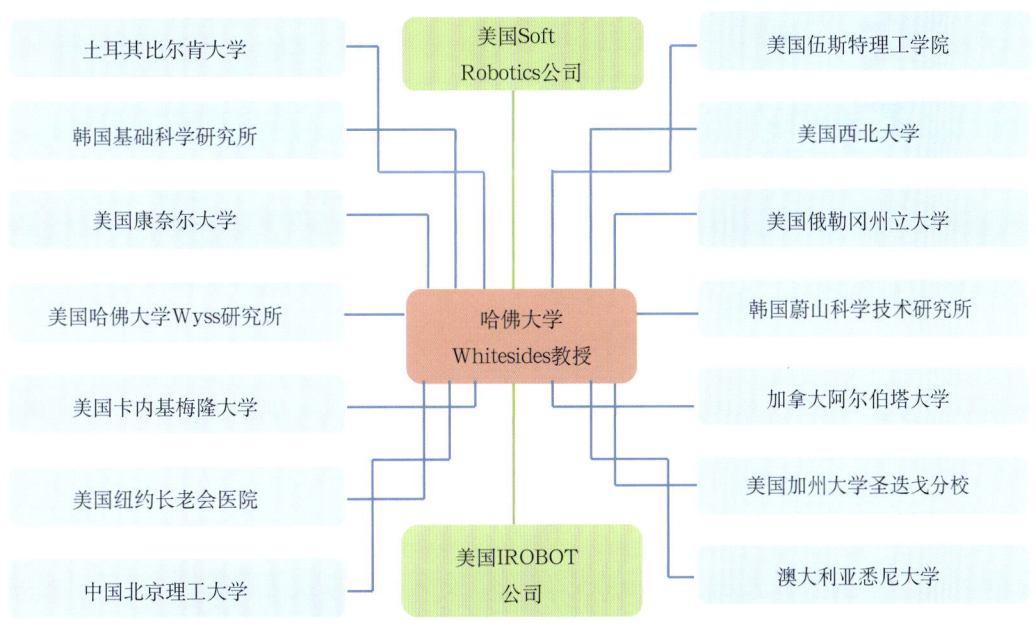

图 1-25　哈佛大学 Whitesides 教授软体机器人研究合作网络

除了合作机构，Whitesides 教授的实验室也参与了全球多个国家不同政府机构的研究项目（图1-26），例如，美国国防部高级研究计划局（DARPA）、能源部（DOE）、陆军研究实验室（ARO）、美国国家科学基金会（NSF）、欧盟"第七框架"计划（FP7）、联合研究中心（JRC）、加拿大自然科学和工程研究理事会（NSERC）、瑞典研究理事会（VR）、西班牙科学技术基金会（FECYT）、新加坡科技研究局（A*STAR）及中国国家留学基金管理委员会（CSC）。同时也受到了民间基金的资助，包括美国国家创业板财团奖学金（GEM）、福特基金会（Ford Foundation）和比尔及梅琳达·盖茨基金会（Bill and Melinda Gates Foundation）。

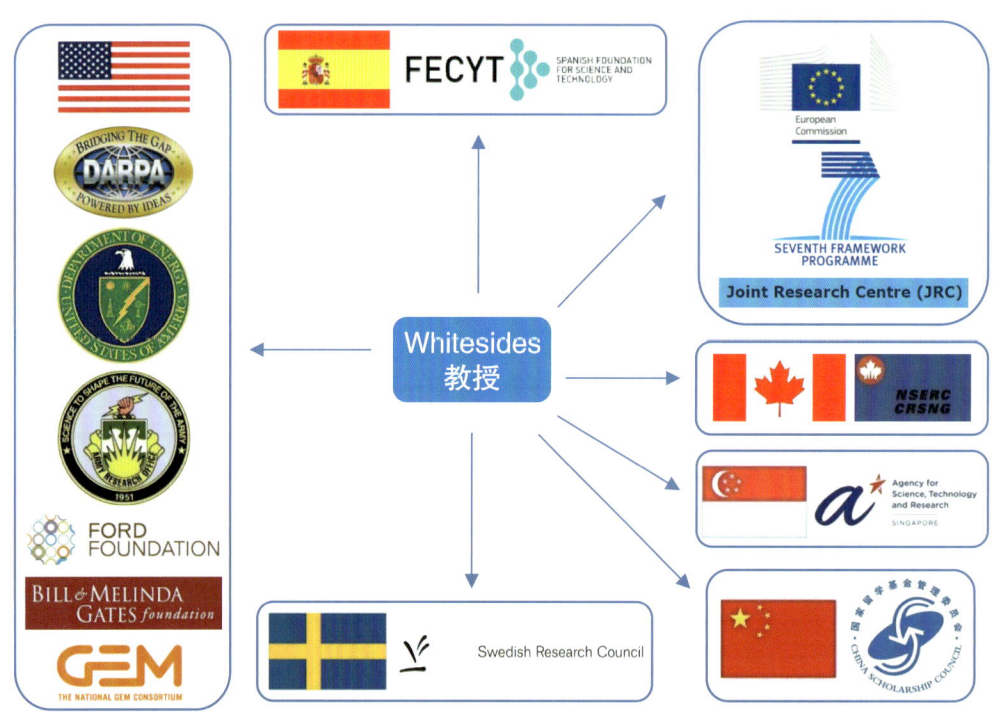

图1-26　哈佛大学 Whitesides 教授软体机器人研究资助机构

2. 意大利比萨圣安娜高等学校塞西莉亚·拉席（Cecilia Laschi）教授

Cecilia Laschi 教授是意大利圣安娜高等学校机器人实验室负责人，研究兴趣在生物机器人领域，她目前正在致力于软体机器人、具有人性的机器人和神经工程的工作。她曾经并且现在仍然参与多个国家与欧盟基金支持的项目，她联合 ICT-FET

OCTOPUS 整合计划，制作了世界上第一个软体机器人，并促进了软体机器人与欧洲的共同协作，成立了 RoboSoft。Cecilia Laschi 教授同时也是 IEEE 机器人与自动化学会管理委员会（AdCom）的当选成员。

Cecilia Laschi 教授与多个科研机构的研究人员展开了广泛的合作（表 1-1）。从国家分布来看，与美国的机构合作较多，包括高校和公司，高校有麻省理工学院、塔夫茨大学、加州大学圣地亚哥分校、佛蒙特大学、怀俄明大学，公司有 3DNextech Srl 公司。与欧洲地区的机构也有诸多合作，包括法国南特高等工业技术与矿业学院、挪威北极大学、瑞士联邦理工学院、意大利技术研究院和 Ist Italiano Tecnol 公司及英国南安普顿大学。与亚洲国家的合作较少，目前只与日本早稻田大学、以色列希伯来大学和阿联酋哈里发大学有研究合作。

表 1-1　意大利比萨圣安娜高等学校 Cecilia Laschi 教授软体机器人研究合作机构

机构名称	机构名称中文	类型	国家
Khalifa University	哈里发大学	大学	阿联酋
Ecole des Mines de Nantes	南特高等工业技术与矿业学院	大学	法国
3DNextech Srl		公司	美国
MIT	麻省理工学院	大学	美国
Tufts University	塔夫茨大学	大学	美国
University of California, San Diego	加州大学圣地亚哥分校	大学	美国
The University of Vermont	佛蒙特大学	大学	美国
University of Wyoming	怀俄明大学	大学	美国
UiT The Arctic University of Norway	挪威北极大学	大学	挪威
Waseda University	早稻田大学	大学	日本
Swiss Federal Institute of Technology Zurich	瑞士联邦理工学院	大学	瑞士
Hebrew Univ Jerusalem	希伯来大学	大学	以色列
Ist Italiano Tecnol		公司	意大利
Italian Institute of Technology	意大利技术研究院	科研机构	意大利
University of Southampton	南安普顿大学	大学	英国

Cecilia Laschi 教授也参与了全球多个国家不同政府机构的研究项目（图 1-27），参加最多的是欧盟的项目，从"第七框架"计划延续至"地平线 2020"计划，包括"章鱼综合项目"（ICT-FET OCTOPUS）、I-SUPPORT 项目、ICT-FET RoboSoft Coordination Action，其中 ICT-FET OCTOPUS 和 ICT-FET RoboSoft 都是专门针对软体机器人研究的项目，另外还参与了欧盟委员会联合研究中心（JRC）的一系列项目。除了欧盟项目，Cecilia Laschi 教授也参与了不同国家的科研项目。例如，意大利外交部（Italian Ministry of Foreign Affairs）双边和多边科技合作部门的研究项目，英国劳氏基金会（Lloyds Register Foundation）资助的项目，以及美国国家科学基金会（NSF）、美国宇航局空间技术研究奖学金（NSTR）和陆军研究实验室（ARO）的一些项目。

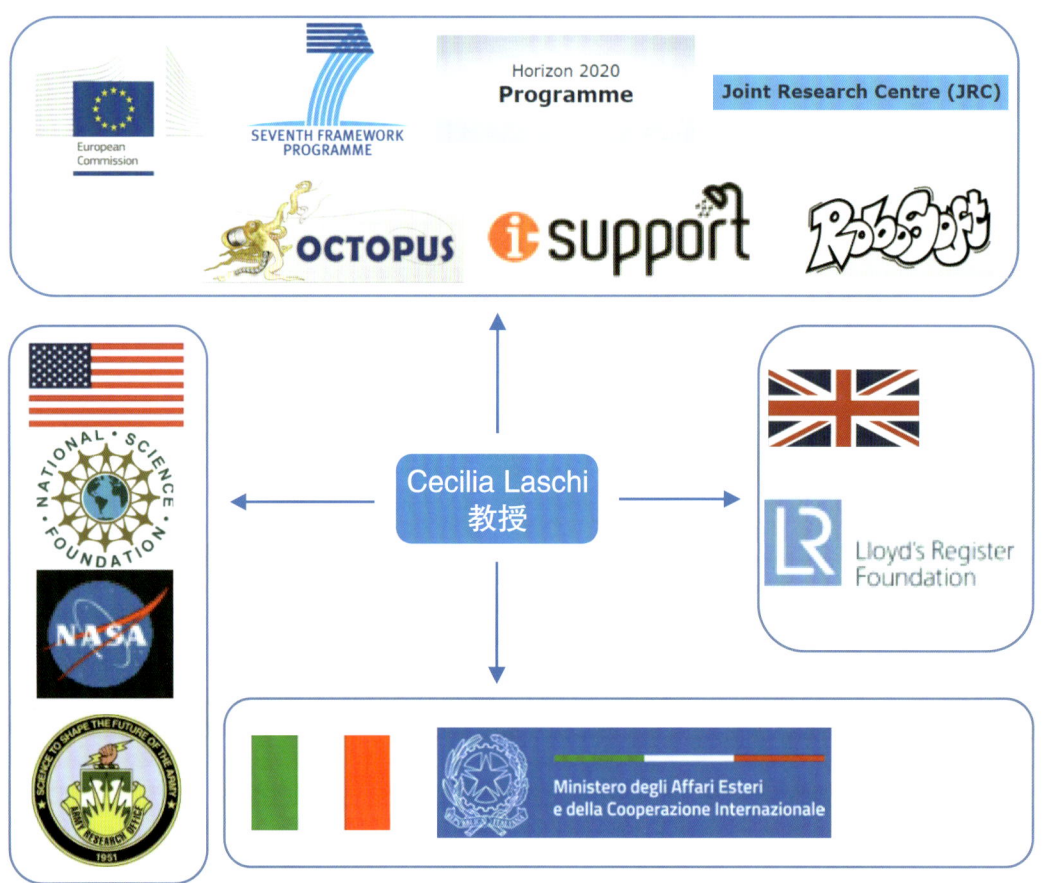

图 1-27　意大利比萨圣安娜高等学校 Cecilia Laschi 教授软体机器人研究合作网络

四、未来展望

从 20 世纪 70 年代起，各国研究人员就开始寻求将柔软材料用于机器人领域，从而扩展机器人为人类服务的边界。经过近半个世纪的发展，软体机器人领域已形成了大量研究成果和成熟产品。与此同时，我们发现软体机器人似乎才刚刚进入大众的视野，作为机器人领域的前沿技术，材料、驱动和控制技术的不断更新迭代使软体机器人得到广泛而深入的研究。

分析表明，当前软体机器人的基础研究和应用研究均呈现出较强的集聚效应，国家层面主要集中在美国、中国、意大利、日本、韩国，机构层面主要集中在哈佛大学、麻省理工学院、东京大学、新加坡国立大学、意大利理工学院、中国科学院、北京航空航天大学等，合作研究也主要发生在这些国家和机构之间。另外的一个特点是，中国在研究的热度和成果数量上已经处于全球第一梯队，但研究质量与美国、日本、新加坡等国家仍有一定差距。

软体机器人以其柔软、灵活的独特优势突破了刚体机器人的应用极限，推进了人机共融的发展，是全球机器人领域新的竞争制高点。对于我国而言，未来如何开展研究，技术创新方向在哪，可以从以下 3 个方面切入。

（一）加强多国机构全球合作，提高技术创新质量

从全球研究模式来看，未来如何打破小规模集聚性研究，吸引更多优秀且实力强劲的国家和机构参与进来，共同推动技术研发和创新，是软体机器人领域面临的全球挑战。对于中国而言，在保持与美国机构紧密合作的同时，积极开展与其他国家如日本、韩国、意大利、新加坡等国的合作研究，将有助于提高研究质量。

（二）智能材料与软材料结合应用，提高软体机器人强度

从软体机器人技术研究本身而言，材料创新一直是主要的研究方向，未来需重点思考的是如何改善软材料负载低、刚度差、强度低的不足，在保证软体机器人变形能力的基础上提高软体机器人的强度。将智能材料如 SMA、SMP 和磁流变液等与

软材料相结合的刚柔耦合机器人，不但可以保证软体机器人的柔顺性，在特殊需求下还可以将机器人的刚度提高数个量级，从而使机器人的负载等作业能力得以提升。

（三）驱动传感控制一体化，提升软体机器人智能化

除了材料的创新，软体机器人的驱动传感控制一体化是另一个需要重点关注的方向。软体机器人多采用智能材料和智能结构，通过机械预编程，以及将传感器集成到软体机器人本体中，可使机器人感知更多的外界信息，实现软体机器人的驱动传感控制一体化。这一过程中未来需解决的问题有：如何把传感器嵌入机器人本体；如何在不影响机器人本体力学特性的同时提高传感器的精度、响应频率等；如何根据软体机器人的运动特点设计算法实现机器人的智能化控制。

参考文献

[1] BARTLETT N W，TOLLEY M T，OVERVELDE J T B，et al. A 3D-printed，functionally graded soft robot powered by combustion [J]. Science，2015，349（6244）：161–165.

[2] FIROUZEH A，SALERNO M，PAIK J. Soft pneumatic actuator with adjustable stiffness layers for multi-DoF actuation [C]. 2015 IEEE/RSJ International Conference on Intelligent Robots and Systems（IROS）. 2015.

[3] LASCHI C，CIANCHETTI M，MAZZOLAI B，et al. Soft robot arm inspired by the octopus [J]. Advanced robotics，2012，26（71）：709–727.

[4] ROLF M，STEIL J J. Constant curvature continuum kinematics as fast approximate model for the bionic handling assistant [C]. 2012 IEEE/RSJ International Conference on Intelligent Robots and Systems. 2012.

[5] RUS D，TOLLERM T. Design，fabrication and control of soft robots [J]. Nature，2015，521（7553）：467–475.

[6] SHEN Qi，TRABIA S，STALBAUM T，et al. A multiple-shape memory polymer-metal composite actuator capable of programmable control，creating complex 3D motion of

bending, twisting, and oscillation [J]. Sciemific reports, 2016, 6: 24462.

[7] SHINTAKE J, ROSSET S, SCHUBERT B, et al. Versatile soft grippers with intrinsic electroadhesion based on multifunctional polymer actuators [J]. Advanced Materials, 2016, 28（2）: 231–238.

[8] TANG Y C, CHI Y D, SUN J F, et al. Leveraging elastic instabilities for amplified performance: spine-inspired high-speed and high-force soft robots [J]. Science advances, 2020, 6（19）: 1–12.

[9] UMRAO S, TABASSIAN R, KIM J, et al. MXene artificial muscles based on ionically cross–linked $Ti_3C_2T_x$ electrode for kinetic soft robotics [J]. Science robotics, 2019, 4（33）: 1–11.

[10] WANG Huanling, ZHU Yinglong, ZHAO Dongbiao, et al. Performance investigation of cone dielectric elastomer actuator using Taguchi method [J]. Chinese Journal of Mechanical Engineering, 2011, 24（4）: 685–692.

[11] WANG Y P, YANG X B, CHEN Y F, et al. A biorobotic adhesive disc for underwater hitchhiking inspired by the remora suckerfish [J]. Science robotics, 2017, 2（10）: 1–9.

[12] WEHNER M, TRUBY R L, FITZGERALD D J, et al. An integrated design and fabrication strategy for entirelysoft, autonomous robots [J]. Nature, 2016, 536（7617）: 451–455.

[13] 郭闯强, 吴春亚, 刘宏. 离子聚合物金属复合材料驱动器在机器人中的应用进展 [J]. 机械工程学报, 2017, 53（9）: 1–13.

[14] 王田苗, 郝雨飞, 杨兴帮, 等. 软体机器人: 结构、驱动、传感与控制 [J]. 机械工程学报, 2017, 53（13）: 1–13.

神经形态芯片前沿态势报告

一、发展历程

神经形态芯片属于神经网络芯片的一种，目前尚没有一个公认的严格定义，其概念与神经形态器件、类脑计算等密切相关。神经形态器件即模拟生物神经元和神经突触等生物神经网络基本单元的构造、功能与行为的光电器件，忆阻器是其中的代表。神经形态芯片即利用神经形态器件构建类似于生物神经系统的超大规模集成电路，具有低功耗、低延迟、高速处理等特点，或将引领计算机微型化和人工智能发展的下一阶段。神经形态芯片相关概念之间的关系如图 2-1 所示。

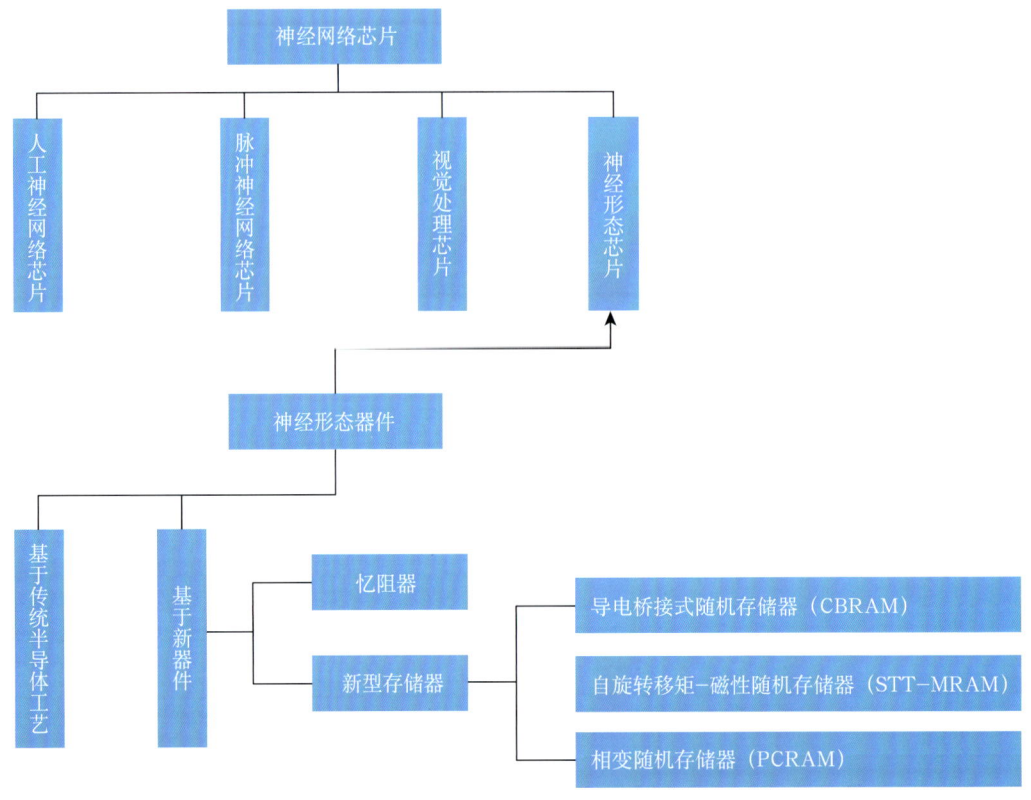

图 2-1　神经形态芯片相关概念之间的关系

（一）早期概念提出

1971年9月，加州大学伯克利分校的华裔科学家蔡少棠从逻辑和公理的观点出发，提出第四种电路元件——忆阻器。如图2-2所示,忆阻器(memristor)全称记忆电阻器,是表示磁通与电荷关系的电路器件。忆阻具有电阻的量纲,但和电阻不同的是,忆阻的阻值是由流经它的电荷确定。因此,通过测定忆阻的阻值,便可知道流经它的电荷量,从而有记忆电荷的作用。然而,由于当时并未发现具有明显忆阻效果的材料,且集成电路产业整体尚处于起步阶段,忆阻器的相关研究并未得到进一步重视。

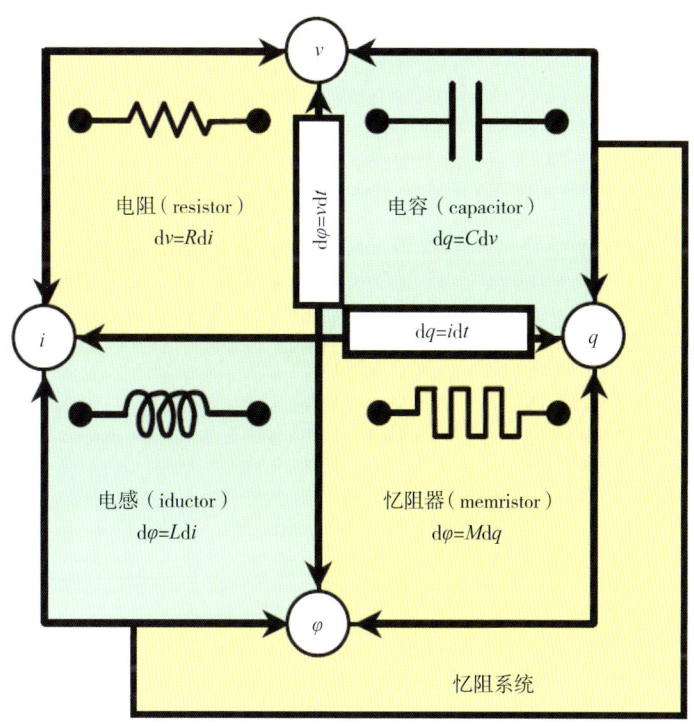

图2-2 4种基本电路元件关系

1989年1月,加州理工学院的卡弗·米德(Carver Mead)在专著《模拟超大规模集成电路与神经系统》(*Analog VLSI and Neural System*)中首次提出神经形态工程(neuromorphic engineering)和神经形态芯片(neuromorphic chip)的概念。神经形态工程即利用具有模拟电路的超大规模集成电路来模拟生物神经系统结构。

1990—2003年,在摩尔定律推动下,基于冯·诺依曼架构的传统处理器性能快速发展,神经形态芯片研究近乎陷于停滞。

（二）成为研究热点

2004年左右，单核处理器主频停止增长，学术界开始探索冯·诺依曼架构的替代技术，神经形态芯片研究成为热点。

2005年3月，"ARM之父"曼彻斯特大学的史蒂夫·弗伯（Steve Furber）基于ARM架构研制出支持脉冲神经网络仿真的神经形态芯片SpiNNaker（图2-3）。SpiNNaker采用18核架构设计，并采用130 nm互补金属氧化物半导体（complementary metal oxide semiconductor，CMOS）工艺制造，每个ARM核上具有1024个神经元，突触数量达到百万级别。

图2-3　SpiNNaker神经形态芯片

2005年6月，洛桑联邦理工学院的亨利·马克莱姆（Henry Markram）与IBM合作启动蓝脑计划（Blue Brain Project），在IBM Blue Gene/L超级计算机上模拟大规模仿生神经网络，但采用的是传统的 CPU。

2005 年 9 月，在欧盟突发瞬态快速模拟计算（Fast Analog Computing with Emergent Transient States，FACETS）项目框架下，海德堡大学基尔霍夫（Kirchhoff）物理研究所电子视觉组牵头研制基于模拟混合信号的神经形态芯片。

（三）重大预研项目启动

2008 年 5 月，惠普公司信息与量子系统实验室主任斯坦利·威廉姆斯（Stanley Williams）领导团队利用二氧化钛（TiO_2）首次研制出能够模拟神经突触的忆阻器原型件，通过调制突触前后神经元的脉冲宽度和频率来实现脉冲时序依赖可塑性（spike timing dependent plasticity，STDP）学习算法，并以此为基础制造出忆阻器与硅材料的混合电路。其研究成果《消失的忆阻器找到了》（"The Missing Memristor Found"）发表于《自然》杂志。

2008 年 11 月，美国国防部高级研究计划局（DARPA）启动神经形态自适应可塑可扩展电子系统（Systems of Neuromorphic Adaptive Plastic Scalable Electronics，SyNAPSE）项目（图 2-4），支持 IBM 和休斯研究实验室（HRL Laboratories，LLC）等联合研发神经形态芯片。

2011 年 1 月，在欧盟 FACETS 项目的延续项目 BrainScaleS 框架下，德国海德堡大学卡尔海因茨·迈耶（Karlheinz Meier）教授团队牵头研发大规模并行类脑计算系统及其硬件 BrainScaleS。如图 2-5 所示，BrainScaleS 晶圆模组由数模混合的多核阵列处理器构成，包含 448 个 HICANN 神经形态芯片，HICANN 芯片采用 180 nm CMOS 工艺制造，包含 512 个神经元，超过 11.5 万个突触，可运行生物模型和抽象的神经网络算法。

2013 年 1 月，在欧盟"人脑计划"的框架下，洛桑联邦理工学院的 Henry Markram 教授牵头搭建六大平台——神经信息学平台、脑仿真平台、高性能计算平台、医学信息学平台、神经形态计算平台与神经机器人平台。其中，神经形态计算平台将基于 BrainScaleS 和 SpiNNaker 进行开发。

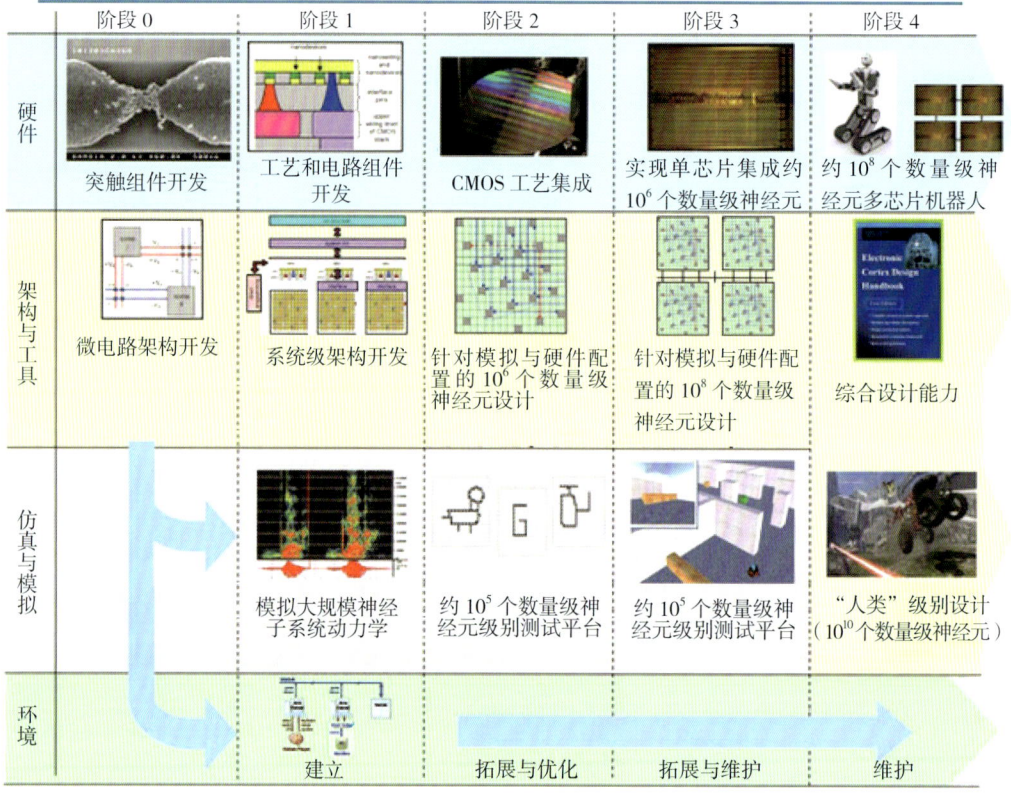

图 2-4 SyNAPSE 项目计划示意

图 2-5 BrainScaleS 晶圆模组

2014 年 4 月,Carver Mead 的学生、斯坦福大学的夸贝纳·波尔汉(Kwabena Boahen)研制出基于数模混合电路的神经形态芯片系统 Neurogrid(图 2-6),利用晶体管的亚阈值工作区间来实现神经元和突触的特殊功能,用以实时模拟大尺度神经网络。Neurogrid 芯片包含 16 个神经核，每个神经核上包含 65 536 个神经元、375 万个突触。这一成果以特邀论文《Neurogrid：针对大规模神经仿真的数模混合多芯片系统》（"Neurogrid：A Mixed-Analog-Digital Multichip System for Large-Scale Neural Simulations"）发表于 IEEE（Institute of Electrical and Electronics Engineers）会议。

图 2-6　Neurogrid 系统

（四）进入商业化早期

2014 年 5 月，高通研制的数模混合芯片 Zeroth NPU 入选《麻省理工科技评论》"2014 十大突破性科学技术"。Zeroth NPU 与 CPU、GPU、DSP 等处理单元并列作为一个协处理器，计划应用于移动通信设备。一年后，高通宣布将 Zeroth NPU 作为协处理器应用于骁龙处理器 Snapdragon 820，从基于脉冲神经网络（SNN）演化到同时支持人工神经网络（ANN），采用数字电路实现基于 ANN 的深度卷积神经网络，并计划未来引入基于 ANN 的回归神经网络。

2014 年 8 月,在 SyNAPSE 项目框架下,IBM 的达曼德拉·莫德哈(Dharmendra Modha)团队开发出基于 CMOS 工艺的数字神经形态芯片 True North(图 2-7),其由硬件神经元和神经元之间的脉冲链接构成,硬件神经元接收输入脉冲,在积累到一定阈值后被激活产生输出脉冲。True North 芯片包含 4096 个神经突触核,每个核上包含 256 个神经元及 25.6 万个突触,一次总共可以模拟超过 100 万个神经元和 2.56 亿个突触,峰值运算性能达到每秒 266 G 定点运算速度。True North 芯片包含 54 亿个晶体管,是最大的 CMOS 工艺芯片之一。

图 2-7　IBM True North 数字神经形态芯片

2015 年 3 月,海德堡大学研制的神经形态芯片 BrainScaleS 成功应用于类脑计算机。

2015 年 4 月,苏黎世联邦理工学院神经信息研究所所长贾科莫·英迪维里(Giacomo

Indiveri）领导的团队开发出一款亚阈值模数混合神经形态芯片 ROLLS，采用 STDP 算法。ROLLS 芯片包含 256 个神经元、12.8 万个突触。

2015 年 5 月，米尔科·普雷齐奥索（Mirko Prezioso）和法诺德·梅里克－巴亚特（Farnood Merrikh-Bayat）领导加州大学圣巴巴拉分校和纽约州立大学石溪分校联合团队研制出首个基于金属氧化物忆阻器的非晶体管神经形态芯片。如图 2-8 所示，该芯片通过无晶体管的金属氧化物 $Pt/Al_2O_3/TiO_{2-x}/Pt$ 忆阻器闩（crossbar）构建，是历史上首次将忆阻器与神经形态计算相结合，具有里程碑式的重大意义。这一研究成果以论文《基于金属氧化物忆阻器的集成神经网络训练与推理》（"Training and Operation of an Integrated Neuromorphic Network Based on Metal-Oxide Memristors"）发表于《自然》杂志。

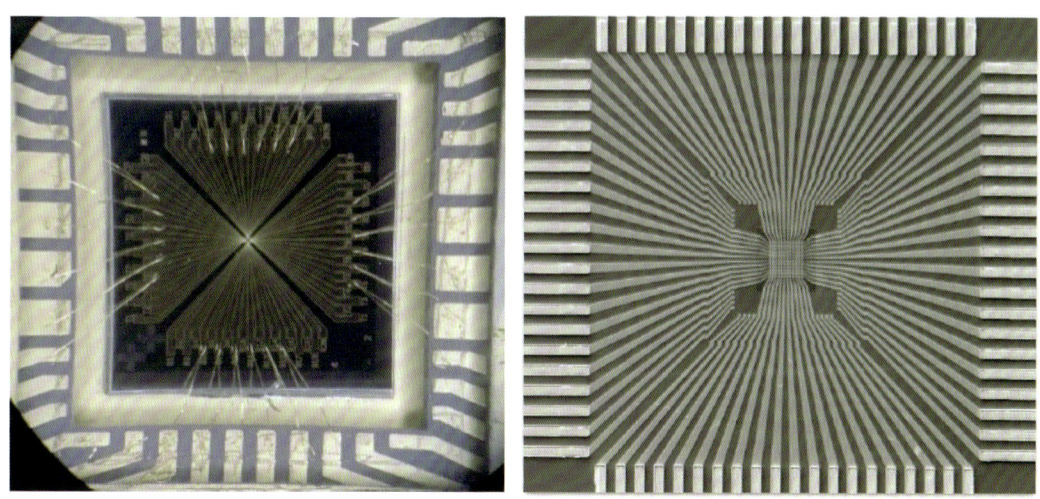

图 2-8　基于金属氧化物忆阻器闩的神经形态芯片

2016 年 8 月，IBM 苏黎世研究院希腊科学家伊万杰洛斯·埃列夫瑟里欧（Evangelos Eleftheriou）带领研究团队利用相变存储材料制造出脉冲神经元（图 2-9），像生物神经元一样具有随机性。与先前采用电阻、电容等模拟器件构造的模拟神经元不同，这种相变材料特征尺寸达到纳米级别，每个单元可以稳定存储 3 比特数据，能够执行多种计算任务。

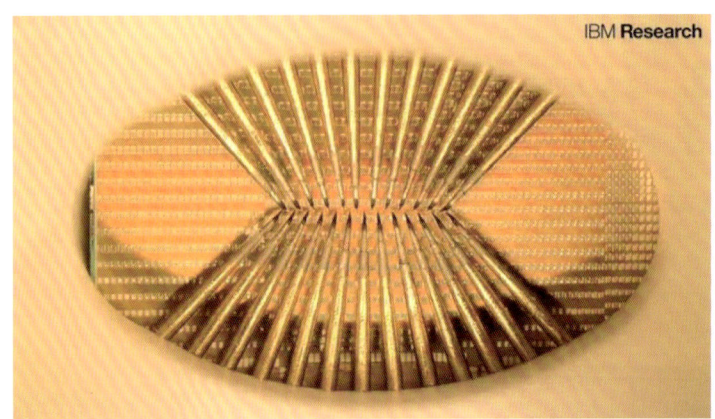

图 2-9　基于相变存储材料制造出的脉冲神经元

（五）传统芯片巨头加入战局

2017 年 9 月，迈克尔·梅贝里（Michael Mayberry）领导的英特尔实验室发布神经形态芯片 Loihi。如图 2-10 所示，Loihi 神经形态芯片采用 14 nm 制程，裸片尺寸为 6 mm，包含 128 核，总计 20 亿个晶体管、13 万个硅神经元和 1.3 亿个突触。

图 2-10　英特尔神经形态芯片 Loihi

2 神经形态芯片前沿态势报告

2018年3月,在神经启发计算单元(Neuro Inspired Computational Elements, NICE)大会上,海德堡大学发布第二代BrainScale神经形态芯片,具备可自由编程的片上学习功能;德累斯顿工业大学发布第二代SpiNNaker神经形态芯片,用于多尺度大脑模型的实时模拟。

2019年7月,里奇·乌利希(Rich Uhlig)领导的英特尔实验室在DARPA举办的电子复兴计划峰会上发布基于Loihi的神经形态芯片系统Pohoiki Beach。该系统包含64块Loihi芯片,总共能够模拟超过800万个神经元和80亿个突触。

2019年11月,埃森哲、空客、通用电气和日立加入英特尔发起的神经形态研究社区(Intel Neuromorphic Research Community, INRC),这是INRC首次有世界500强企业加入。

2020年3月,迈克·戴维斯(Mike Davies)领导的英特尔神经形态计算实验室发布基于Loihi的最新神经形态计算系统Pohoiki Springs(图2-11),并计划向INRC成员提供基于该系统的云服务,以提高这些成员通过神经形态计算解决大规模复杂计算问题的能力。Pohoiki Springs系统包含768块Loihi芯片和Arria10 FPGA开发板,能够模拟近1亿个神经元和1000亿个突触,相当于老鼠大脑的水平(约为人脑的1/1000),系统功耗低于500 W。

图2-11 英特尔神经形态计算系统Pohoiki Springs

二、观点与碰撞

（一）各国脑科学计划中的神经形态芯片研究

从 1989 年美国国防部、美国国立卫生研究院（NIH）和国家科学基金会（NSF）组织召开会议讨论"利用新的计算机技术构建脑的数据库和模型"以来，美国、英国、法国、德国、瑞士、日本、韩国、加拿大、俄罗斯、以色列和中国等国均开展并实施了脑科学相关的研究计划。其中，涉及神经形态芯片研究的计划项目主要包括美国 SyNAPSE 项目、欧盟 HBP 和中国脑计划。

1. 美国 SyNAPSE 项目

2008 年 11 月，美国国防部高级研究计划局（DARPA）启动神经形态自适应可塑可扩展电子系统（Systems of Neuromorphic Adaptive Plastic Scalable Electronics，SyNAPSE）项目，累计投入超过 1 亿美元，并于 2015 年提前结束。随后，美国国防部将基于类脑计算的人工智能列为"第三次抵消战略"关键技术。

SyNAPSE 项目组分为 IBM 组和 HRL 组。其中，HRL 全称 HRL Laboratories，LLC，是波音和通用汽车共有的一家企业化运营研发实验室——休斯研究实验室。另外，项目参与方还包括哥伦比亚大学、康奈尔大学、加州大学默塞德分校、威斯康星大学麦迪逊分校在内的 10 余所美国大学与科研机构。

2014 年 8 月，IBM 在《科学》杂志上发表题为"A million spiking-neuron integrated circuit with a scalable communication network and interface"的文章，宣布研制成功数字神经形态芯片 True North，内含 100 万个神经元和 2.56 亿个突触，而功耗只有 70 mW，仅为含有相同半导体数量 CPU 的 0.02%。该成果入选《科学》杂志"2014 年十大科学突破"。

2. 欧盟 HBP

2013 年 1 月，欧盟宣布开展为期 10 年的"人脑计划（Human Brain Project，HBP）"，投资超 10 亿欧元进行研发（其中一半左右由欧盟直接资助），探索将信息技术和生命科学结合，计划10年内在认识脑、治疗脑疾病和类脑计算3个方面取得突破。如图2-12所示，HBP主要由BBP和BrainScaleS两大前期项目构成。

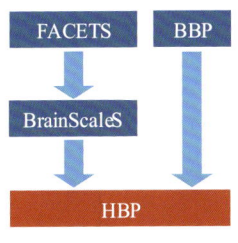

图2-12　HBP的构成

BBP（2005年6月至今）即"蓝脑计划（Blue Brain Project）"，由瑞士洛桑联邦理工学院（EPFL）和IBM共同发起，项目负责人为洛桑联邦理工学院的Henry Markram教授。BBP通过模拟人类大脑来治疗阿尔茨海默病和帕金森病。在有关神经形态计算方面，其在IBM Blue Gene/L超级计算机上模拟了大规模仿生神经网络，但采用的是传统的CPU。

FACETS（2005年9月至2010年8月）即"突发瞬态快速模拟计算（Fast Analog Computing with Emergent Transient States）"项目，由德国海德堡大学发起，合作伙伴包括匈牙利德布勒森大学、法国波尔多综合理工学院、德国德累斯顿工业大学、德国弗莱堡大学在内的欧洲7国12所高校，项目负责人为海德堡大学的Karlheinz Meier教授（2018年10月去世）。FACETS的目的是探索生物神经系统的计算范式理论和实验基础，欧盟为其累计投入1050万欧元。

BrainScaleS（2011年1月至2015年3月）即"神经形态混合系统脑启发多尺度计算（Brain-inspired Multiscale Computation in Neuromorphic Hybrid Systems）"项目，是FACETS的延续项目，由德国海德堡大学发起，欧盟资助，参与方来自欧洲10国的19个研究小组，项目负责人为海德堡大学的Karlheinz Meier教授。BrainScaleS项目旨在理解和模拟大脑信息处理中多时空尺度的功能和相互作用。项目结束后，BrainScaleS的神经形态计算系统硬件开发工作在HBP的神经形态计算平台中继续进行。

3. 中国脑计划

中国脑计划的讨论始于 2013 年。2015 年 3 月，多部委联席会确定计划正式名称为"脑科学与类脑科学研究"，基本架构为"一体两翼"，即以研究脑认知的神经原理为"主体"，研发脑重大疾病诊治新手段和脑机智能新技术为"两翼"。2018 年 3 月，北京脑科学与类脑研究中心成立。2018 年 5 月，上海脑科学与类脑研究中心成立。南北两个中心的成立标志着计划正式启动。2019 年 3 月，《中华人民共和国国民经济和社会发展第十三个五年规划纲要》将"脑科学与类脑研究"列为"科技创新 2030—重大项目"，目标是未来 15 年，在脑科学、脑疾病早期诊断与干预、类脑智能器件 3 个领域取得国际领先成果。

（二）神经形态芯片领域重要会议——NICE

NICE 全称 Neuro Inspired Computational Elements，即神经启发计算单元研讨会，旨在汇集来自不同科学和应用领域的研究人员和投资人，在融合神经科学、微电子学和计算技术的基础上，开发超出冯·诺依曼架构和摩尔定律限制的下一代信息处理和计算体系结构。历届研讨会均在美国举办，概况如表 2-1 所示。

表 2-1 历届 NICE 概况

时间	地点	主办方	咨询委员会成员及其所属机构
2013 年 2 月	新墨西哥州阿尔伯克基市	Sandia National Laboratories、DARPA	James L. Olds, Krasnow Institute for Advanced Study; Daniel Hammerstrom, DARPA
2014 年 2 月	新墨西哥州阿尔伯克基市	Sandia National Laboratories、DARPA、IARPA	Daniel Hammerstrom, DARPA; James L. Olds, Krasnow Institute for Advanced Study; Karlheinz Meier, Heidelberg University; R. Jacob Vogelstein, JHU APL
2015 年 2 月	新墨西哥州阿尔伯克基市	Sandia National Laboratories、DARPA、IARPA	Daniel Hammerstrom, DARPA; Karlheinz Meier, Heidelberg University; R. Jacob Vogelstein, JHU APL; Robinson Pino, DOE Office of Science

2 神经形态芯片前沿态势报告

续表

时间	地点	主办方	咨询委员会成员及其所属机构
2016 年 3 月	加利福尼亚州伯克利市	Helen Wills Neuroscience Institute、DARPA、Human Brain Project、IARPA、Redwood Center for Theoretical Neuroscience、Sandia National Laboratories、DOE Office of Science、The Kavli Foundation、Oak Ridge National Laboratory	Daniel Hammerstrom, DARPA; Karlheinz Meier, University Heidelberg; James B. Aimone, Sandia National Laboratories; Jacob Vogelstein, IARPA; Robinson Pino, DOE Office of Science; Paul Rhodes, Evolved Machines; Bruno Olshausen, Redwood Center for Theoretical Neuroscience; Murat Okandan, NICE
2017 年 3 月	加利福尼亚州圣何塞市	SRC、IBM、The Kavli Foundation	Stephen Furber, The University of Manchester; Winfried Wilcke, IBM; Narayan Srinivasa, Intel; Christof Koch, Allen Institute; Wolfgang Maass, University of Graz
2018 年 2 月	俄勒冈州希尔斯伯勒市	Intel	Terry Sejnowski, Salk Institute; Wolfgang Maass, University of Graz; Chris Eliasmith, University of Waterloo; Simon Knowles, Graphcore; Rick Stevens, Argonne National Laboratory; Weinan Sun, HHMI; Christoph von der Malsburg, Frankfurt Institute for Advanced Studies; Mike Mayberry, Intel
2019 年 3 月	纽约州奥尔巴尼市	IBM、Intel、Applied Materials、Tokyo Electron Limited、SUNY Polytechnic Institute	Ryad Benosman, University of Pittsburgh; Kwabena Boahen, Stanford University; Kris Carlson, BrainChip; Tony Chiang, Applied Materials; Greg Cohen, Western Sydney University; Mike Davies, Intel; Steve Furber, University of Manchester; Nicholas Harris, Lightmatter; Giacomo Indiveri, University of Zurich; Mukesh Khare, Irina Rish, IBM; Mihai Petrovici, University of Bern; Yulia Sandamirskaya, ETH Zurich; Johannes Schemmel, Heidelberg University; Jeff Shainline, NIST

2020 年 NICE 原计划于 3 月在德国海德堡大学举办，但由于新冠肺炎疫情的缘故而推迟，具体举办时间待定。值得一提的是，已经确定的受邀演讲嘉宾包括清华大学施路平主任，这是首次有中国学者受到 NICE 邀请参会演讲。

（三）各方观点

杰夫·霍金斯（Jeff Hawkins）——人工智能思想家，Palm 公司、Handspring 公司和 Numenta 公司创始人：我们不可能只在软件中实现人工智能，必须在硅片中实现它。在传统处理器上用专门的软件尝试模拟人脑，以此作为不断提升的智能基础，这太过低效了。

施路平——清华大学类脑计算研究中心主任：类脑计算研究借鉴脑科学的基本原理，发展一个新的计算系统，和现有计算机系统融合，既保留计算机的优点，又具有计算机不具有的智能感知和处理问题的能力，特别是处理不确定性问题的能力。未来发展的这样一个类脑计算系统，将帮助我们照顾小孩、老人，帮助小孩成长，将显著提升我们的生活品质。

黄铁军——北京大学信息科学技术学院教授、北京智源人工智能研究院院长：神经形态芯片有别于现在常见芯片，涉及信息处理方式的根本转换，愿意在新方向尝试、创新及冒险的人比较少。特别是在国内，神经形态芯片的研究 10 年前才开始，比国外晚了 20 年，愿意探索新方案的人更少。

然而，神经形态芯片相关技术的发展也存在一些争议。2014 年 7 月，150 多位科学家联名向欧盟委员会致信，控诉 HBP 造成的资源浪费和表现出的混乱不堪，他们还联合了超过 700 名科学家威胁抵制计划继续推进。HBP 的项目负责人 Henry Markram 教授不久后被解除职务。

三、竞争与合作

基于专利和论文分析，对全球神经形态芯片领域的竞争格局进行分析。专利方面，截至 2019 年 11 月，在 Innography 专利数据库检索到神经形态芯片相关申请专利 4508 件，其中，授权专利 1214 件。论文方面，截至 2019 年 12 月，在 SCIE 论文数据库中检索到神经形态芯片核心论文 4069 篇，在 CPCI-S 会议论文数据库中检索到神经形态芯片会议论文 2223 篇。神经形态芯片相关专利申请数量与论文发表数量如图 2-13 所示。

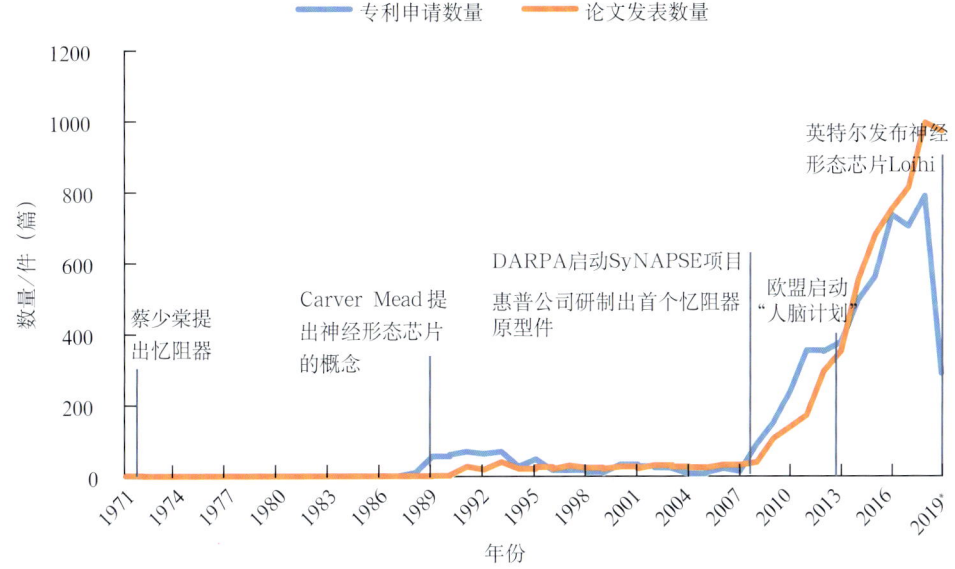

* 表示该年数据为不完全统计。

图 2-13 神经形态芯片领域专利申请和论文发表整体趋势

（一）趋势及重大创新

1. 专利申请趋势

如图 2-14 所示，神经形态芯片相关专利申请始于 1988 年，截至 2019 年 11 月，在 4508 件相关专利中，授权专利 1214 件，专利总体授权率为 27%。然而，神经形态芯片相关专利申请在 2008 年之前一直处于较低水平，直到 2008 年 5 月 IBM 研制出忆阻器原型件，同年 11 月 DARPA 启动 SyNAPSE 项目，神经形态芯片相关专利申请在 2009 年出现了爆发式增长，此后一直维持了高增长态势。专利授权数量与专利申请数量变化趋势大体一致。

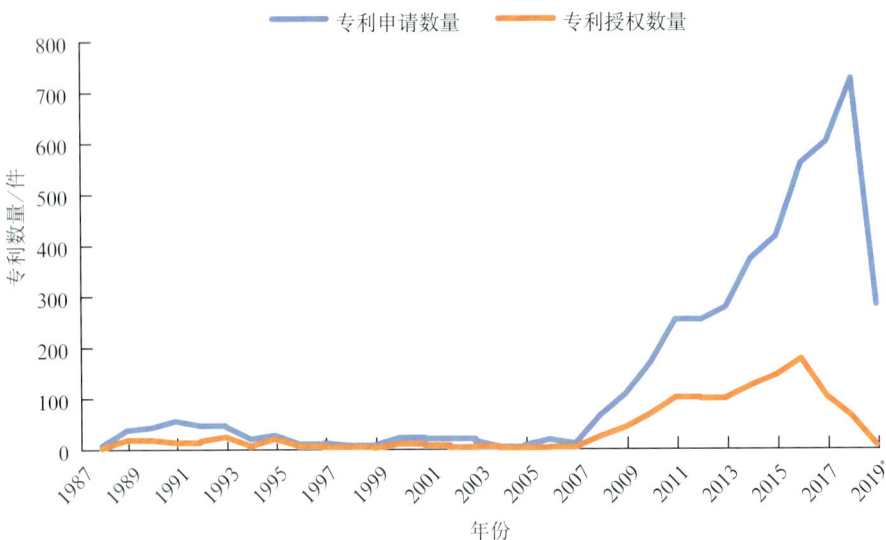

*表示该年数据为不完全统计。

图 2-14　神经形态芯片领域专利申请和专利授权情况

2. 论文发表趋势

如图 2-15 所示，神经形态芯片相关论文发表始于 1971 年，截至 2019 年 12 月，有 SCI 收录论文 4069 篇，CPCI-S 收录论文 2223 篇。1971 年，蔡少棠（L.O.Chua）发表题为《忆阻器——消失的电路元件》（"Memristor—the missing circuit element"）的忆阻器相关开创性论文后，相关研究陷入沉寂，这时尚未有神经形态芯片的概念，忆阻器也仅作为一种概念被提出。直到 1989 年，加州理工学院的卡弗·米德（Carver Mead）在专著 *Analog VLSI and Neural System* 中开创了神经形态工程这一学科门类，神经形态芯片的概念便应运而生。总体上看，神经形态芯片相关论文发表数量与专利申请数量的变化趋势大体一致，主要驱动事件是 2008 年 11 月 DARPA 启动 SyNAPSE 项目。

2 神经形态芯片前沿态势报告

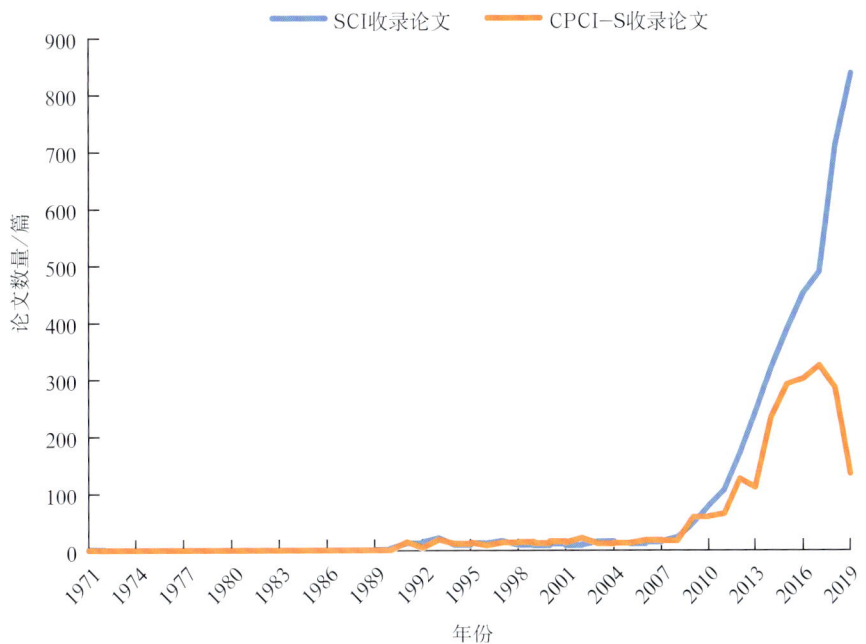

图 2-15 神经形态芯片领域论文发表情况

（二）国家/地区竞争格局

1. 专利视角

从专利视角分析，如图 2-16 与图 2-17 所示，美国、中国、韩国、日本和法国在神经形态芯片相关专利申请上处于全球领先地位。其中，美国无论是在专利数量还是质量上都遥遥领先，中国在数量上排名第二，但专利质量较低。

2. 论文视角

从论文视角分析，如图 2-18、图 2-19 与图 2-20 所示，中国、美国、韩国、德国和印度在神经形态芯片相关论文发表上处于全球领先地位。其中，美国在论文质量上占优，中国在数量上超过美国，但质量低于美国。此外，中国在神经形态芯片相关论文的发表数量与被引次数上占比逐步提高，全球范围内也出现了向头部国家集中的现象。

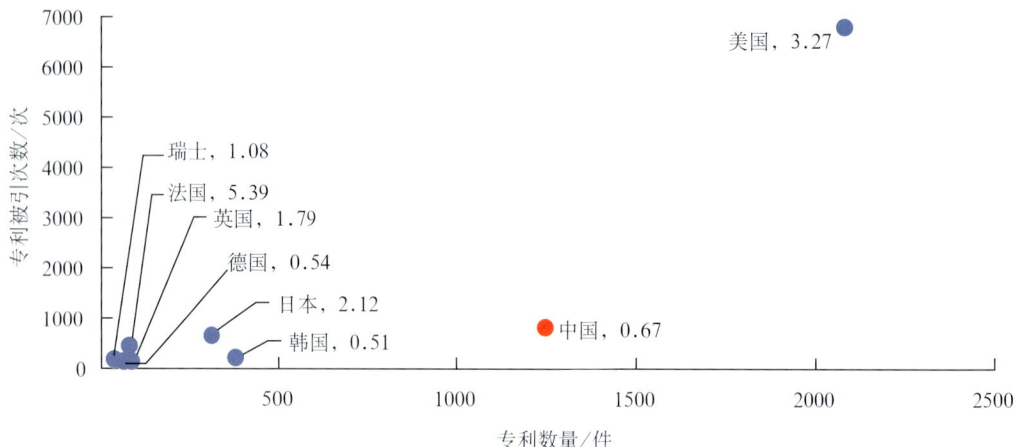

注：国家后所列数字为专利的平均被引次数。

图 2-16　神经形态芯片领域专利申请数量全球排名居前 8 位的国家

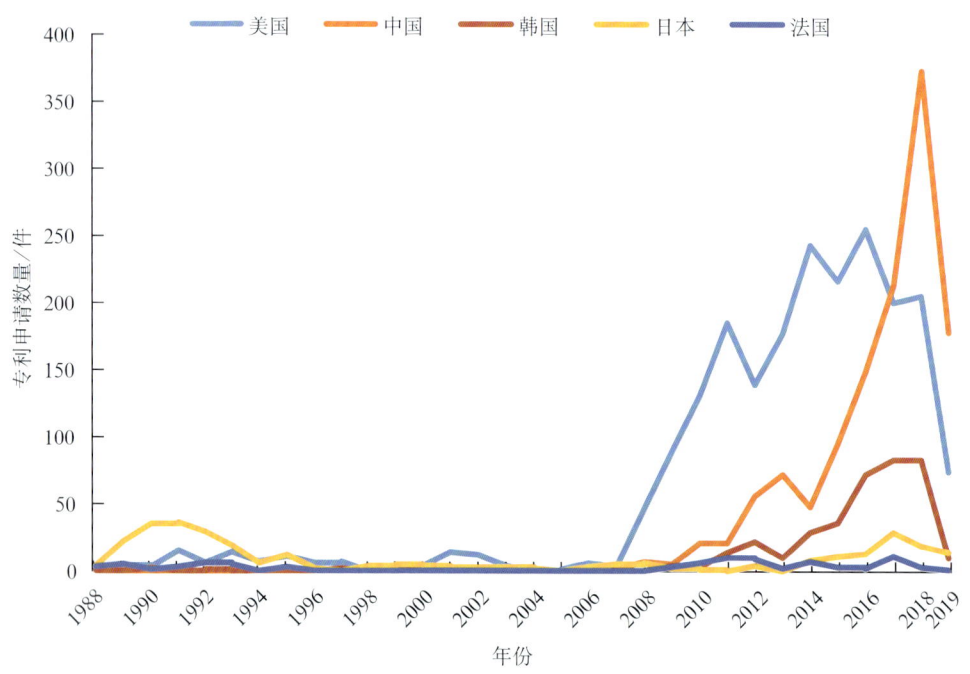

图 2-17　神经形态芯片领域专利申请数量全球排名居前 5 位国家的历年趋势

2 神经形态芯片前沿态势报告

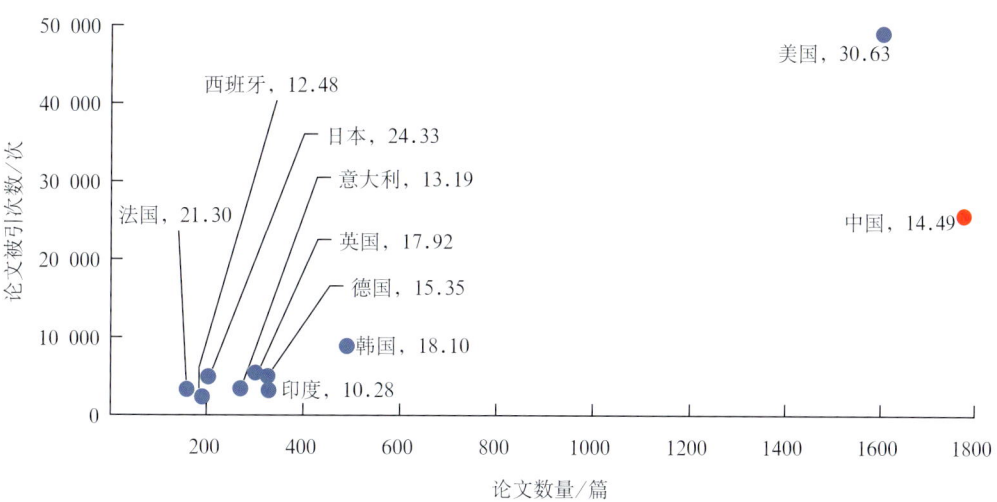

注：国家后所列数字为论文的平均被引次数。

图 2-18　神经形态芯片领域论文发表数量全球排名居前 10 位的国家

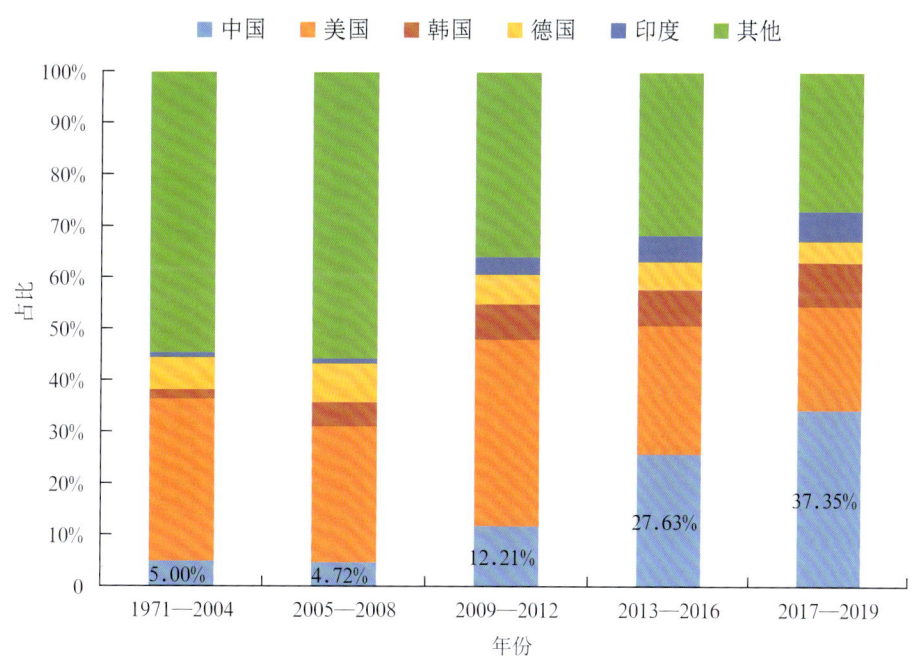

图 2-19　神经形态芯片领域主要国家不同时间区间论文数量占比变化情况

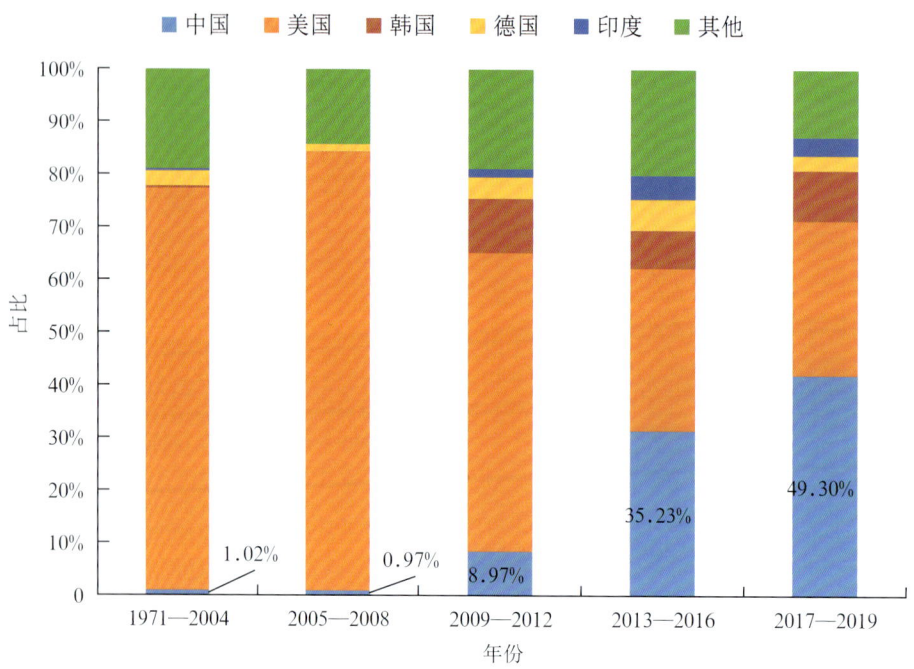

图 2-20 神经形态芯片领域主要国家不同时间区间论文被引次数占比变化情况

（三）城市竞争格局

如图 2-21 与图 2-22 所示，神经形态芯片相关研究的区域聚集程度中国高于全球。在全球范围内，神经形态芯片研究区域分布较广，论文发表数量居前 20 位城市的占比仅为 33%；对于中国的神经形态芯片研究来说，论文发表居前 5 位的城市论文占比达到 56%。

如图 2-23 与图 2-24 所示，美国加州的帕洛阿托市和伯克利市、韩国首尔、中国北京和上海在神经形态芯片相关研究上较为活跃。原因在于斯坦福大学和惠普公司总部均位于帕洛阿托市，加州大学伯克利分校则位于伯克利市，这 3 所机构在神经形态芯片领域的研究起步较早，具有很高水平。国内除了北京和上海之外，江苏、湖北和重庆也在神经形态芯片领域研究活跃，原因在于江苏的常州大学、南京大学和东南大学，湖北的华中科技大学，重庆的西南大学在相关领域具有较多积累。

2 神经形态芯片前沿态势报告

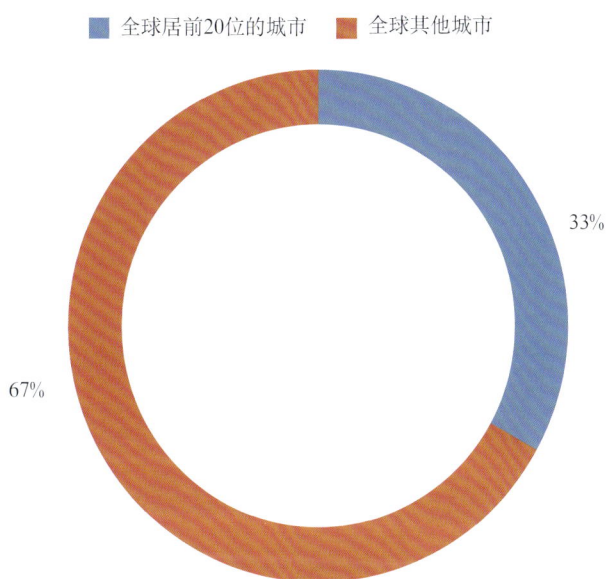

图 2-21 神经形态芯片领域论文数量全球排名居前 20 位城市的论文数量及全球占比情况

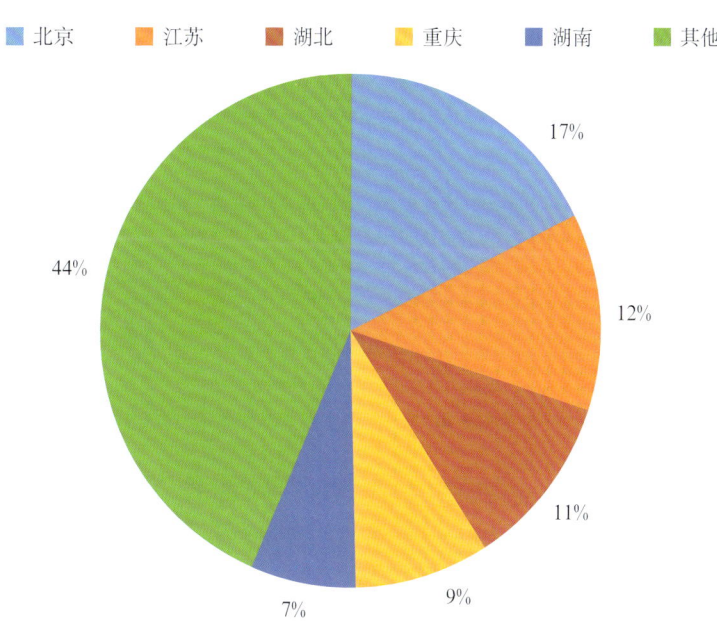

图 2-22 神经形态芯片领域论文数量全国排名居前 5 位城市的论文数量全国占比情况

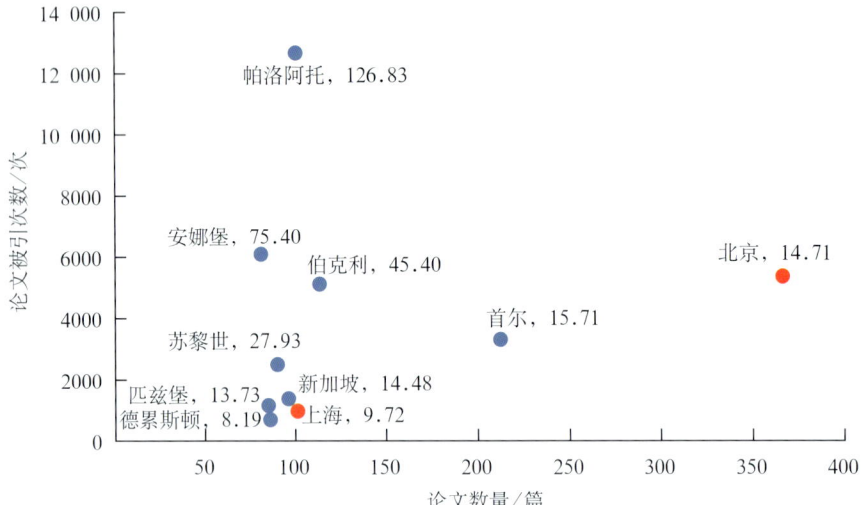

注：城市后所列数字为论文的平均被引次数。

图 2-23　神经形态芯片领域论文数量全球排名居前 10 位的城市

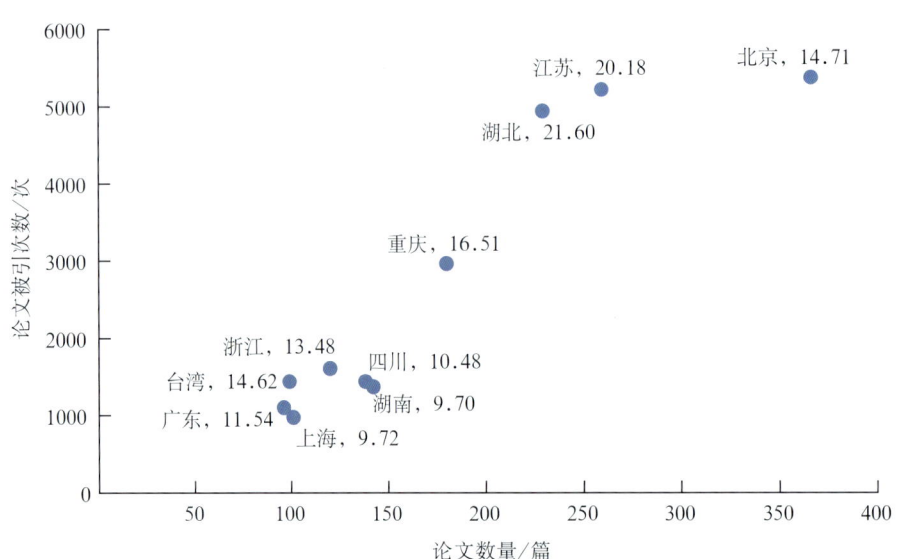

注：城市后所列数字为论文的平均被引次数。

图 2-24　神经形态芯片领域论文发表数量中国排名居前 10 位的城市

（四）机构竞争格局

1. 专利视角

如图 2-25 与图 2-26 所示，从专利申请数量来看，全球排名居前 20 位的机构以企业为主，中国排名居前 20 位的机构以高校为主。从全球来看，美国惠普公司在专利申请数量上遥遥领先，老牌电子厂商 IBM 和芯片大厂英特尔公司也有较多积累。我国的 AI 芯片独角兽寒武纪公司排名居全球第 4 位。韩国半导体巨头三星电子公司排名居全球第 5 位。中国排名居前 20 位的机构除寒武纪公司以外，全部为高校和科研机构，寒武纪公司本身也脱胎于中国科学院计算技术研究所，原因在于我国集成电路领域产业基础与国际先进水平存在差距，缺乏有实力的龙头企业牵引前沿技术发展。

2. 论文视角

如图 2-27 与图 2-28 所示，从论文发表数量来看，在全球排名居前 20 位的机构中，除惠普公司外，全部为高校和科研机构，中国排名居前 10 位的机构全部为高校。从全球来看，加州大学系统申请数量排名第一，惠普公司和密歇根大学发表论文的平均被引次数显著高于其他机构。我国的中国科学院、华中科技大学、清华大学、西南大学发表论文数量排在第 2 至第 4 位，但发表论文的平均被引次数较低。

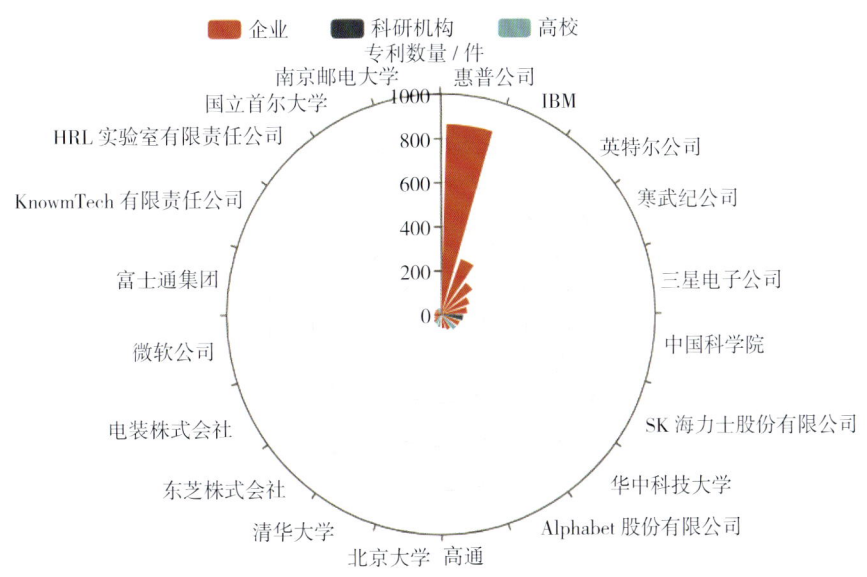

图 2-25　神经形态芯片领域全球排名居前 20 位的专利申请机构

重点科技领域前沿态势报告 2020

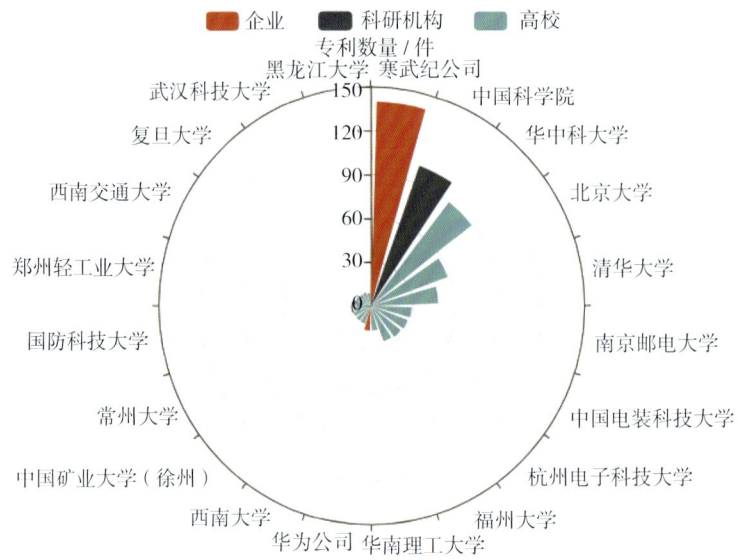

图 2-26 神经形态芯片领域中国排名居前 20 位的专利申请机构

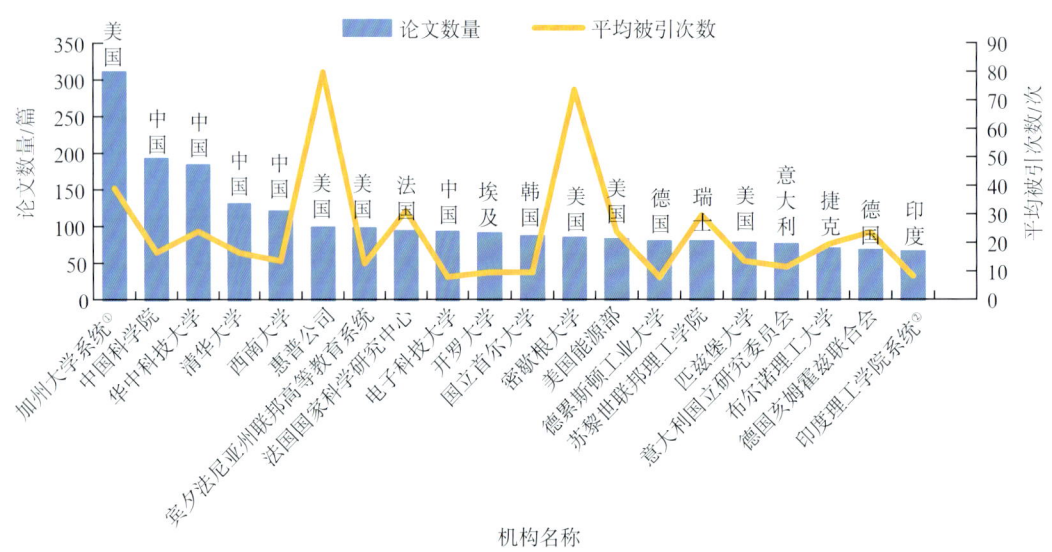

注：①加州大学系统包括10所大学，即加州大学伯克利分校（UC Berkeley）、加州大学洛杉矶分校（UCLA）、加州大学圣地亚哥分校（UCSD）、加州大学旧金山分校（UCSF）、加州大学圣塔芭芭拉分校（UCSB）、加州大学尔湾分校（UCI）、加州大学戴维斯分校（UCD）、加州大学圣克鲁兹分校（UCSC）、加州大学河滨分校（UCR）和加州大学美熹德分校（UCM）。

②印度理工学院系统包括7所大学，即德里理工学院、坎普尔理工学院、卡哈拉格普尔理工学院、马德拉斯理工学院、孟买理工学院、瓜哈提理工学院和卢克里理工学院。

图 2-27 神经形态芯片领域全球排名居前 20 位机构的论文发表数量与平均被引次数情况

2　神经形态芯片前沿态势报告

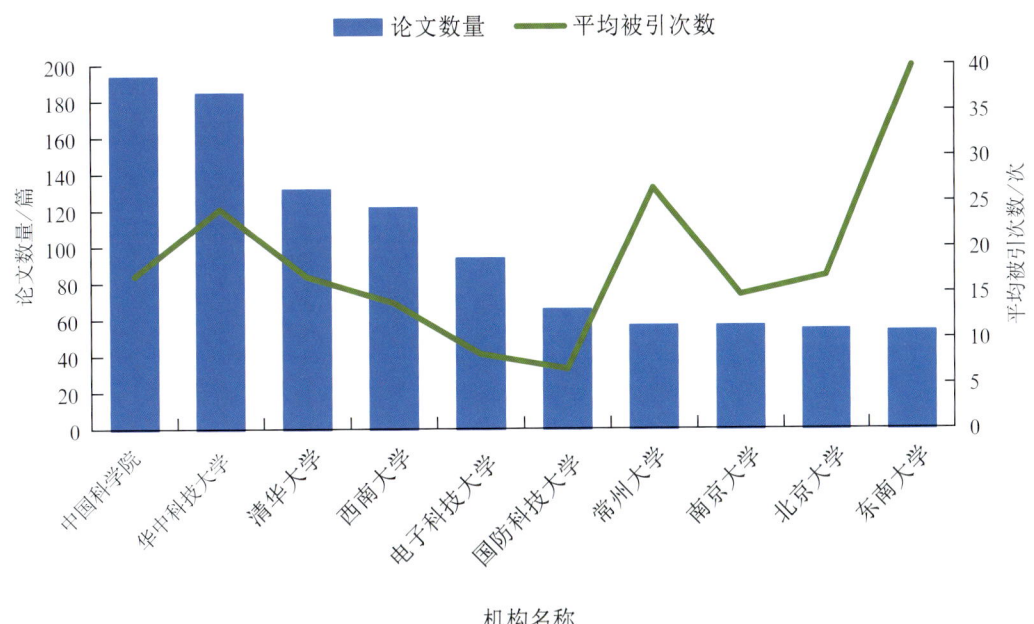

图 2-28　神经形态芯片领域中国排名居前 10 位机构的论文发表数量与平均被引次数情况

如图 2-29 与图 2-30 所示，从发展趋势上来看，随着神经形态芯片越来越接近于产业化，企业在相关研究中占据的份额正在逐渐提升。从高校和科研机构占比较高的论文发表情况来看，虽然在数量上其仍然遥遥领先，但企业发表论文所占比例逐步提升，未来可能逐步由大型硬件科技企业主导神经形态芯片的技术发展。

与全球发展情况不同的是，从论文视角来看，中国并未出现神经形态芯片研究向企业集中的趋势。如图 2-31 与图 2-32 所示，在 2005—2016 年中国机构发表的相关论文中，企业占比反倒逐步下降，发表论文的绝对数量也维持在非常低的水平，仍然延续了我国传统集成电路行业研发与产业脱钩的状态，根本原因在于我国在集成电路行业缺乏像英特尔公司这种集设计、制造与封测于一身的 IDM 芯片厂商（HP、IBM 也曾有自己的晶圆厂），而神经形态芯片研发这种从器件层面进行的创新，需要有研发和制造能力的双重支撑，才能够高效地开展。

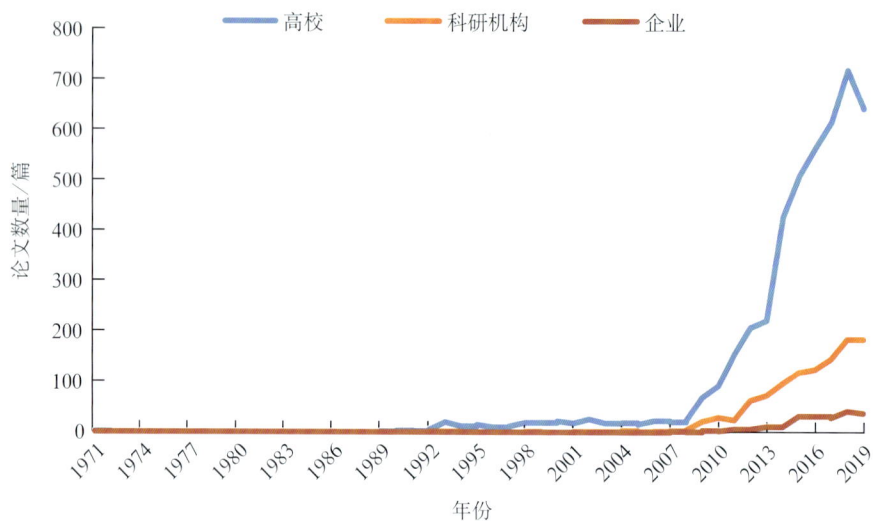

图 2-29 神经形态芯片领域全球不同类型机构发表论文情况

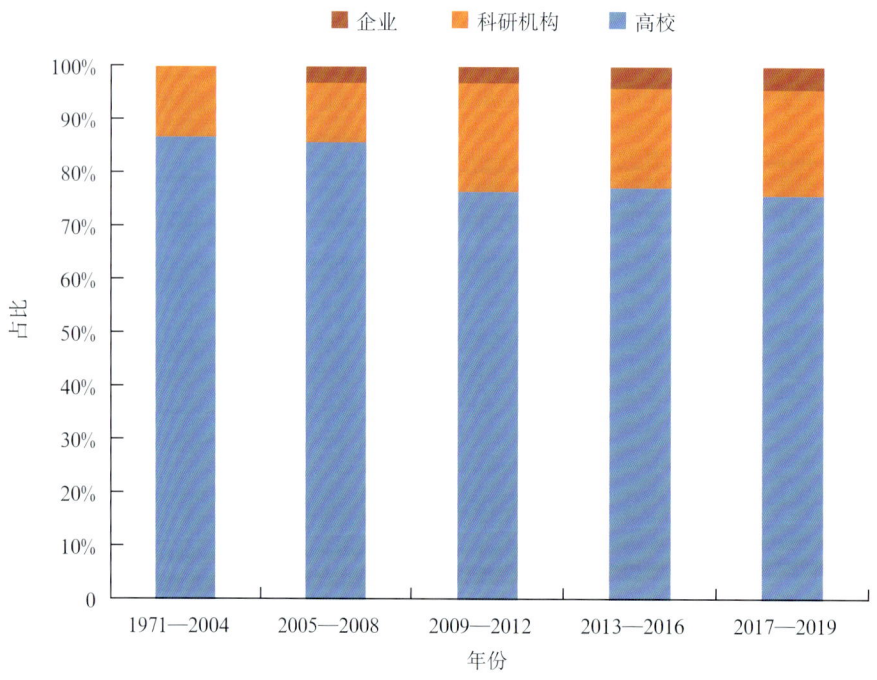

图 2-30 神经形态芯片领域全球不同类型机构发表论文占比情况

2 神经形态芯片前沿态势报告

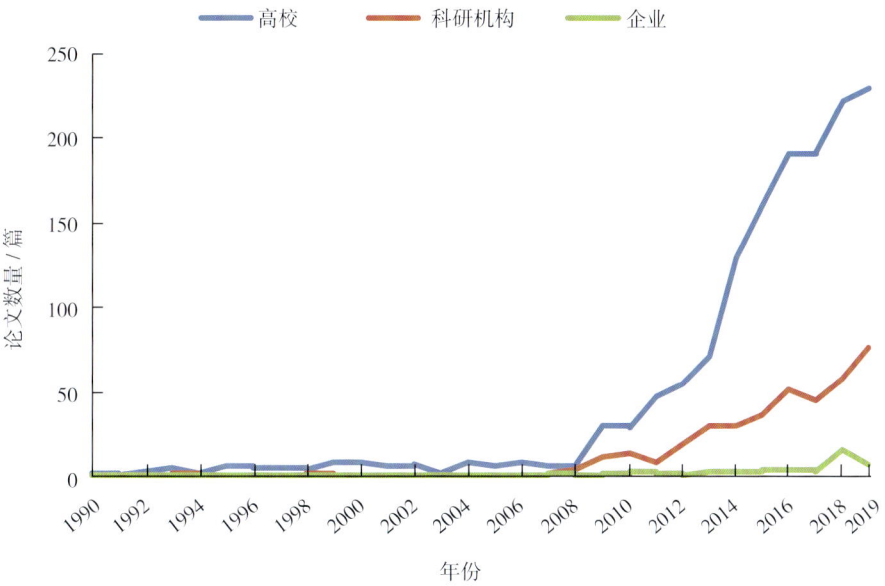

图 2-31　神经形态芯片领域中国不同类型机构发表论文情况

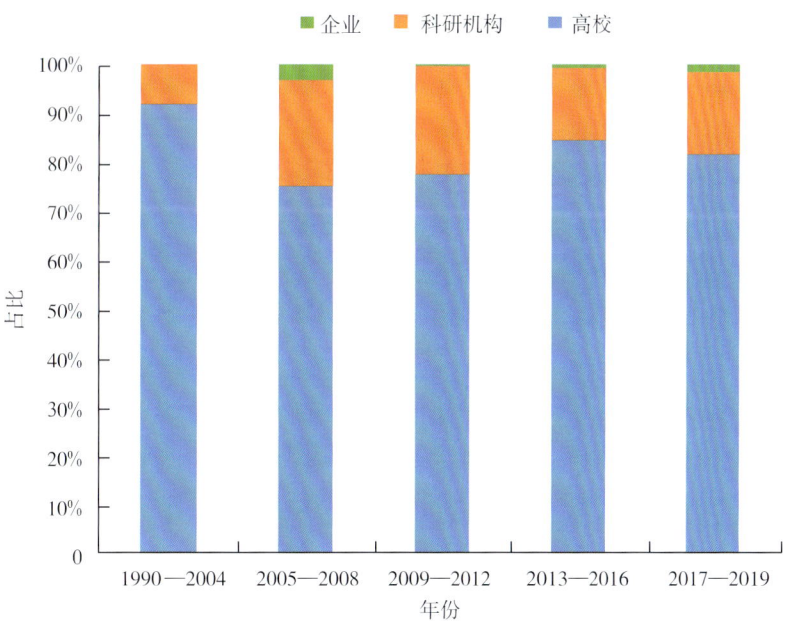

图 2-32　神经形态芯片领域中国不同类型机构发表论文占比情况

（五）区域合作

1. 国家合作

如图 2-33 所示，神经形态芯片领域全球专利合作程度较低，目前主要涉及美国、中国、韩国、瑞士、日本、以色列、德国等国家，其中，尤其以中、美、韩三国之间合作较为密切，其他国家均与美国有合作，反映出美国在神经形态芯片领域处于领先地位。如图 2-34 所示，神经形态芯片领域全球论文合作较为密切，主要涉及美国、中国、韩国、德国、印度、英国、意大利、日本、西班牙和法国，其中，美国与其他国家均有合作，且分布较为平均，中国在神经形态芯片领域的对外合作对象以美国为主，占比达到 57.3%，排在第 2 位的韩国仅为 8.3%，这反映出美国在该领域优势明显的同时，也表明我国在神经形态芯片研究上对美国存在一定程度的依赖。

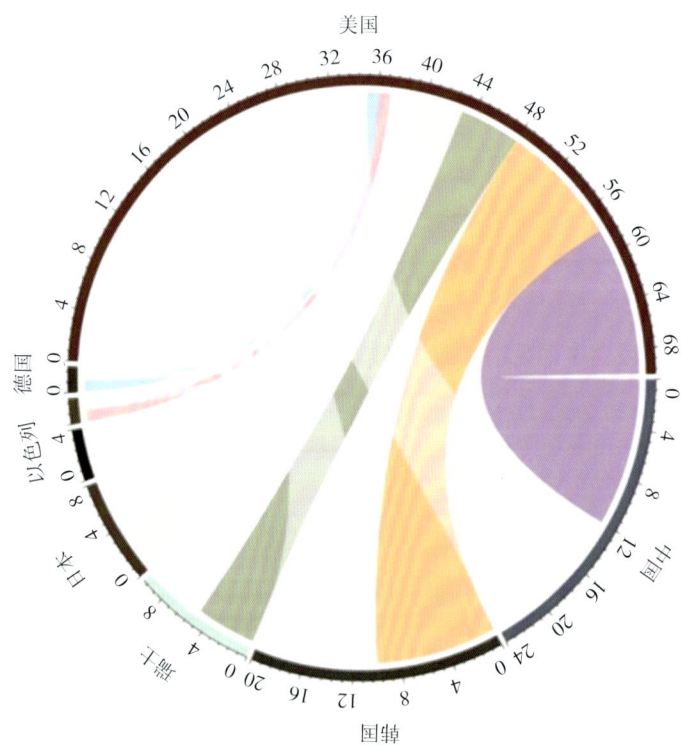

图 2-33　神经形态芯片领域主要国家间专利合作情况

2 神经形态芯片前沿态势报告

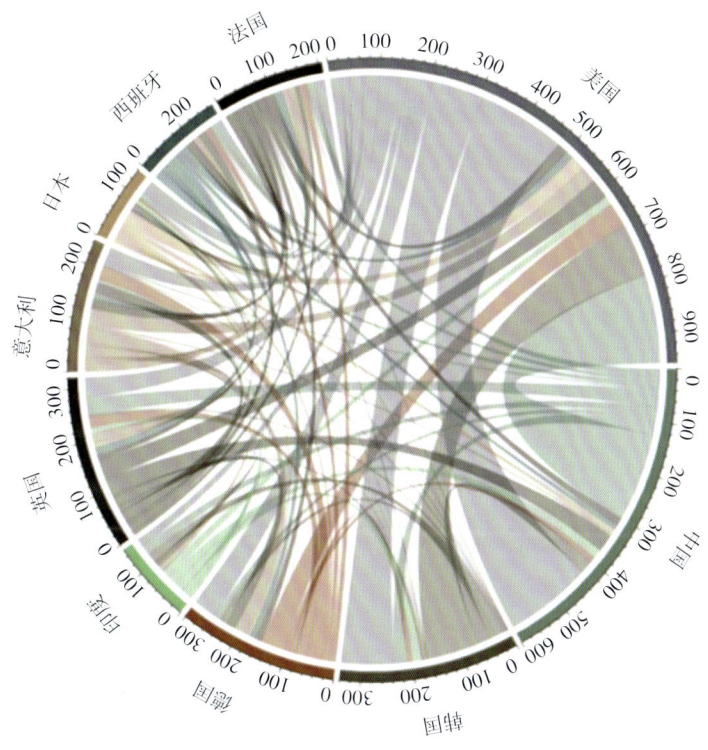

图 2-34 神经形态芯片领域主要国家间论文合作情况

2. 城市合作

如图 2-35 所示，神经形态芯片领域城市间论文合作呈现出较为集中的态势，合作篇数超过 10 篇的有以下组合：中国北京—美国匹兹堡、中国北京—新加坡、中国北京—中国上海、中国北京—美国圣塔芭芭拉、美国伯克利—德国德累斯顿、美国匹兹堡—意大利罗马、德国德累斯顿—意大利都灵、埃及开罗—埃及吉萨。由此可见，我国北京显现出成为神经形态芯片领域全球科研合作中心的潜力，上海和香港在国际合作上也排名靠前。然而，仍需看到美国有更多城市在该领域涉及全球合作，包括加利福尼亚州的伯克利、帕洛阿托、圣塔芭芭拉，宾夕法尼亚州的匹兹堡和密歇根州的安娜堡。

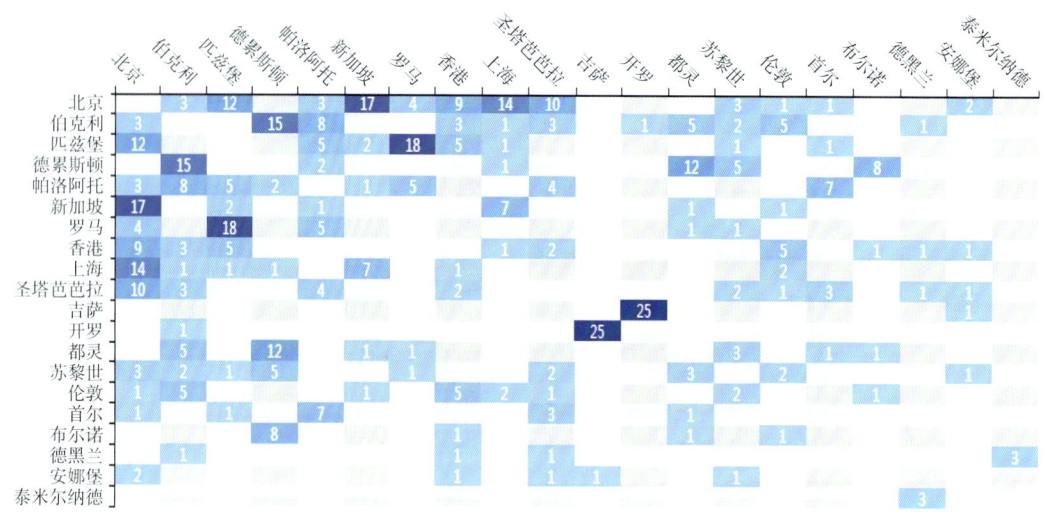

图 2-35　神经形态芯片领域全球主要城市间论文合作情况（单位：篇）

四、未来展望

神经形态芯片未来的发展方向主要是新型神经形态器件，包括忆阻器、导电桥接式随机存储器（CBRAM）、自旋转移矩-磁性随机存储器（STT-MRAM）和相变随机存储器（PCRAM）等。此外，在系统设计与集成上，该领域仍处于早期发展阶段，整个系统架构还没有公认的技术方案，在如何实现高密度和低功耗的大规模集成及对仿生法则的凝练、选择、模拟上，面临重大挑战。

传统人工神经网络和深度学习需要高效率、高能效的人工神经网络芯片，在近几年已经获得较为广泛的实际应用；类脑计算机则需要脉冲神经网络芯片，目前尚处于探索性应用阶段；视觉处理芯片则专门用于完成图像和视频处理任务，未来大有用武之地。神经网络芯片目前可以采用传统集成电路工艺进行制造，未来则很有可能需要基于神经形态器件。目前，神经网络芯片应作为重点产业化方向。未来，神经网络芯片极有可能重演CPU、GPU等传统芯片的发展路径，由极少数跨国企业垄断。

忆阻器最初仅被认为是一个功耗低、存储密度大的存储元器件，将高速存储和低速存储实现完全统一，会极大改变计算机体系结构。而目前来看，忆阻器既能作为存储单元又能构建计算回路,并且可以实现动态改变,进而在纳米尺度上实现存储与计算的硬件级统一,并使计算逻辑能自我调整,这将完全颠覆现有计算机体系和所有依赖计算机的工业体系,有可能形成"弯道超车"的机会。

CBRAM 耗能较低,具有较高的非线性,在模拟学习法则方面具有独特的优势。但其异变较大、可重复性较差、不易控制,而且所用材料与半导体后端兼容性较差,在材料的选用和集成方面需要进一步研究。

参考文献

[1] HASLER,JENNIFER. Neuromorphic chips and machine learning [J]. Mechanical engineering,2014,136(9):35.

[2] HOF R D. Neuromorphic chips [J]. Technology review,2014,117(3):54-57.

[3] WALTER F,RÖHRBEIN F,KNOLL A. Neuromorphic implementations of neurobiological learning algorithms for spiking neural networks [J]. Neural networks,2015,72:152-167.

[4] 邓磊. 异构融合类脑计算平台的计算模型与关键技术研究 [D]. 北京:清华大学,2017.

[5] 黄铁军,施路平,唐华锦,等. 多媒体技术研究:2015——类脑计算的研究进展与发展趋势 [J]. 中国图象图形学报,2016,21(11):1411-1424.

[6] 凯迪. 高通神经形态芯片入选全球 10 大突破技术 [N]. 人民邮电,2014-07-17(7).

[7] 施路平,裴京,赵蓉. 面向人工通用智能的类脑计算 [J]. 人工智能,2020(1):6-15.

[8] 孙哲南,张兆翔,王威,等. 2019 年人工智能新态势与新进展 [J]. 数据与计算发展前沿,2019,1(6):1-16.

[9] 万青. 氧化物神经形态晶体管及其"类脑芯片"应用 [C]// 中国化学会. 中国化学会第 30 届学术年会摘要集——论坛二:新型前沿交叉化学论坛. 2016.

[10] 王秀青,曾慧,韩东梅,等. 基于脉冲神经网络的类脑计算 [J]. 北京工业大学学报,2019,45(12):1277-1286.

[11] 王宗巍，杨玉超，蔡一茂，等. 面向神经形态计算的智能芯片与器件技术[J]. 中国科学基金，2019，33（6）：656-662.

[12] 赵正平. 纳电子学与神经形态芯片的新进展（续）[J]. 微纳电子技术，2018，55（2）：73-83，91.

[13] 赵正平. 纳电子学与神经形态芯片的新进展[J]. 微纳电子技术，2018，55（1）：1-5.

[14] 周斌，王哲. 类脑计算技术发展与产业应用展望[J]. 人工智能，2020（1）：36-46.

脑机接口前沿态势报告

对于脑机接口，大家一定不会感到陌生。无数科幻电影小说中，从《黑客帝国》到《阿凡达》，再到《黑镜》，所谓用"意念"控制外物、与他人分享思维与记忆，甚至完全生活在另一处由大脑想象的虚拟世界中，依靠的核心技术都是脑机接口。然而，这些科幻的概念场景有可能已不再停留于科幻，汹涌的科技浪潮正将这项黑科技悄然解锁，并带入我们的生活。

因摔伤而导致肩部以下瘫痪的科切瓦尔，凭借脑机接口，现在已经能自己用手进食，移动手臂的意念反应为大脑运动皮层的神经活动，脑部植入装置可以探测到这些信号，然后形成指令激活其手臂中的电极。目前已有30多万人在使用的人工耳蜗，通过把声波转换成电信号传入大脑，使听力障碍者听到声音。身体有残疾的人，通过脑机接口恢复了健康，而健康的人通过脑机接口，可以变成"超级人类"。

脑机接口技术的落地无疑将掀起一场技术革命，它或将颠覆人类的生活方式，重新定义人类的未来。20世纪10年代中期，材料科学与计算机科学等学科的重大突破将脑机接口研究推向巅峰。各国政府纷纷布局，计划在该领域深耕。埃隆·马斯克和马克·扎克伯格也投资于脑机接口，以期提升人类的能力。我国虽然起步较晚，但科研实力不容小觑，尤其是在无创脑机接口和信号处理算法方面，已达到国际领先水平。

大脑就像一个宇宙，它所容纳的细胞就像天上的星系一样多。但我们"内在的宇宙"没有形成星系，而是孕育出了生命的本质。因此，当我们在探索大脑中那些电风暴密码的同时，既是在研究宇宙、人类、个体之间的种种联系和奥秘，更是在思索作为一个物种我们可能成为什么，以及未来将去往何方。

目前，脑机接口技术仍处在一个相对初级的研究阶段，随着技术的发展，一系列包括伦理、道德等在内的问题也会接踵而至。但相较于可能遇到的风险及其他问题，脑机接口所带来的未来可能性更值得我们憧憬和希冀。

一、发展历程

脑机接口（brain-computer interface，BCI）是指不依赖于大脑的正常输出通路（即外周神经和肌肉组织）就可以实现人脑与外界直接通信的系统。BCI 技术发展分为科学幻想阶段、科学论证阶段和技术爆发阶段 3 个阶段。根据电极位置的不同，BCI 系统可以分为侵入式脑机接口、半侵入式脑机接口和非侵入式脑机接口。基于获取的脑电信号的差异性，BCI 系统形成不同范式，3 种主流范式包括：稳态视觉诱发电位控制范式、运动想象节律信号控制范式和 P300 电位控制范式。

（一）关键事件

早在 1924 年，德国精神科医生汉斯·贝格尔（Hans Berger）就发现了脑电波，至此人们发现意识是可以转化成电子信号被读取的，BCI 研究由此出现。但是直到 20 世纪 70 年代，BCI 技术才真正成形，标志性事件是美国国防部高级研究计划局（DARPA）开始对脑机接口相关项目予以资助，目的是提高士兵在任务中的执行表现。该技术发展分为 3 个阶段（图 3-1）。

第一阶段是科学幻想阶段（20 世纪 70 年代初期至 20 世纪 90 年代末期）：1973 年，美国加州大学洛杉矶分校的 Vidal 教授发表了首篇脑机接口研究论文。其中第一次使用 brain-computer interface 一词来表述大脑与外界的直接信息传输通路，并提出了脑机接口的系统框架雏形。此后，学者们进行多方位探索，设计出了基于不同类型脑电信号的 BCI 系统，但效果都不是很理想。

第二阶段是科学论证阶段（20 世纪 90 年代末期至 21 世纪 10 年代中期）：从 1998 年世界上第一个可获取高质量神经信号来模拟运动的脑机接口诞生，到 Cyberkinetics 公司让首位人类患者通过侵入式脑机接口 BrainGate 来控制机械臂，从 2004 年华盛顿大学 Leuthardt 等人首次试验半侵入式脑机接口，到美国匹兹堡大学实现人脑 ECoG 信号控制机械手。脑机接口的创伤性在降低，而控制维度和信息传输速率（information transfer rate，ITR）不断提升。

第三阶段是技术爆发阶段（21 世纪 10 年代中期至今）：主要聚焦用什么技术路径来实现脑机接口技术，将出现各种各样的技术方法。2016 年是脑机接口历史上值得记录的一年，在这一年产生了许多重要突破：明尼苏达州大学 Bin He 团队成功

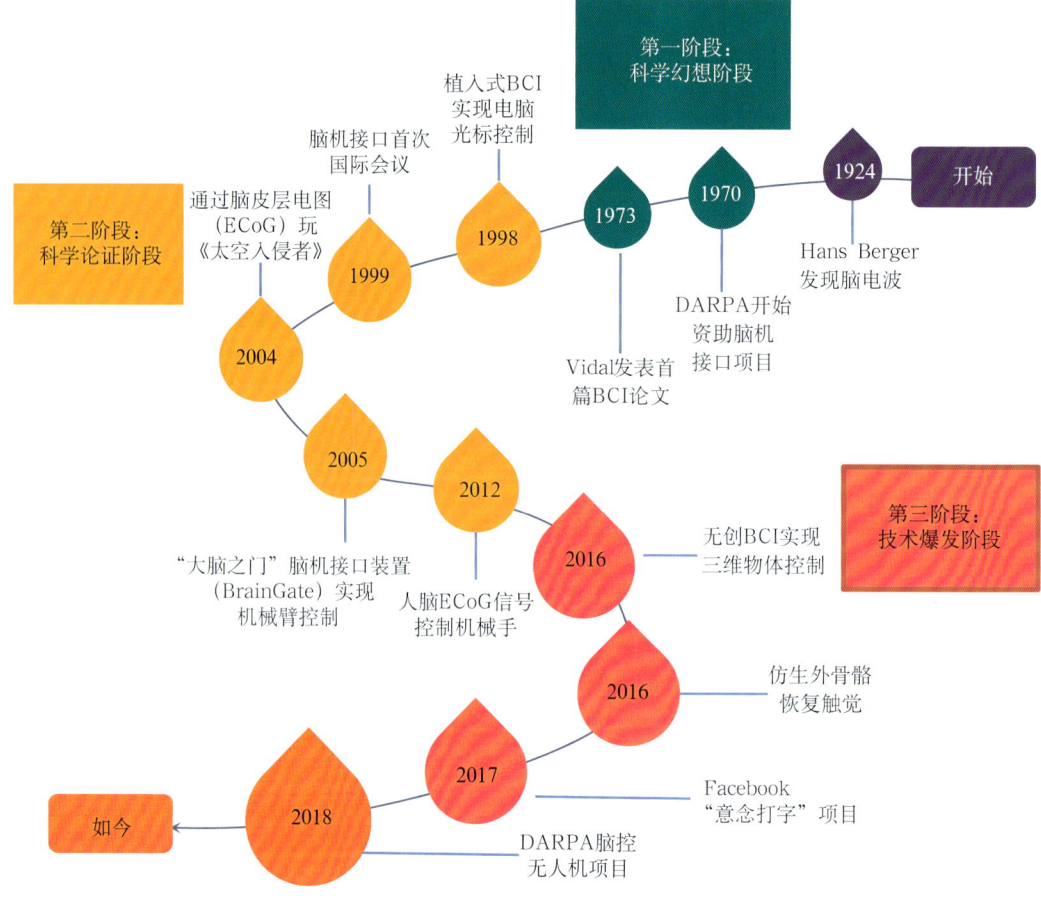

图 3-1　BCI 技术发展主要事件

让普通人基于无创脑机接口，用意念在三维空间内实现物体控制；荷兰一名渐冻症女患者将脑机接口从实验室带入家庭中；美国杜克大学 Miguel Nicolelis 团队基于 VR 技术解决触觉反馈问题，使 8 名脊髓损伤患者部分恢复了下肢的肌肉和感知功能。2017 年，Facebook 在 F8 大会上宣布"意念打字"项目，其目标是通过脑电波每分钟打 100 个字。2018 年，DARPA 脑机接口项目成功使飞行员用思维同时操控多架飞机和无人机。

（二）最新进展

近两年，脑机接口领域成果迭出。从最新进展的分类来看，传统应用场景（脑控打字、脑控轮椅、智能假肢等）主要聚焦新硬件、新算法和新范式，如加州大学旧金山分校（UCSF）基于两级解码技术开发的"神经-语音解码器"，卡内基梅隆大学（CMU）和明尼苏达大学（UMN）结合内隐空间注意（overt spatial attention，OSA）和想象运动范式开发的无创脑控机器人手臂，以及佐治亚理工学院（GT）基于柔性头皮电子设备发明的"膏药+发带"脑机接口。而新的应用场景不断被提出，如韩国高等科学技术研究所（KAIST）与美国华盛顿大学（UW）在小鼠脑部植入一种微型无线设备，通过智能手机实现神经回路控制；宾夕法尼亚大学（UPenn）通过经颅微电流刺激（ICMS）训练大鼠产生"第六感"，并顺利逃出水迷宫。2020年8月，Neuralink公司发布其最新脑机接口产品LINK V0.9和一台能自动完成植入的脑机接口机器人，在业内获得广泛关注（表3-1）。

表3-1 脑机接口分类

类型	侵入式	半侵入式	非侵入式
读取型	· Neuralink公司脑后插管术	· UCSF "意念发声" · 法国脑控外骨骼	· 中国"脑语者"芯片 · CMU和UMN脑控机器人手臂 · GT "膏药+发带"脑机接口
刺激型	· KAIST和UW神经回路控制 · UPenn脑机接口创造"第六感"		

目前，读取型脑机接口的研究相对丰富和成熟，热点围绕混合范式、深度学习、纳米技术和无创轻便等方向，而刺激型脑机接口尚处于初探阶段，还未形成稳定范式和应用实例（图3-2）。

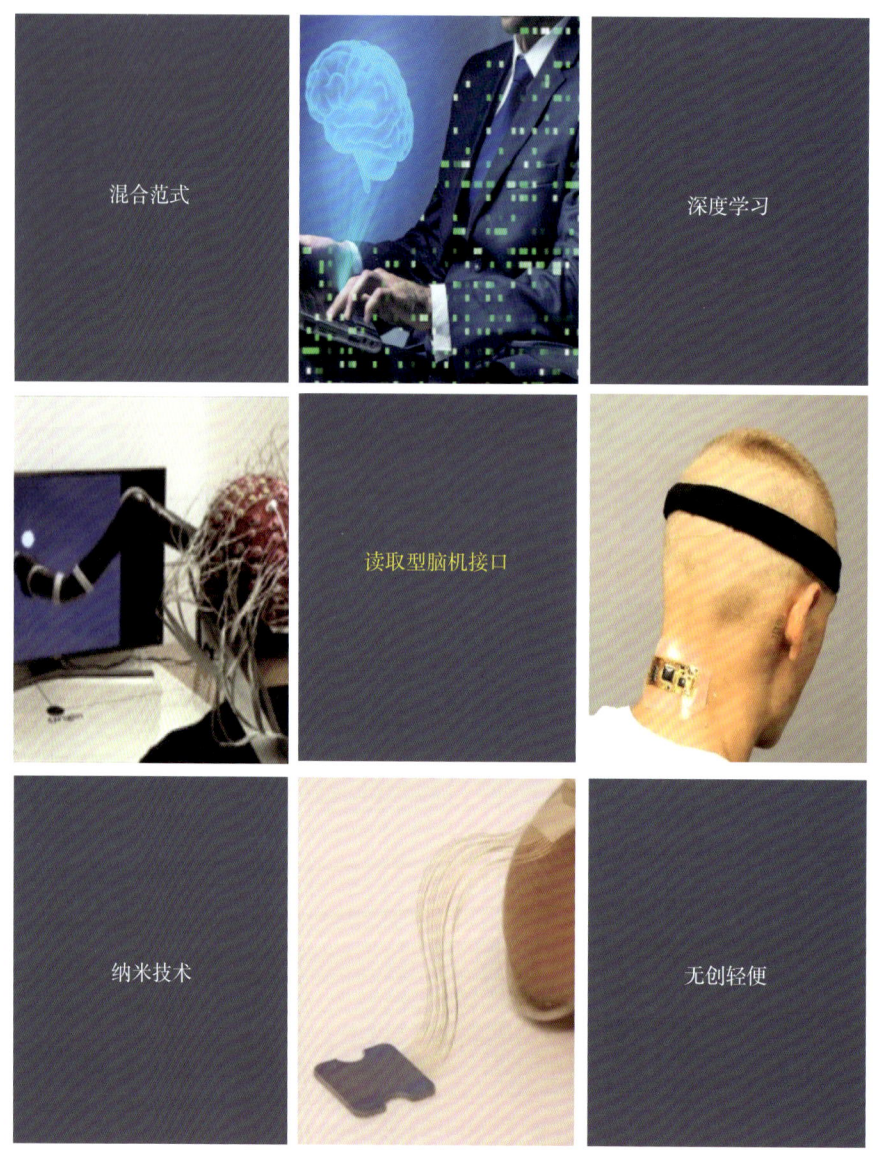

图 3-2　读取型脑机接口研究热点

二、观点与碰撞

　　脑机接口的巨大应用潜能使其成为全球科技竞争的战略高地。美国、欧盟、日本等发达国家/地区相继启动相关研究计划，媒体、学界和产业界对于该领域同样给予高度关注。值得注意的是，2018年11月，美国商务部工业安全署出台了一份最新的针对 14 项关键技术和相关产品的出口管制框架，而这 14 项被美国出口管制的技术当中就包括了"脑机接口技术"，足见美国对其重视程度。我国近年来也不断加大对其的重视程度和科研投入。2016 年，《中华人民共和国国民经济和社会发展第十三个五年规划纲要》（以下简称《"十三五"规划纲要》）把脑科学和类脑研究列入国家重要规划项目。

（一）全球政府高度重视，提前布局

1. 美国

美国是全球启动脑研究计划最早的国家之一。早在 1989 年，美国就宣称 20 世纪 90 年代是"脑的十年"。2010 年，美国国立卫生研究院（NIH）发起"人类连接组计划"（Human Connectome Project，HCP）。2013 年，美国政府又公布了"尖端创新神经技术脑研究"（Brain Research through Advancing Innovative Neurotechnologies，BRAIN）创议，由 NIH、DARPA 和美国国家科学基金会（NSF）共同支持。BRAIN 计划启动的第一个 5 年里，科学家们致力于开发极具创新性的新工具，以探索构成脑功能基础的神经环路。2019 年，NIH 宣布将进行新一轮资助以加速神经科学的发现。

2. 欧盟

欧盟也于 2013 年宣布"人类脑计划"（The Human Brain Project，HBP）入选"欧盟未来新兴技术旗舰项目"（Future and Emerging Technology Flagship Projects）。该项目是从一个瑞士资助了多年的"蓝脑计划"（Blue Brain Project，BBP）发展而来，整合欧洲 22 个国家、86 家机构的 150 个研究团队，目的是促进全新的集团性和协作性整合方法，确保神经科学家们能够共享数据、知识和专长。

3. 日本

日本早在 1996 年就制订了"脑科学时代"计划纲要（The Age of Brain Science），把认识脑、保护脑、创造脑列为脑研究的三大任务。但直到 2014 年，科学省才公布了大脑研究计划（Brain Mapping by Integrated Neurotechnologies for Disease Studies，Brain MINDS）的首席科学家和组织模式，标志其正式启动。该计划主要是通过对狨猴大脑的研究来加快人类大脑疾病，如阿尔茨海默病和精神分裂症的研究。

4. 其他

其他主要发达国家也相继公布了自己的脑科学计划。其中，加拿大脑计划（Brain Canada）源于1998年成立的加拿大神经科学计划，主张核心脑原则、合作原则和核心社区原则。韩国大脑科学发展战略（Korea Brain Strategy）的主要思想是发展新型技术应用于神经科学领域，通过建立区域性、国家性及全世界的合作网络推进基础神经科学研究向工业方面的成果转化。2016年2月，澳大利亚脑联盟成立，其愿景是建立综合性大脑研究议程，即澳大利亚脑计划（The Australian Brain Initiative，ABI），实现澳大利亚的神经科学研究优势。

5. 中国

中国科学院于2012年率先启动战略性先导科技专项"脑功能联结图谱计划"（Mapping Brain Functional Connections，MBFC）。2015年，该专项进行了扩充，加入类脑智能研究领域并更名为"脑功能联结图谱与类脑智能研究"。2016年，"脑科学与类脑研究"作为重大科技项目被列入《"十三五"规划纲要》，"中国脑计划"（China Brain Project）问世。2018年，科技创新2030——"脑科学与类脑研究"重大项目启动，北京和上海相继成立脑科学与类脑研究中心，"中国脑计划"实现落地（图3-3、表3-2）。

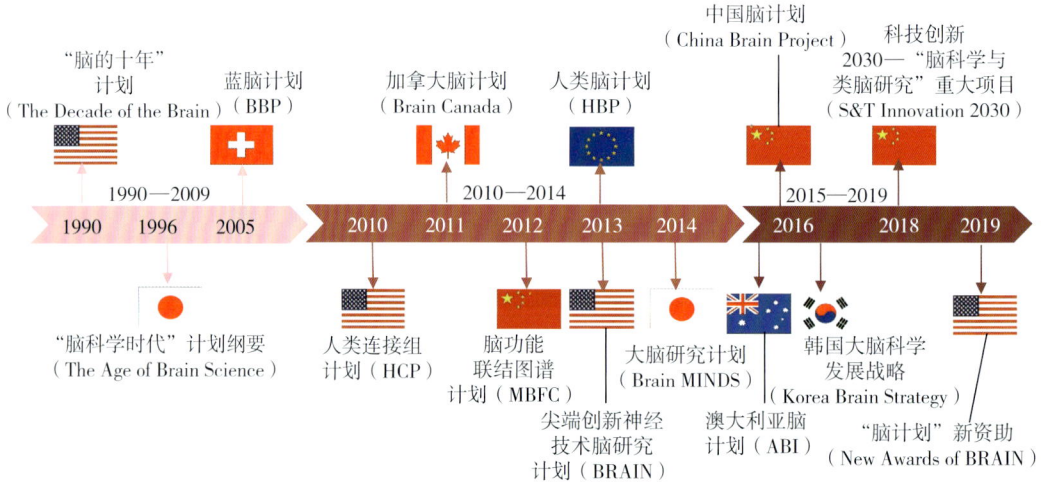

图3-3　全球主要脑科学计划

3 脑机接口前沿态势报告

表 3-2 国外主要国家脑科学计划

计划名称	国家	发布时间	总投入（计划）	资助期限	核心领域
尖端创新神经技术脑研究计划	美国	2013年	45亿美元	10年	人类治疗操作方法的原理循证；细胞型特异性靶向性；活体高密度细胞内记录设备；促进以非侵入性方式监测人脑活动的混合技术；大脑活动与行为之间的联结；有助于理解心理过程的生物学基础数据分析工具
人类脑计划	欧盟	2013年	12亿欧元	10年	神经形态与神经机器人技术；用于人脑模拟、机器人和自主系统控制及其他数据密集型应用程序的超级计算技术；个性化的神经学与精神病医学
大脑研究计划	日本	2014年	3.65亿美元	10年	高分辨率、宽领域、深入、快速而长时间的脑结构与功能成像技术；用于控制神经活动的技术；确定神经元回路的结构或功能损坏与疾病表型的因果关系，最终创立此类疾病的创新性治疗介入方案
韩国大脑科学发展战略	韩国	2016年	8.4亿美元	7年	在多个尺度构建大脑图谱；开发用于脑测绘的创新神经技术；加强人工智能相关研发；开发神经系统疾病的个性化医疗
加拿大脑计划	加拿大	2011年	超过2.4亿加币	超过8年	研发出能应用于医学领域的技术，主要针对神经系统疾病、神经损伤、精神疾病及成瘾
澳大利亚脑计划	澳大利亚	2016年			通过揭示神经精神疾病的脑异常机制发展新的治疗手段；通过编码神经环路和脑网络的认知功能来帮助提高脑力成长；通过促进工业合作者和脑研究的结合研发新的药物、医疗设备并发展可穿戴技术

（二）国际合作格局初现端倪

1. 国际脑计划

2017年12月初，由美国BRAIN创议，欧盟HBP、澳大利亚ABI、日本Brain MINDS和韩国大脑科学发展战略共同发起国际脑计划（International Brain Initiative，IBI），旨在协调全球脑计划和全球脑科学领域的研究力量，开展脑科学合作研究。

IBI 始于 2016 年 4 月的"全球脑工作组 2016"会议,经过一年多全球科学家的讨论后,最终在澳大利亚正式宣布成立(图 3-4)。

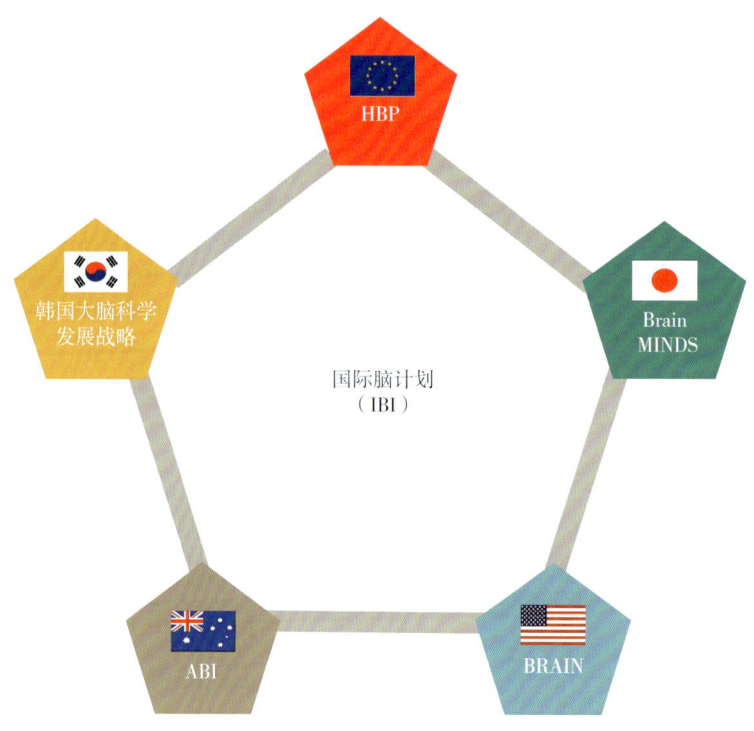

图 3-4　国际脑计划主要成员

2. 中国(成都)—加拿大—古巴脑计划

2018 年 4 月 20 日,天府新区成都管理委员会与加拿大麦吉尔大学、古巴神经科学中心、电子科技大学、四川大学华西医院共同签署了《中国(成都)—加拿大—古巴国际脑计划战略合作协议》。该协议是对 2016 年 9 月成都市政府与古巴生物医药集团签署的战略合作框架协议的进一步落实。根据协议内容,各成员方将在天府新区共同搭建一个瞄准脑科学研究前沿、协同创新的国际合作平台。同时建立天府脑神经研究院,在神经信息学、重大脑疾病的转化研究和精准脑健康等领域展开深入合作,实现科研成果转移转化(图 3-5)。

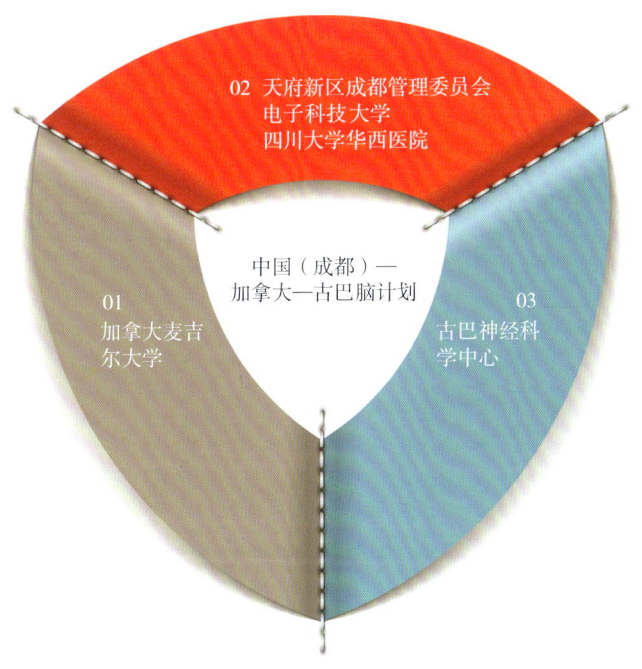

图 3-5　中国（成都）—加拿大—古巴脑计划主要成员

（三）脑科学：人类认识自然与自身的终极挑战

DeepTech 在其"2019 生命科学论坛"上发布了"2019 生命科学领域十大技术趋势"，脑科学与脑机接口位列其一。Flagship Pioneering 高级合伙贾森·庞丁（Jason Pontin）解读道，脑科学是人类理解自然界现象和人类本身的最终疆域。随着脑成像、生物传感、人机交互及大数据等新技术不断涌现，脑科学与类脑研究正日益成为世界各国争相研究的重点科学领域之一。在脑计划的推动下，脑科学领域也有望出现一些激动人心的应用，包括类脑计算系统、脑机接口和脑机融合的新模型，并有望推动脑疾病诊治、人工智能等领域的发展。

（四）脑机接口：下一个投资风口

英国 The Economist 杂志 2018 年 1 月 6 日封面文章称，利用意念控制机器，脑机接口技术或将成为下一个前沿（图 3-6）。其技术研究步伐正在加快，目标也越来越宏大。美国军方和硅谷都开始关注这项技术。早在 2011 年，全球最大的市场调研公司尼尔森就收购了脑机接口企业 Neurofocus，以扩充其神经营销技术。此后，2015 年，硅谷投资人张璐投资一家专注做纳米机器人的脑机接口公司 Paradromics，该公司之后成为入选 DARPA 人脑工程研究设计项目（2017 年）的唯一一家企业。2016 年，初创公司 Kernel 向神经科技研究投入 1 亿美元，特斯拉和 SpaceX 首席执行官埃隆·马斯克创立人工智能神经科学公司 Neuralink。2017 年，Facebook 宣布"意念打字"项目，并于 2019 年 9 月斥资 10 亿美元收购脑机接口创企 CTRL-labs。近几年，围绕脑机接口的资本流动和重组频繁，资本家、企业家之间暗潮汹涌，他们正在用自己的方式争夺这场技术竞争的一席之地。

图 3-6　2018 年 1 月 6 日 *The Economist* 杂志封面

（五）质疑者：脑机接口安全可控吗？

2017 年 11 月，27 位神经科学家、临床医师、伦理学家和机器智能工程师（包括来自谷歌和中国科技大学的作者）在 *Nature* 上联合发表评论文章，对神经技术和人工智能中的伦理问题进行了探讨（图 3-7）。文章称，脑机接口技术的进步有望变革很多疾病的治疗，从脑损伤、瘫痪到癫痫和精神分裂，并能让人类拥有更好的生存体验。但这种科技也可能加剧社会不平等，给企业、黑客、政府或者其他任何人带来剥削和操控大众的新手段。此外，

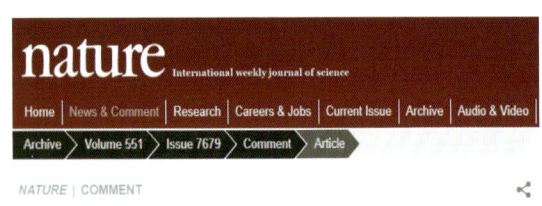

图 3-7　*Nature* 上联合发表的评论文章

它还会深刻地改变人类的一些核心特征：私密的精神生活，个体能动性，以及对于人类是被身体束缚的实体的理解，而现存的伦理规范对这个领域来说是不够的。

研究者们提出了4个方面的担忧：首先，与互联网连接的神经装置使个人精神体验能够被追踪甚至操纵；其次，如果人们能够通过自己的思想长距离地控制设备，或者几个大脑被连接到一起工作，那么我们对自身身份和行为的理解将会被扰乱；再次，允许人们从根本上增强忍耐力或感觉或智能的神经技术，可能会改变社会规范，引发公平享有方面的问题，并产生新种类型的歧视；最后，当科学或技术决策是基于一套狭隘的系统、结构或是社会概念和规范的时候，由此产生的技术可能会使某些群体获得特权，而使另一些群体受害。与此同时，研究者们针对这些担忧给出了相应建议。

（六）脑机接口与AI叛乱

马斯克创造Neuralink公司的初衷是用脑机接口来对抗AI。在他看来，未来人类智力会被AI甩在身后，为避免被AI淘汰，人需要成为半机器人。"生物智能和机器智能的结合"将是必要的，而成为半机器人，将会是一个长期并且自然而然的过程。霍金也曾有过类似担忧：人工智能或将成为人类文明的终结。但是《未来简史》作者、新锐历史学家、"青年怪才"尤瓦尔·赫拉利认为，AI不太可能产生意识，更不用说欲望或征服欲这些主观情感，因此也就不会像许多科幻电影中那样，向人类发动战争。而如果对抗AI的前提不成立，那么非医疗性质的脑机接口公司——Neuralink的创建，到底是一场充满远见卓识的人类进化革命，还是一场商业炒作，这个问题或许只有时间或者马斯克本人能够回答。

三、竞争与合作

随着计算机科学、材料科学、神经科学和信号检测与处理等学科的快速发展，来自不同领域的研究者共同推动BCI的研究取得了突破性的进展。关于BCI研究的高质量论文不断出现，各种实验成果甚至成熟的产品也不断地涌现，目前全球已有上千家实验室或研究所致力于 BCI 技术的研究。今后一段时间内，BCI 的研究热度将进一步提升。

（一）趋势及重大创新

1. 重大创新

从专利、论文的数量变化趋势可推测相关领域技术发展脉络：脑机接口研究起始于 20 世纪 70 年代初期，从 70 年代初到 90 年代末缓慢发展，从 90 年代末至今快速发展。科学技术的发展与每一次重要的技术突破和科学发现密不可分，这些具有里程碑意义的事件会使研究范式发生巨大变革，并催生新的研究热潮。产业投融资事件主要发生在 2015 年之后（图 3-8）。

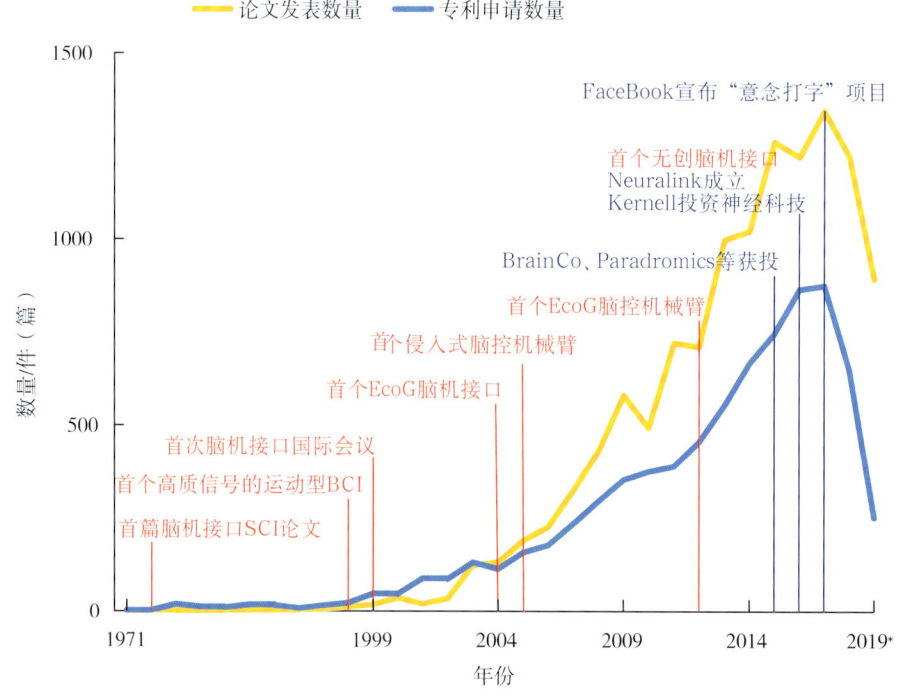

* 表示该年数据为不完全统计。

图 3-8　脑机接口领域专利申请和论文发表整体趋势

3 脑机接口前沿态势报告

2. 专利申请趋势

脑机接口专利申请量在 2012—2015 年急剧增长，一方面是由于材料科学和信息科学领域的重大突破为脑机接口研究提供了更多的可能性，同时人工智能的崛起也激发了其他领域学者对脑机接口的研究兴趣和热情。专利申请数量和专利授权数量的年度变化趋势基本一致，专利授权数量约为专利申请数量的 40%（图 3-9）。

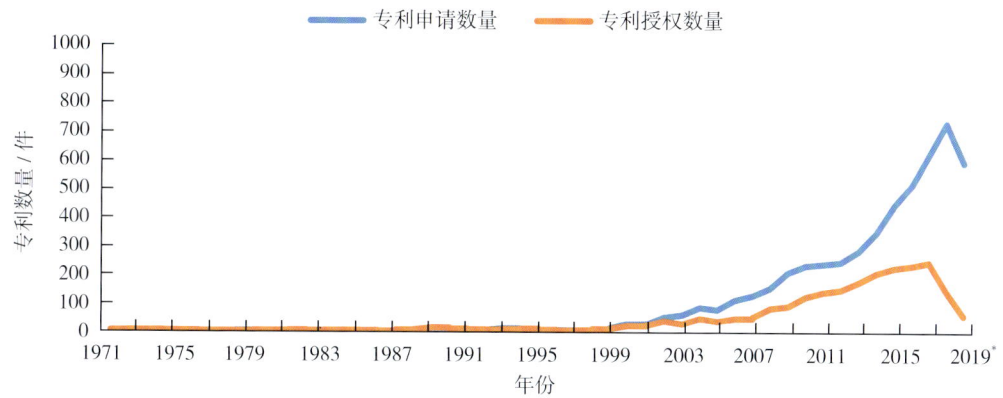

* 表示该年数据为不完全统计。

图 3-9　脑机接口领域专利申请和专利授权情况

3. 论文发表趋势

脑机接口领域的科学引文索引扩展版（Science Citation Index-Expanded，SCI-E）论文数量和科技会议录索引（Conference Proceedings Citation Index-Science，CPCI-S）论文数量自 2000 年后都呈现线性增长趋势，二者年度发表曲线相互交织，会议论文曲线波动大于期刊论文，二者总量也基本相当（图 3-10）。

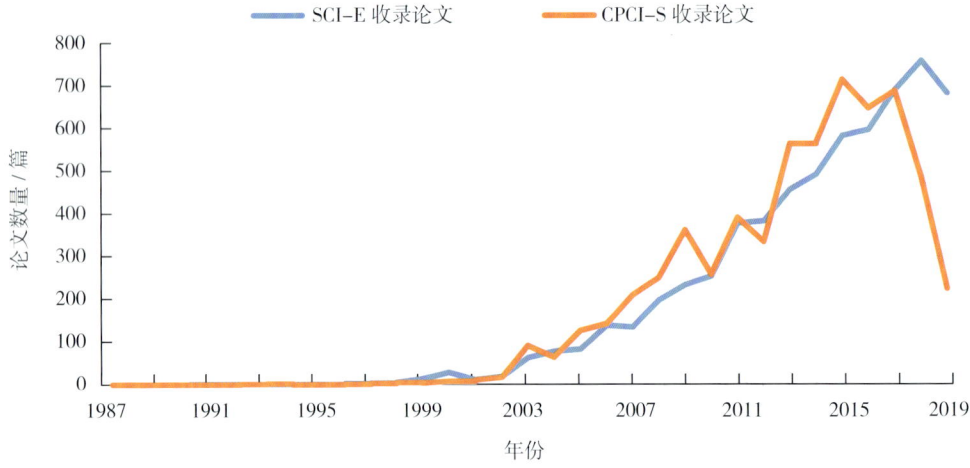

图 3-10　脑机接口领域论文发表情况

(二) 国家 / 地区竞争格局

1. 专利视角

脑机接口的主要专利来源国家 / 地区之间在技术实力上差距较大（$10^6 <$ 协方差 $< 10^7$）。美国无论是在专利数量还是被引次数方面都遥遥领先于其他国家 / 地区。中国仅次于美国，位列第二梯队。日本、韩国、澳大利亚和德国在专利数量上分列第三至第六位，而日本、澳大利亚、以色列和加拿大的被引次数较高（图 3-11）。

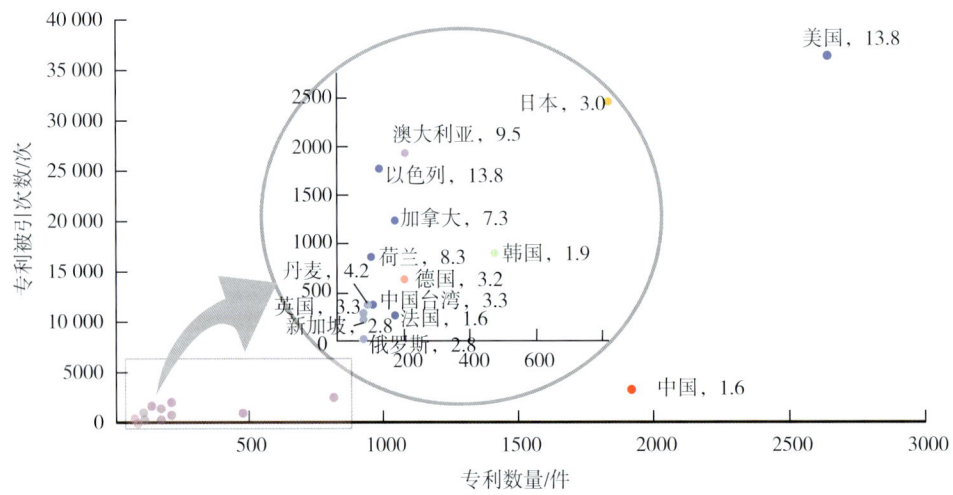

注：国家 / 地区后所列数字为专利的平均被引次数。

图 3-11　脑机接口领域专利申请数量全球排名居前 15 位的国家 / 地区

3 脑机接口前沿态势报告

从专利产出数量来看，美国、中国、日本、韩国和澳大利亚是脑机接口领域最主要的 5 个技术研发国，其中美国专利在数量和质量上都居于榜首，中国专利虽然数量较多，但质量仍有待提升。澳大利亚与中国的情况正好相反，专利数量在五国中居于末位，而平均被引次数仅次于美国（图 3-12）。

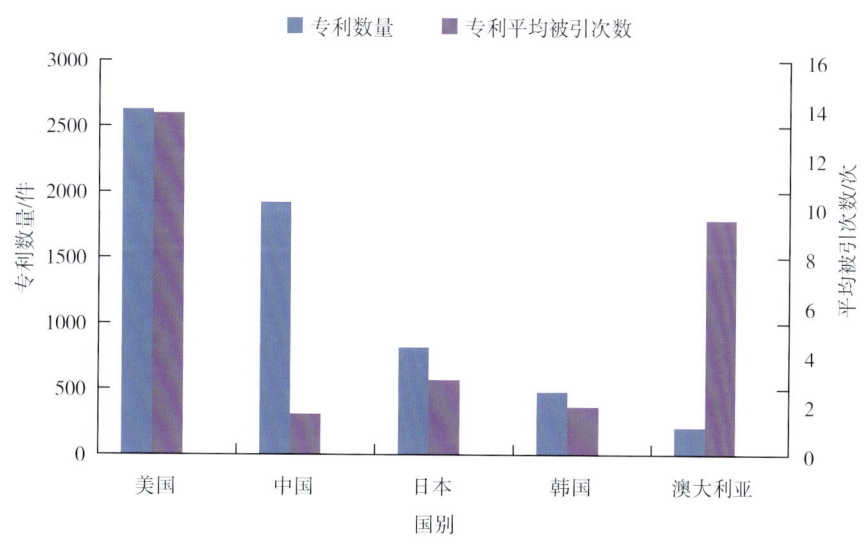

图 3-12 脑机接口领域专利申请数量全球排名居前 5 位国家的专利平均被引情况

专利申请数量居前 5 位国家的发展模式不同：美国是开始脑机接口研究最早的国家，其专利数量连续居于榜首 40 余年，美国在脑机接口领域雄厚的研发实力，使其成为该领域发展动态和方向的风向标。日本也是开始脑机接口研究较早的国家，但是后劲不足，在 21 世纪初逐渐被美国拉开差距，近年来的发展略显颓势。中国、韩国和澳大利亚都是从 20 世纪 90 年代才开始出现脑机接口专利。中国和韩国在 20 世纪 10 年代显现出后发优势，尤其是中国，专利数量急剧攀升，2013 年超过日本，2016 年超过美国。韩国的发展势头弱于中国，目前基本与日本持平。澳大利亚的整体发展比较缓慢，虽然在起步之初有过两次研究热潮，但最终都未形成规模，近几年还出现断代的情况，其专利数量在 5 个国家中居于末位（图 3-13）。

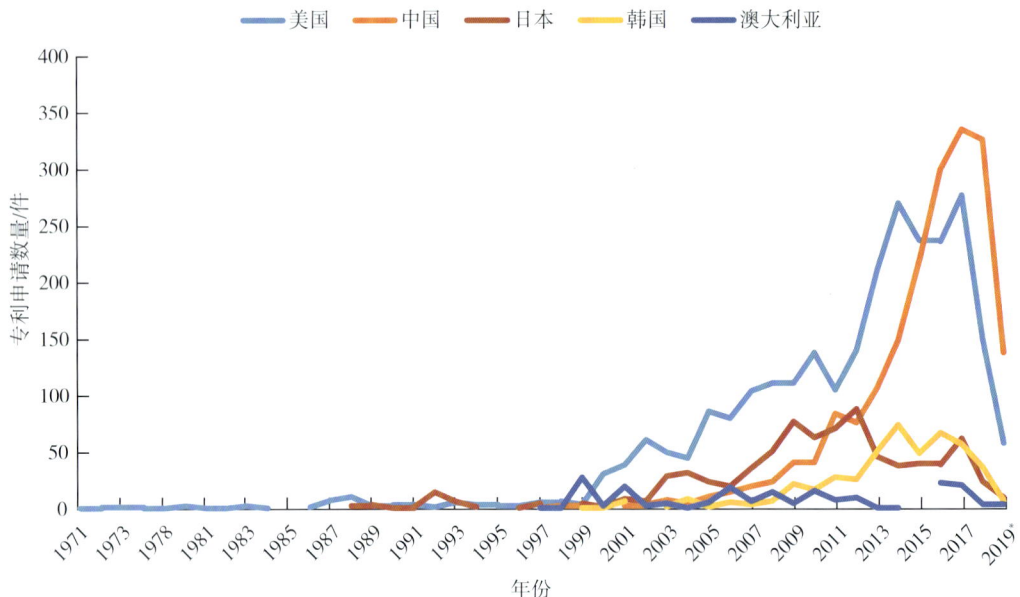

*表示该年数据为不完全统计。

图3-13 脑机接口领域专利申请数量全球排名居前5位国家的历年趋势

2. 论文视角

脑机接口主要论文产出国家/地区的科研实力分布也不均衡（协方差>10^7）。美国依然独占鳌头，中国在论文数量上位居第二，德国在论文被引次数方面表现优异，被引次数仅次于美国，而论文数量排名第三。值得一提的是，德国、意大利和奥地利的平均被引次数都超过了美国（图3-14）。

美国、中国、德国、日本和韩国是脑机接口领域最主要的5个论文产出国。虽然美国在各个年代的论文发表数量最多，但其全球占比正在不断降低。中国从2000年后才开始发表脑机接口论文，此后其全球占比呈上升趋势。这5个国家论文数量占比约为全球论文的60%，并且呈现先升高后降低的趋势（图3-15）。

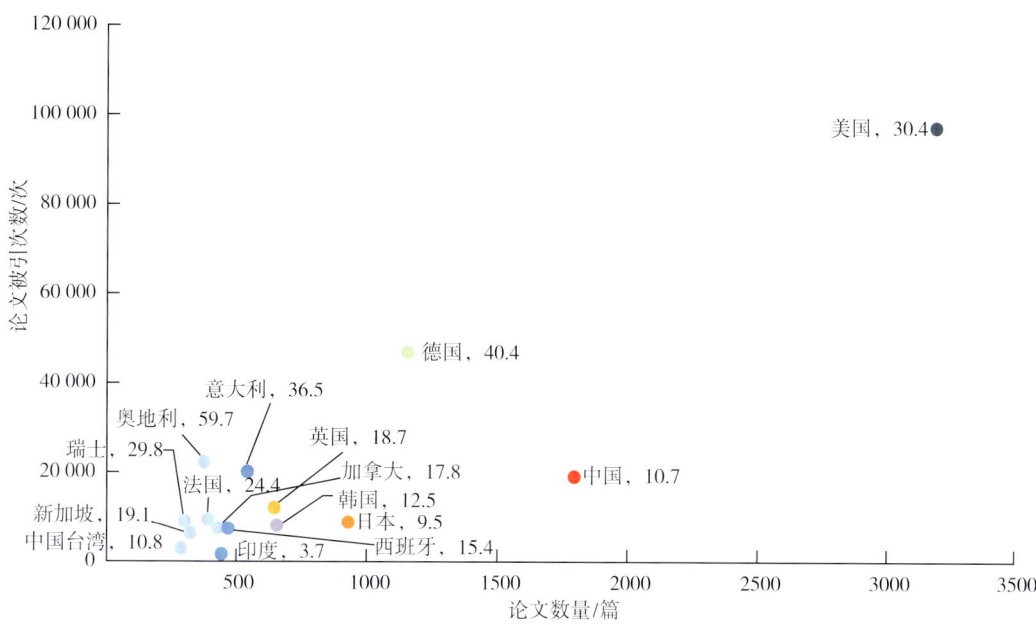

图 3-14 脑机接口领域论文发表数量全球排名居前 20 位的国家/地区

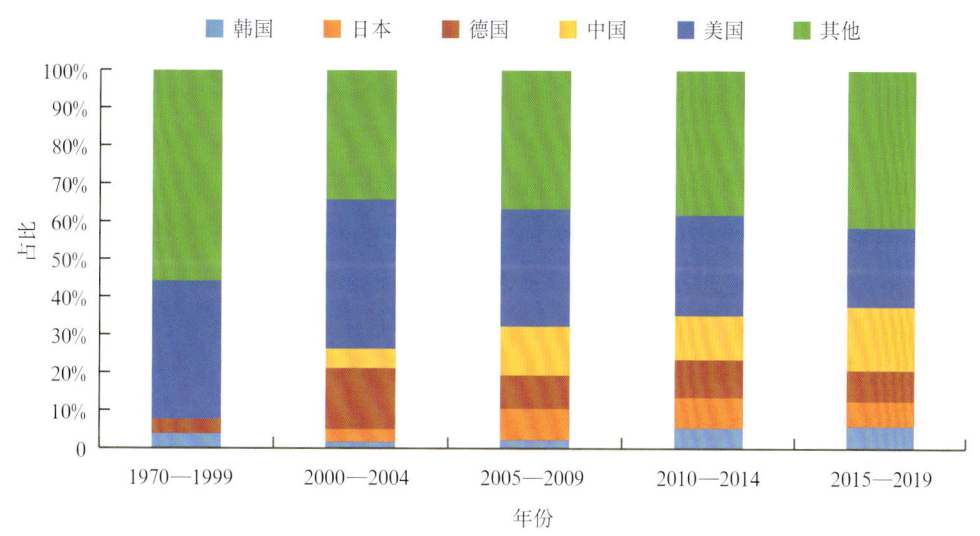

图 3-15 脑机接口领域主要国家不同时间区间论文数量占比变化情况

论文被引次数的变化趋势与论文数量基本一致。论文数量居前 5 位国家论文被引次数的全球占比约为 76%（图 3-16）。

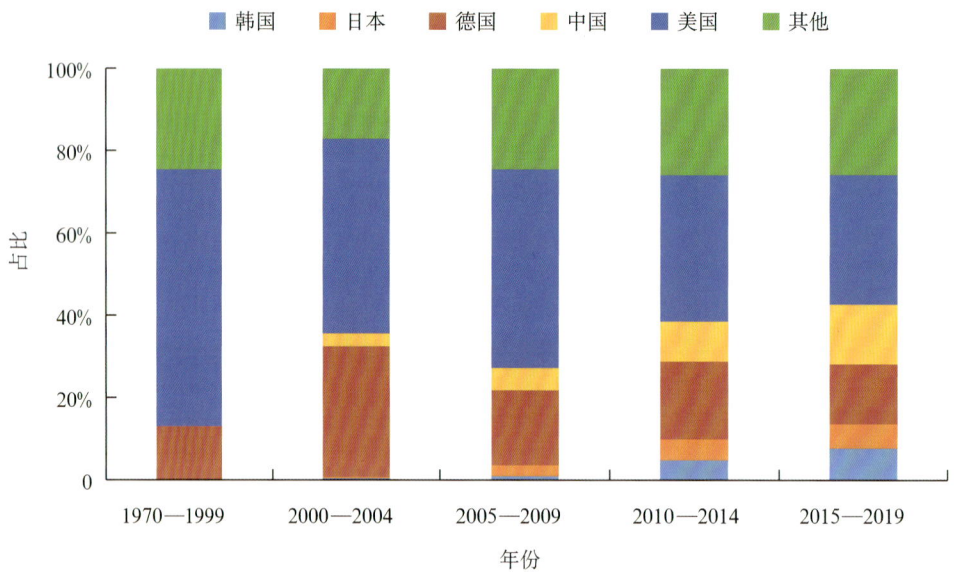

图 3-16 脑机接口领域主要国家不同时间区间论文被引次数占比变化情况

（三）城市竞争格局

1. 全球城市

脑机接口领域科研实力较强的城市包括北京、图宾根、首尔、新加坡和东京等，而论文被引次数最高的 3 座城市分别为：图宾根、格拉茨和奥尔巴尼。论文数量全球排名居前 15 位的城市主要分布在中国、美国、德国、日本等 9 个国家，城市之间差异性与国家相比较低（协方差＜10^5）。亚洲城市十分关注脑机接口研究，跻身前 15 位的城市数量最多，发表的论文数量也最多，但研究基础尚浅，因此论文的平均被引次数普遍较低。欧洲城市呈现两极分化态势，老牌劲旅图宾根、格拉茨和柏林在论文质量方面表现优异，同时也出现一些新兴城市，如伦敦和罗马。美洲城市在论文数量方面表现平平，但奥尔巴尼在论文质量方面表现突出，论文被引次数排名第三，而平均被引次数位居榜首，远高于其他城市（图 3-17）。

3 脑机接口前沿态势报告

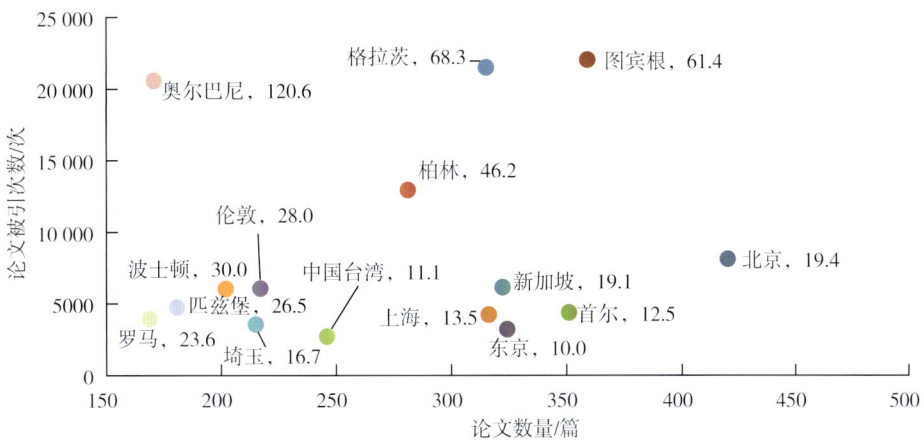

注：国家后所列数字为论文的平均被引次数。

图 3-17 脑机接口领域论文数量全球排名居前 15 位的城市

2. 中国城市

北京、上海和台湾的脑机接口研究最为突出，其论文数量和论文被引次数均领先于中国其他城市。东部沿海地区的科研实力普遍强于中西部地区，西部地区中陕西、四川、重庆上榜，论文数量分列第 7、第 12 和第 15 位（图 3-18）。

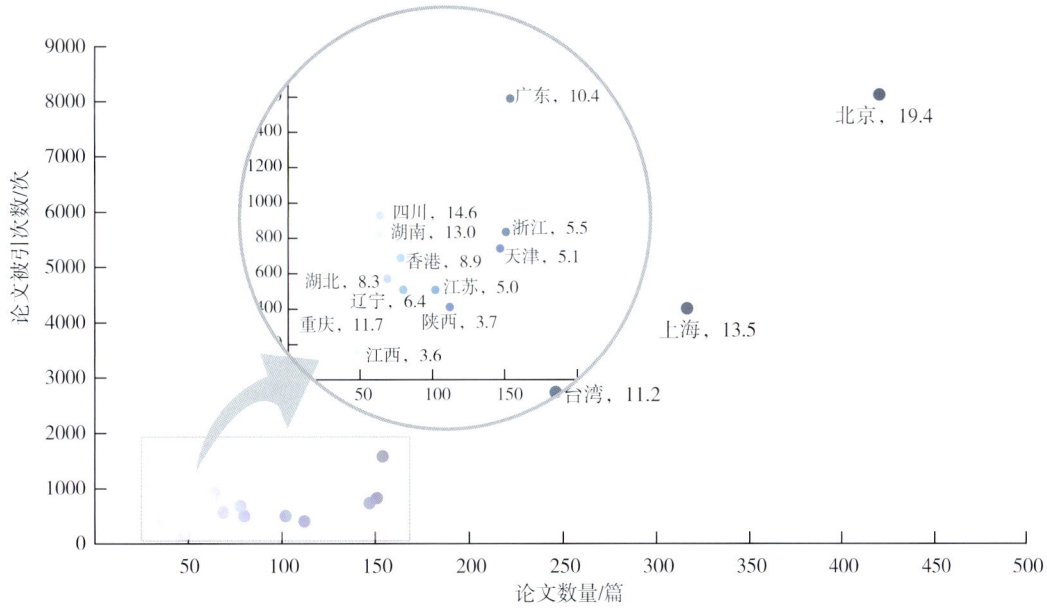

图 3-18 脑机接口领域论文数量中国排名居前 15 位的城市

3. 集中度

论文数量集中分布情况体现了某一领域研究中不同城市的集中程度和竞争程度。全球和中国的城市集中度呈现下降趋势：其中全球居前 15 位的城市论文数量占比从 1970—1999 年的 53% 显著下降到 2000—2014 年的 29%，2015—2019 年又降到 25%（图 3-19）。中国城市中，北京和上海的论文数量占比 2000—2014 年为 40%，2015—2019 年下降到 35%（图 3-20）。

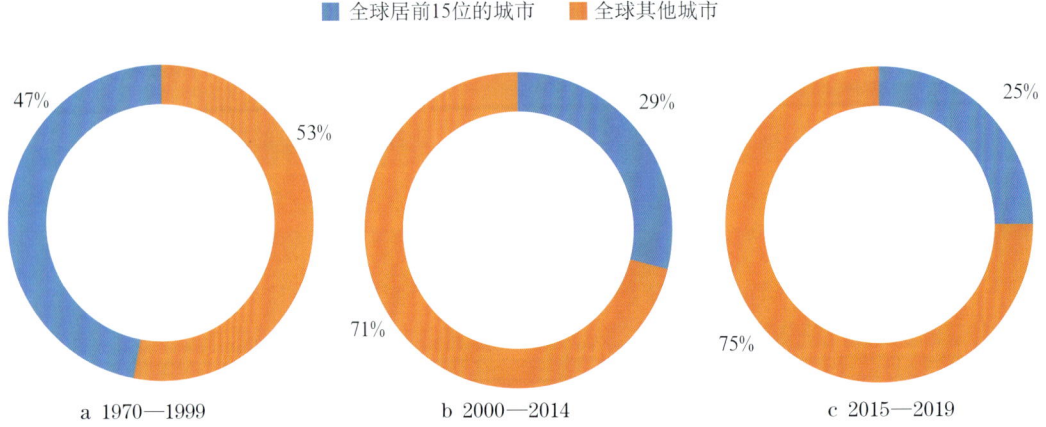

图 3-19　脑机接口领域全球城市论文数量集中分布情况

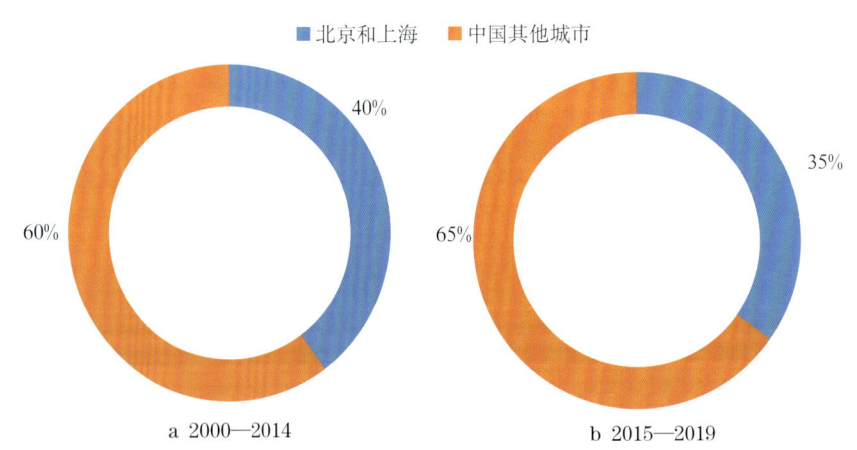

图 3-20　脑机接口领域中国城市论文数量集中分布情况

（四）机构竞争格局

1. 专利视角

脑机接口领域全球主要专利申请机构包括松下电器产业株式会社、天津大学、三星电子株式会社、加州大学和华南理工大学等。全球排名居前20位的专利申请机构（有2家并列居第20位）中有10家企业、9所高校和2家科研机构。中国的高校和日本的企业表现突出，而美国的高校和企业专利申请实力均较强（图3-21）。

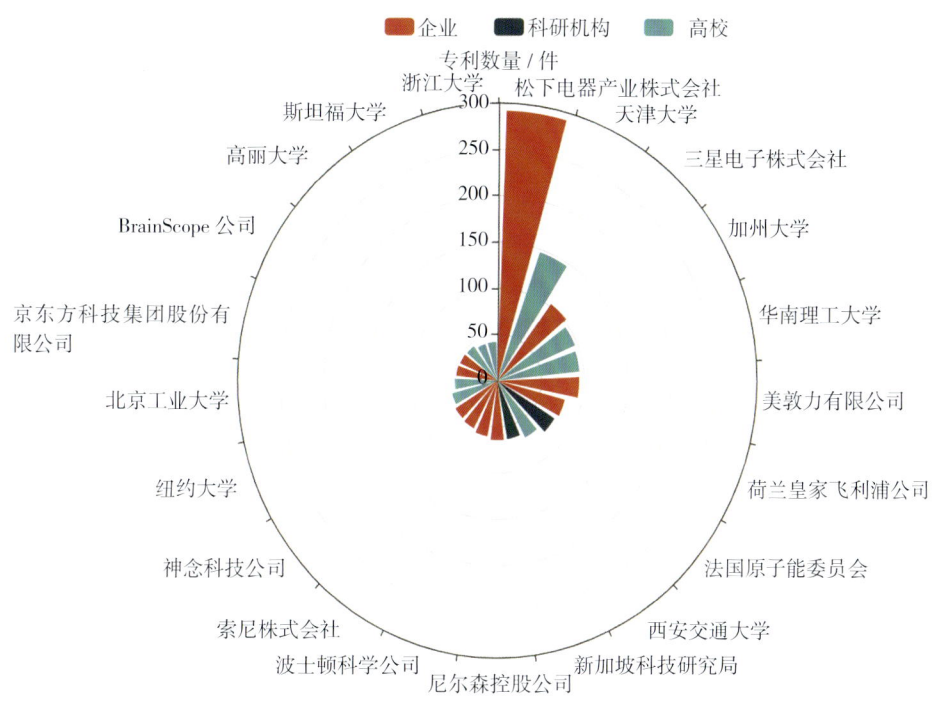

图 3-21 脑机接口领域全球排名居前 20 位的专利申请机构

中国主要专利申请机构包括天津大学、华南理工大学、西安交通大学、北京工业大学和京东方科技集团股份有限公司等。高校是中国脑机接口技术的重要创新主体，中国排名居前20位的专利申请机构中有15所高校，占比75%，另有3家企业和2家科研机构入围（图3-22）。

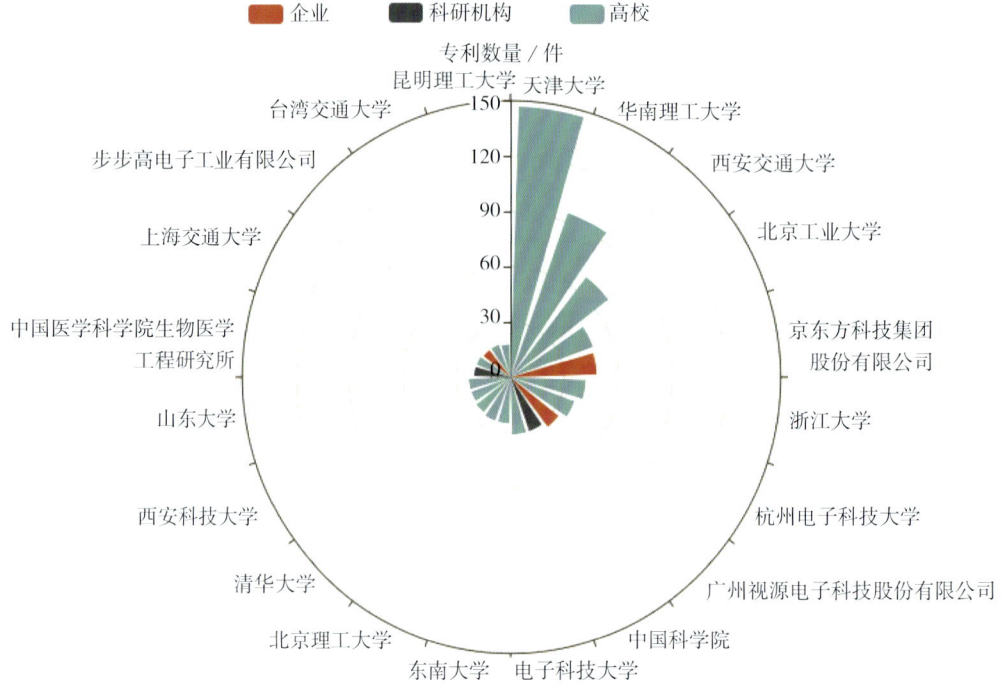

图 3-22 脑机接口领域中国排名居前 20 位的专利申请机构

2. 论文视角

脑机接口领域全球主要论文发表机构包括：加州大学、图宾根大学、格拉茨技术大学、柏林工业大学和佛罗里达大学等。排名居前 20 位的机构全部为高校或科研机构。国家分布方面，美国占 8 席，德国、中国、新加坡各有 2 家机构，奥地利、法国、日本、韩国、瑞士和英国各有 1 家机构入围。中国的中国科学院和清华大学分列第 9、第 10 位（图 3-23）。

中国主要论文发表机构包括：中国科学院、清华大学、浙江大学、台湾交通大学和上海交通大学等，其中清华大学和华东理工大学的平均被引次数较高。排名居前 20 位的机构全部为高校和科研机构，其中高校有 19 家，科研机构只有 1 家（图 3-24）。

3 脑机接口前沿态势报告

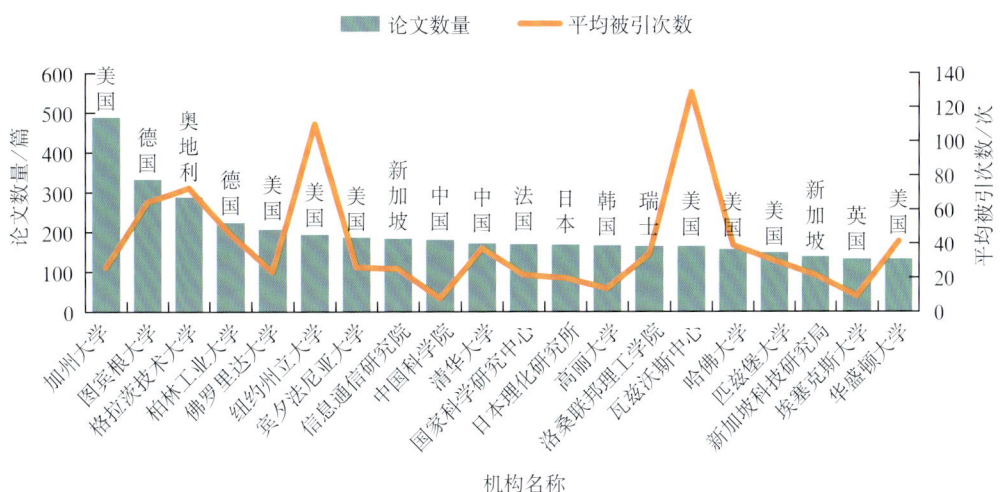

图 3-23 脑机接口领域全球排名居前 20 位机构的论文发表数量与平均被引次数情况

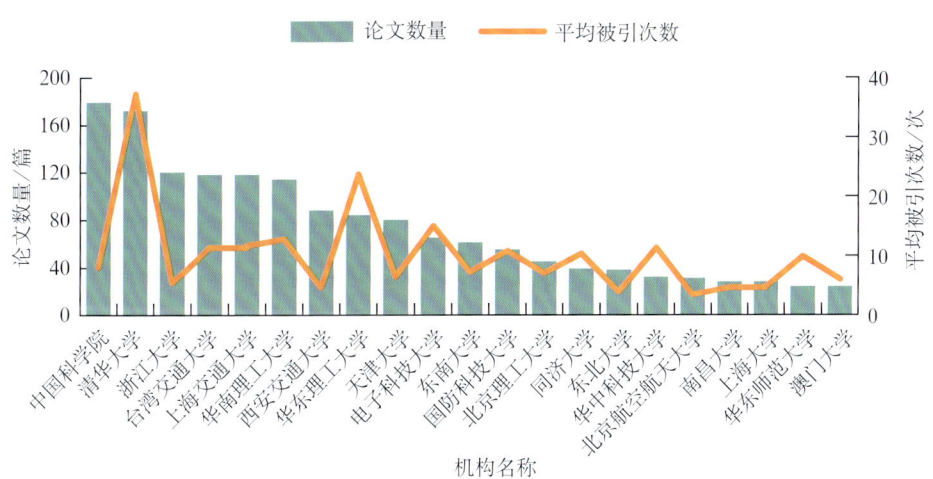

图 3-24 脑机接口领域中国排名居前 20 位机构的论文发表数量与平均被引次数情况

3. 机构属性

全球脑机接口专利申请机构中，企业是最重要的创新主体，超过一半的脑机接口专利都归属于企业。企业从最早期就参与脑机接口技术的创新，其专利占比呈现先上升后下降的趋势。全球高校的专利数量仅次于企业，是第二位的创新主体。在脑机接口技术发展初期，个人专利占有一定比例，但随着其技术逐渐成熟，以个人身份申请专利的情况迅速减少（图3-25）。

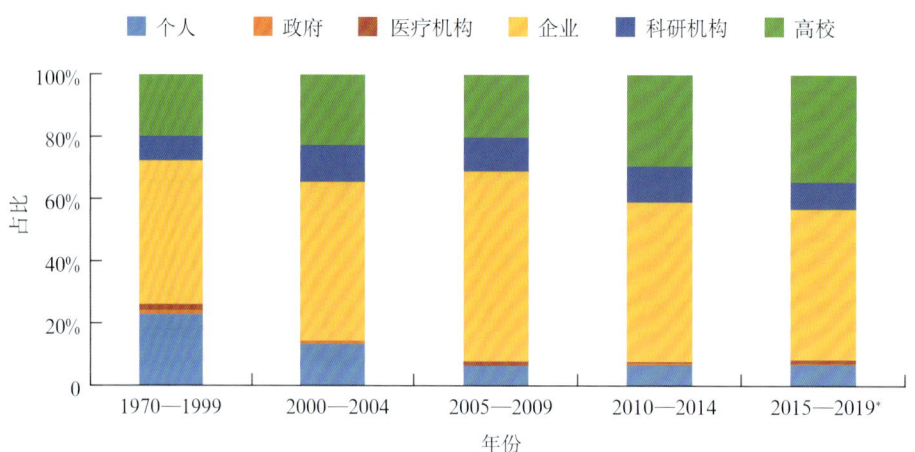

* 表示该年数据为不完全统计。

图 3-25　脑机接口领域全球不同类型机构申请专利占比情况

中国脑机接口专利申请机构中，高校是最重要的创新主体，其专利数量超过总量的50%。高校从2000—2004年才开始申请脑机接口相关专利，占比呈现先上升后下降的趋势。企业是第二位的创新主体（图3-26）。

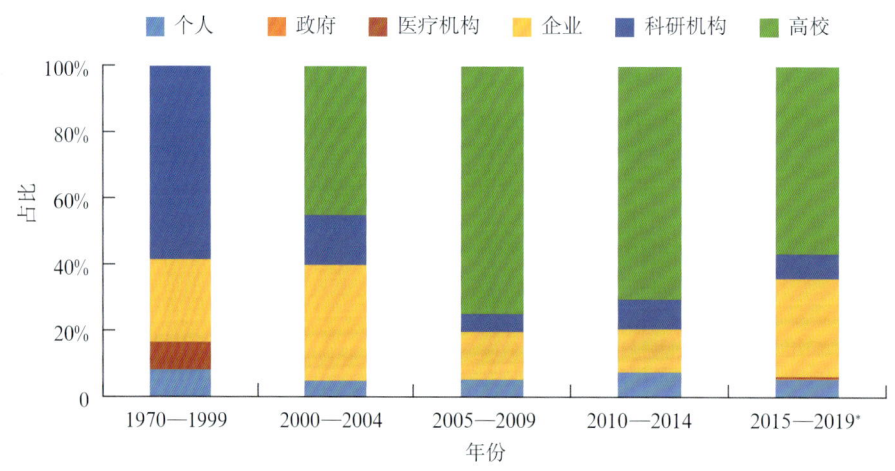

* 表示该年数据为不完全统计。

图 3-26　脑机接口领域中国不同类型机构申请专利占比情况

3 脑机接口前沿态势报告

高校和科研机构在全球脑机接口论文产出方面具有绝对优势，二者论文数量占到论文总量的 90% 以上。高校是最重要的论文产出主体，其在各个时期发表的脑机接口论文数量一般在 70% 左右，只有 2005—2009 年稍低，为 51%（图 3-27）。

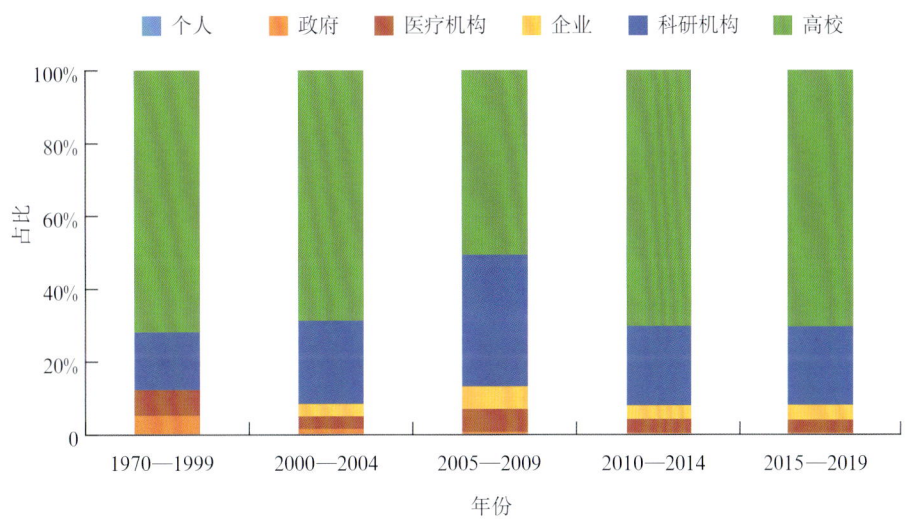

图 3-27 脑机接口领域全球不同类型机构发表论文占比情况

在中国论文发表机构中，高校和科研机构的优势进一步强化，二者论文数量占到论文总量的 95% 以上，仅高校的论文占比就超过了 75%。虽然近些年企业科研参与度有所提升，中国企业的科研实力仍弱于国外，个人未参与脑机接口论文发表（图 3-28）。

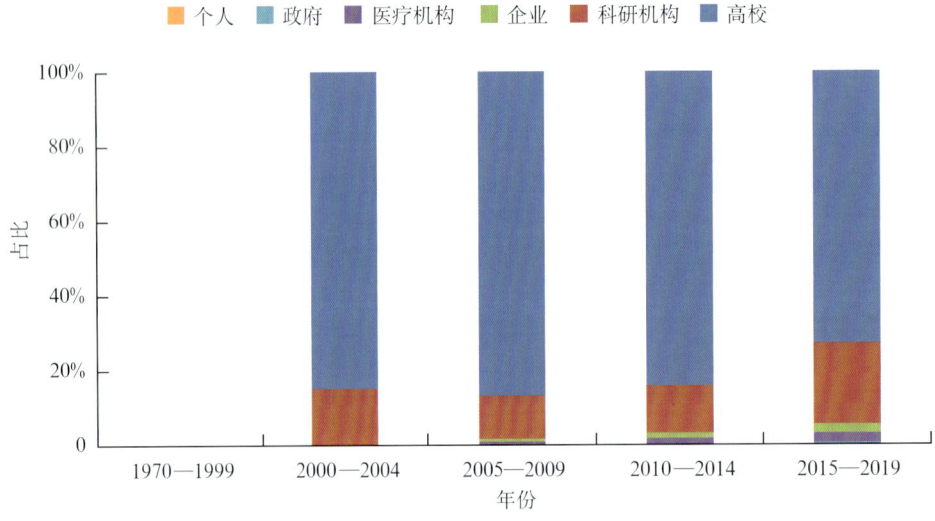

图 3-28　脑机接口领域中国不同类型机构发表论文占比情况

（五）区域合作

1. 国家 / 地区合作

在脑机接口领域，不同国家 / 地区共同申请专利的情况并不普遍，主要国家 / 地区合作数量仅占专利总数的 1.3%，在主要国家 / 地区间专利合作中，美国是国际合作的中心，主要国家 / 地区的跨国 / 区合作都围绕美国展开，其中以加拿大和澳大利亚与美国的合作最为紧密。中国除了与美国合作外，还与中国台湾、法国开展过合作。日本虽然专利数量较多，但国际合作十分匮乏（图 3-29）。

与专利合作相比，主要国家间的论文合作要频繁得多，主要国家论文合作数量占比超过 16%。主要国家间的论文合作连通度较高，除了加拿大和韩国外，每两个国家之间都共同开展过脑机接口相关研究。国际合作论文数量排名前五的国家是德国、美国、日本、中国和意大利，其中德国的国际合作率最高（78%）。欧洲国家的国际合作率普遍较高，平均达 61%，亚洲和美洲的国际合作率较为接近，分别为 33% 和 32%。主要的国家合作发生在德国—日本、美国—中国、美国—德国、德国—意大利和中国—日本之间（图 3-30）。

3 脑机接口前沿态势报告

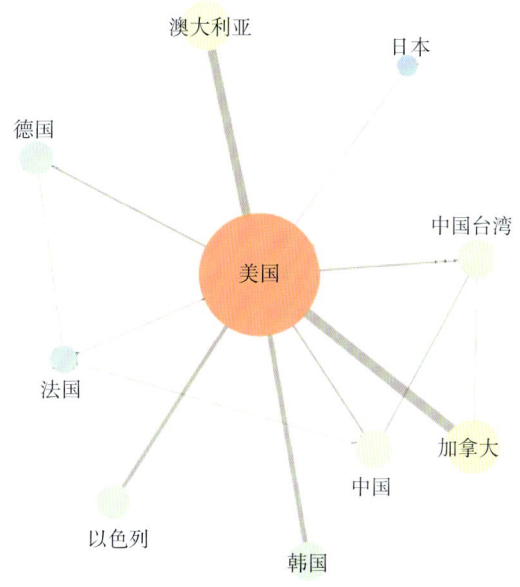

图 3-29 脑机接口领域主要国家/地区间专利合作情况

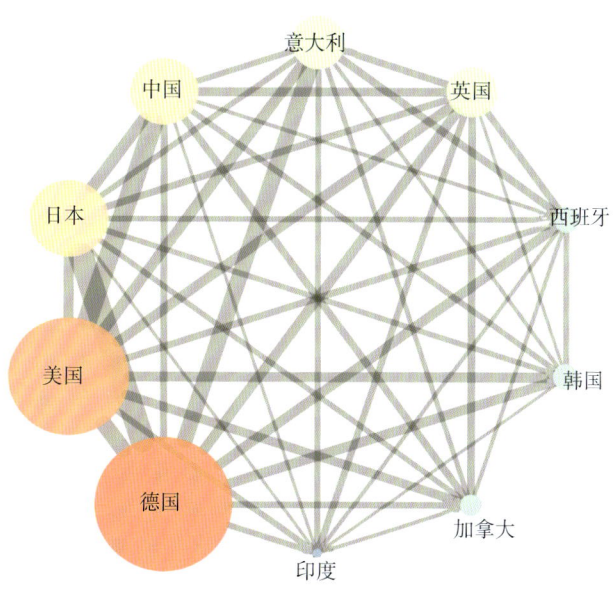

图 3-30 脑机接口领域主要国家间论文合作情况

2. 城市合作

对外合作的活跃程度体现了一个城市的开放性，而合作伙伴的选择某种程度上决定着城市的发展潜力。脑机接口领域全球论文数量排名居前 20 位的城市中，埼玉县、柏林、奥尔巴尼、图宾根和格拉茨的对外合作（尤其是与排名居前 20 位城市的合作）较为活跃，其中日本埼玉县的合作率最高，其与东京和上海均具有深厚的合作基础。城市间合作分为两种类型：国内合作与国际合作。柏林、格拉茨、上海、首尔和奥尔巴尼等城市国际合作频繁；东京、北京、天津和波士顿等更倾向于开展国内合作；而埼玉县和图宾根国内合作与国际合作兼具。中国台湾、广东和浙江虽然论文数量跻身前 20 位，但合作频率较低，因此未出现在图 3-31 中。

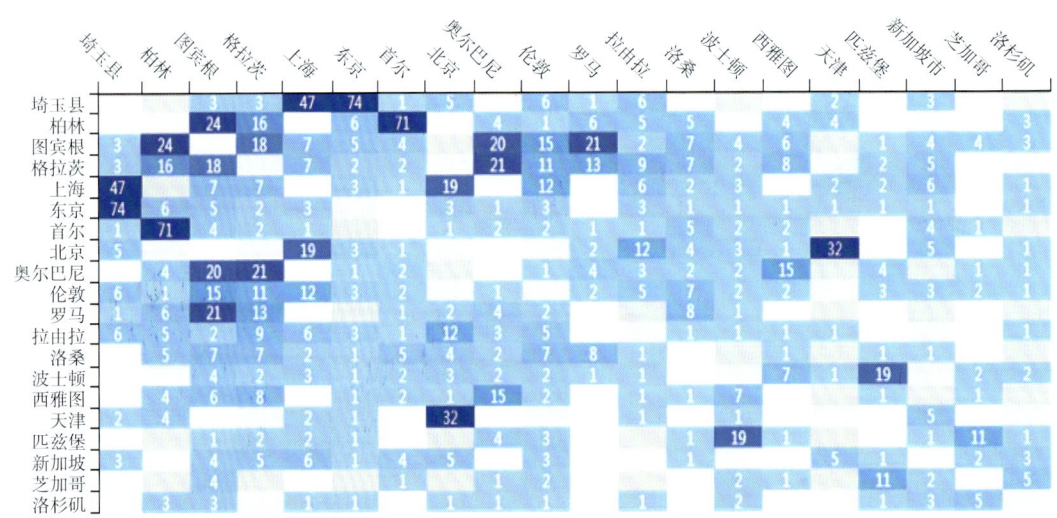

图 3-31　脑机接口领域全球主要城市间论文合作情况（单位：篇）

四、未来展望

脑机接口在医疗健康、教育、军事等领域具有广阔应用前景，但目前的 BCI 系统大部分局限于实验室条件。安全性、易用性、识别精度、信息传输速率和自适应性等是脑机接口走向实用化的主要技术障碍，学者们针对以上问题不断提出新的解决方案。日益精良的设备、复杂的算法和扩展的应用，开启了以人类为受试对象的广泛研究,这也导致了一系列特殊的道德、法律和社会问题,各界已意识到这些问题,并开始采取应对措施。

(一)技术方法发展趋势

1. 材料科学是提升电极安全性与便利性的突破口

一个典型的BCI系统由信号采集模块、信号处理模块和交互控制模块3个部分组成。采集电极的改善将提高信号质量、延长使用寿命及扩宽使用人群,促进脑机接口领域的变革和创新。对于侵入式BCI来说,普通铱他电极过于坚硬和锋利,大脑轻微的晃动都可能造成脑损伤,此外现有植入材料在两年内就被会大量免疫细胞包围而失去导电性。寻找柔软、导电性好、生物兼容性好的植入材料是发展趋势,如Charles Lieber团队开发的网兜式脑机接口;对于非侵入式BCI来说,现有设备过于笨重,使用也烦琐。开发轻便、舒服的可穿戴电子产品是发展趋势,如首尔大学开发的耳式可穿戴脑电设备,以及佐治亚理工学院的"膏药+发带"脑机接口(图3-32)。

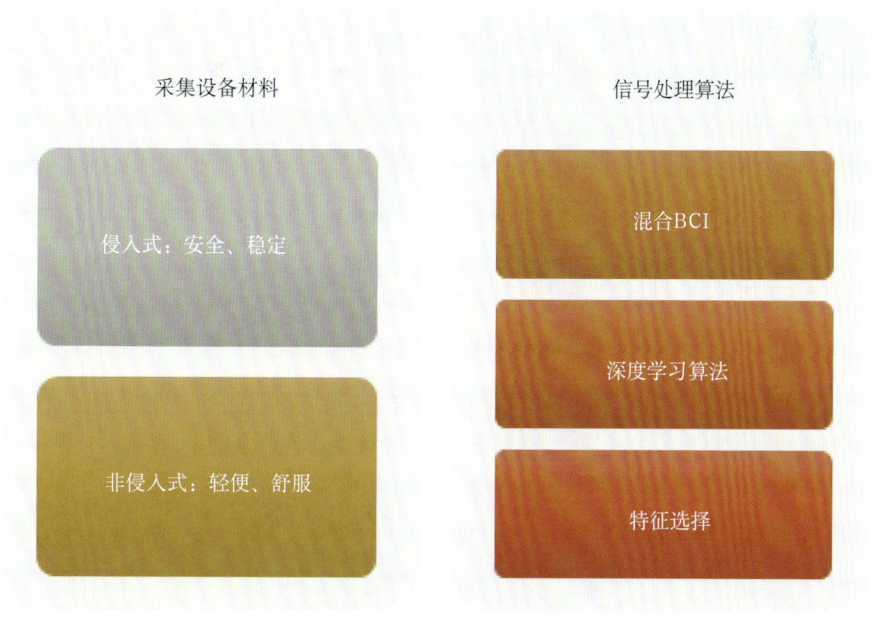

图3-32 BCI技术方法展望

2. 信号处理算法对于提升 ITR 和识别精度至关重要

混合 BCI 通过多种信号或范式的混合提升解码准确率或效率，具有良好应用前景。例如，Pfurtscheller 等通过将视觉稳态诱发电位和运动想象范式结合，在显著提升系统分类正确率的同时减少了假阳性错误率；将深度学习算法应用于脑信号分类是另一个发展趋势。Edward Chang 等利用深度学习神经网络从人脑信号中实时合成语音，俄罗斯研究者基于深度学习的神经反馈模型，将人类大脑中的图像实时显示在计算机屏幕上；在信号处理过程中，研究者普遍更关注特征提取和数据分类两个环节，但是在这两个环节之间，特征选择（feature selection，FS）也是一个丰富的研究领域。FS 对于提高整个 BCI 系统的分类性能和可预测性具有决定性的作用，它在训练分类器时减少了计算量且提高了识别精度（图 3-32）。

（二）技术方向发展趋势

1. 运动型 BCI 临床应用及产业化可期

脑机接口根据其功能可分为运动型 BCI、感觉型 BCI、认知型 BCI 和大脑网络等。运动型 BCI 是目前发展最为成熟的一个领域，新的方向瞄准愈后效果和脑机之间的默契程度。其中：①对外周神经的功能性电刺激（FES）是恢复瘫痪患者运动功能的一个很有前景的方法。FES-BCI 利用受试者自己的大脑活动来控制对自身肌肉的电刺激，进而使其肢体运动。从 Pfurtscheller 等人开发出第一个 FES-BCI，到 Bouton 等人基于颅内多电极实现测试成功率达 70%，FES-BCI 取得了一些进展，但仍面临很多问题。②很多实验表明，通过脑机接口来控制人工执行器，与学习使用工具所涉及的神经生理学机制有很多共同之处，而这些操作被认为可激发大脑的可塑性。神经元可塑性对于 BCI 在动物和人类受体中的正常运作至关重要，但该领域尚处于起步阶段（图 3-33）。

3 脑机接口前沿态势报告

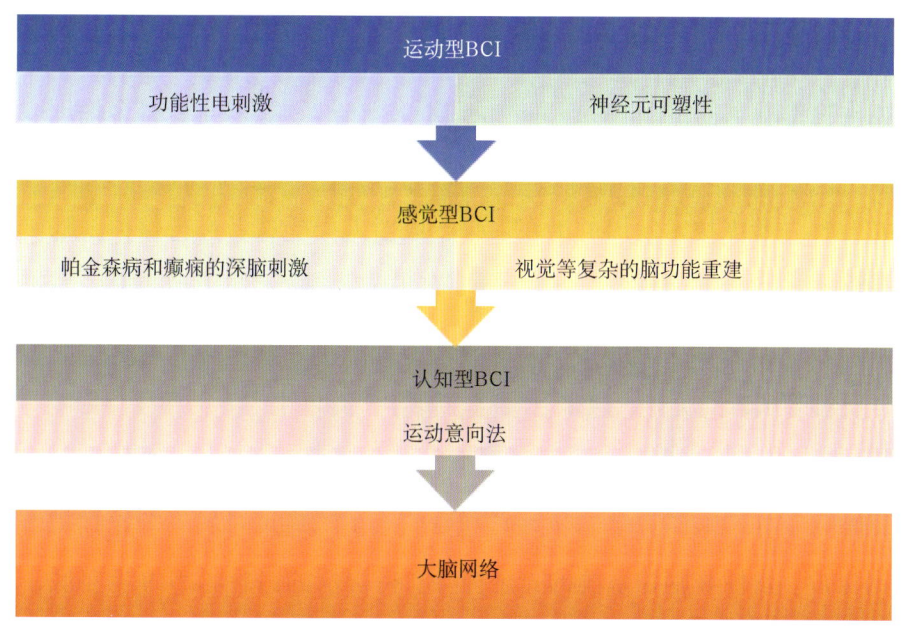

图 3-33　BCI 技术方向发展趋势

2. 其他类型 BCI 提供新的可能性

感觉型 BCI 一方面帮助残障人士进行视觉、听觉、触觉的感官重建；另一方面对非正常的神经活动进行干预。对帕金森和癫痫等疾病的深脑刺激正处于热门时期，而由于神经科学知识积累的不足，涉及更复杂和高级的脑功能重建仍是一个远期发展方向。认知型 BCI 处理与高阶功能相关的大脑活动，而非简单的运动或感觉功能，如决策制定、语言、记忆力等。被广泛应用于无创脑机接口的运动意象法，可视为 BCI 的认知组成部分，它通过刺激镜像神经元，诱导神经可塑性。随着颅内记录方法在临床研究中越来越普遍，与人类认知过程相关的 BCI 将快速发展。大脑网络是 BCI 研究所催生的衍生实验范式之一。该领域已从两只老鼠之间的编码和解码、多只老鼠的协同计算，发展到不同生物体的大脑连接和人类之间的脑脑接口，未来有望为高阶任务的分布式处理提供解决方案（图 3-33）。

（三）技术伦理问题有待商榷

正如生物伦理学创始人 Henry Beecher 所说："一项实验是否符合伦理取决于其开端，开始不具伦理性，之后也不会变得有伦理性，结果不能为手段辩护。"因此，我们一定要预先考虑技术发展的潜在后果，以对人类受试者进行保护。脑机接口的技术伦理问题涉及数据隐私、人体机能增强的前景、技术使用和获取中的不公平等方面。2016 年，在美国举行的第六届国际 BCI 会议上，提出了一套伦理原则和指导方针，涉及对受试者的关怀、谦虚、参与、包容、关联性、公正和社会影响等方面。BCI 研究人员必须在与数字伦理一致性的问题上表现出更高层次的担保。德国教育大学、华盛顿大学和图宾根大学的研究者联合制定了脑机接口使用的伦理指南，旨在明确数据保护、责任和脑控系统的安全性等有待澄清的内容。2019 年年底，经济合作与发展组织（OECD）理事会通过了该领域首个国际标准《关于神经技术负责人创新的建议》，其包括促进负责任创新、优先进行安全评估、促进包容性等 9 项原则。在国际社会大框架下，各国政府将会因地制宜，设立自己的审议机构，并着手将指导原则转化为政策，包括具体的法律法规。

参考文献

[1] AHN J W，KU Y，KIM D Y，et al. Wearable in-the-ear EEG system for SSVEP-based brain-computer interface [J]. Electronics letters，2018，54（7）：413–414.

[2] ANUMANCHIPALLI G K，CHARTIER J，CHANG E F. Speech synthesis from neural decoding of spoken sentences [J]. Nature，2019，568：493–498.

[3] CLAUSEN J，FETZ E，DONOGHUE J，et al. Help，hope and hype：ethical dimensions of neuroprosthetics [J]. Science，2017，356（6345）：1338–1339.

[4] CSDN 博客. 贴片"膏药"就能意念操控轮椅：脑机接口无需植入，准确率超 90% [EB/OL]. （2019-10-06）[2020-01-06]. https：//blog.csdn.net/QbitAI/article/details/102380780.

[5] DONATI A R C，SHOKUR S，MORYA E，et al. Long-term training with a brain-

machine interface-based gait protocol induces partial neurological recovery in paraplegic patients [J]. Scientific reports, 2016, 6. DOI: 10.1038/srep30383.

[6] KENNEDY P R, BAKAR R A. Restoration of neural output from a paralyzed patient by a direct brain connection [J]. NeuroReport, 1998, 9（8）: 1707-1711.

[7] LEUTHARDT E C, SCHALK G, WOLPAW J R, et al. A brain-computer interface using electrocorticographic signals in humans [J]. Journal of neural engineering, 2004, 1（2）: 63-71.

[8] LUPU R G, UNGUREANU F, CÎMPANU C. Brain-computer Interface: challenges and research perspectives [C]. 2019 22nd International Conference on Control Systems and Computer Science（CSCS）. IEEE, 2019.

[9] MAHMOOD M, MZURIKWAO D, KIM Y, et al. Fully portable and wireless universal brain-machine interfaces enabled by flexible scalp electronics and deep learning algorithm [J]. Nature machine intelligence, 2019, 1: 412-422.

[10] MENG J, ZHANG S, BEKYO A, et al. Noninvasive electroencephalogram based control of a robotic arm for reach and grasp tasks [J]. Scientific reports, 2016, 6. DOI: 10.1038/srep38565.

[11] MOSES D A, LEONARD M K, MAKIN J G, et al. Real-time decoding of question-and-answer speech dialogue using human cortical activity [J]. Nature communications, 2019, 10（1）. DOI: 10.1038/s41467-019-10994-4.

[12] NICOLELIS M. 20 Years of brain-machine interface research [R]. Durham: Duke University, 2019: 360-446.

[13] PFURTSCHELLER G, ALLISON B Z, BRUNNER C, et al. The hybrid BCI [J]. Frontiers in neuroscience, 2010, 4（30）. DOI: 10.3389/fnpro.2010.00003.

[14] Qazi R, Gomez A M, Castro D C, et al. Wireless optofluidic brain probes for chronic neuropharmacology and photostimulation [J]. Nature biomedical engineering, 2019, 3（8）: 655-669.

[15] RASHKOV G, BOBE A, FASTOVETS D, et al. Natural image reconstruction from brain waves: a novel visual BCI system with native feedback [J]. bioRxiv, 2019. DOI: 10.1101/787101.

[16] RICHARDSON A G, GHENBOT Y, LIU X, et al. Learning active sensing strategies using a sensory brain-machine interface [J]. Proceedings of the national academy of sciences, 2019, 116(35). DOI: 10.1073/pnas.1909953116.

[17] VIDAL J J. Toward direct brain-computer communication [J]. Annual review of biophysics and bioengineering, 1973, 2(1): 157-180.

[18] YANG X, ZHOU T, ZWANG T J, et al. Bioinspired neuron-like electronics [J]. Nature Materials, 2019, 18: 510-517.

[19] 陈小刚, 王毅军, 张丹. 2018年脑机接口研发热点回眸 [J]. 科技导报, 2019, 37(1): 173-179.

[20] 陈小刚, 王毅军. 基于脑电的无创脑机接口研究进展 [J]. 科技导报, 2018, 36(2): 22-30.

[21] 米格尔·尼科莱利斯. 脑际穿越：脑机接口改变人类未来 [M]. 黄珏苹, 郑悠然, 译. 杭州：浙江人民出版社, 2015.

[22] 新浪科技. 意念实时转语音！Facebook的非植入式脑机接口，解码准确 [EB/OL]. (2019-07-31) [2020-01-06]. https://tech.sina.com.cn/csj/2019-07-31-doc-ihytcerm7549846.shtml.

类石墨烯二维材料前沿态势报告

2004 年，英国曼彻斯特大学科学家安德烈·海姆（Andre Geim）和康斯坦丁·诺沃肖罗夫（Konstantin Novoselov）在世界上首次剥离出单层石墨烯（graphene），掀起了二维材料的研究热潮。随后，二人因发现石墨烯具量子霍尔效应获得 2010 年度诺贝尔物理学奖。石墨烯具有机械强度高、导热系数高、高迁移率、超薄透明、柔性可弯曲等优点，是第一个进入市场的二维材料，预测将为工业界带来质的飞跃。至今，石墨烯飞速发展，基础物性研究进入成熟发展期，一系列优异的电学、光学、力学、热学特性等被发掘出来，研究热点逐渐转向以应用为主，各种概念和产品层出不穷，但其真正商业化过程远没有想象的迅速，产业增长缓慢，从实验室到工厂的过渡滞后于预期。

二维材料这一概念伴随着石墨烯的发现而提出，是指该材料的电子主要在两个维度上自由运动，一般尺度在几十纳米以内。受限于石墨烯的零带隙，它在大规模集成电路中并不是一种理想材料，研究人员希望找到一种具有类石墨烯结构、具有合适带隙的二维半导体材料，我们将这些石墨烯以外的二维材料统称为类石墨烯二维材料。多年以来，类石墨烯二维材料相继被发现，如硅烯、锗烯、黑磷、过渡金属硫族化合物（如 MS_2）、C_3N 等。它们与石墨烯类似，展现出包括量子霍尔效应、高温超导、自旋物理、拓扑绝缘体等在内的一系列量子现象，并且克服了石墨烯零带隙的局限，在电子器件和光电器件的应用领域展现出更大的潜力。

类石墨烯二维材料的电学、化学、物理、机械性能优异，可通过化学修饰、物理加工等多种手段，提升和改善器件性能，在信息存储、能源存储、场效应晶体管、光学器件、化学传感器等领域具有重要的应用前景。原子厚度的二维材料处于材料厚度的极限，可能成为未来 5 纳米以下节点集成电路的材料基础，这对于新型半导体材料的探索有着举足轻重的意义，有望给现有的硅基半导体带来革命性的变革。同时，加快国家对类石墨烯二维材料的开发对于国家在引领国际科技竞争及抢占新一轮科技革命制高点中将起到至关重要的作用。

4 类石墨烯二维材料前沿态势报告

一、发展历程

类石墨烯二维材料主要分为单原子和多原子（图 4-1），其中，单原子类石墨烯二维材料包括 X 烯（Xenes），如硅烯、锗烯、锡烯、硼烯等；多原子类石墨烯二维材料主要包括过渡金属硫族化合物（transition metal dichalcogenides，TMDCs）、过渡金属碳化物和氮化物（MXenes）、有机材料及其他种类。

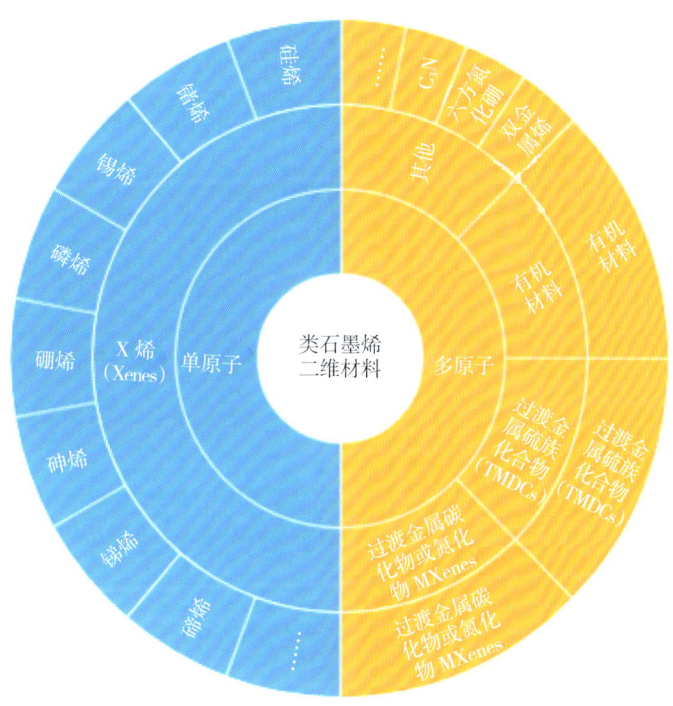

图 4-1 类石墨烯二维材料分类

虽然二维材料的概念自 2004 年石墨烯之后才出现，但对类石墨烯二维材料的相关研究更早（图 4-2 和图 4-3）。

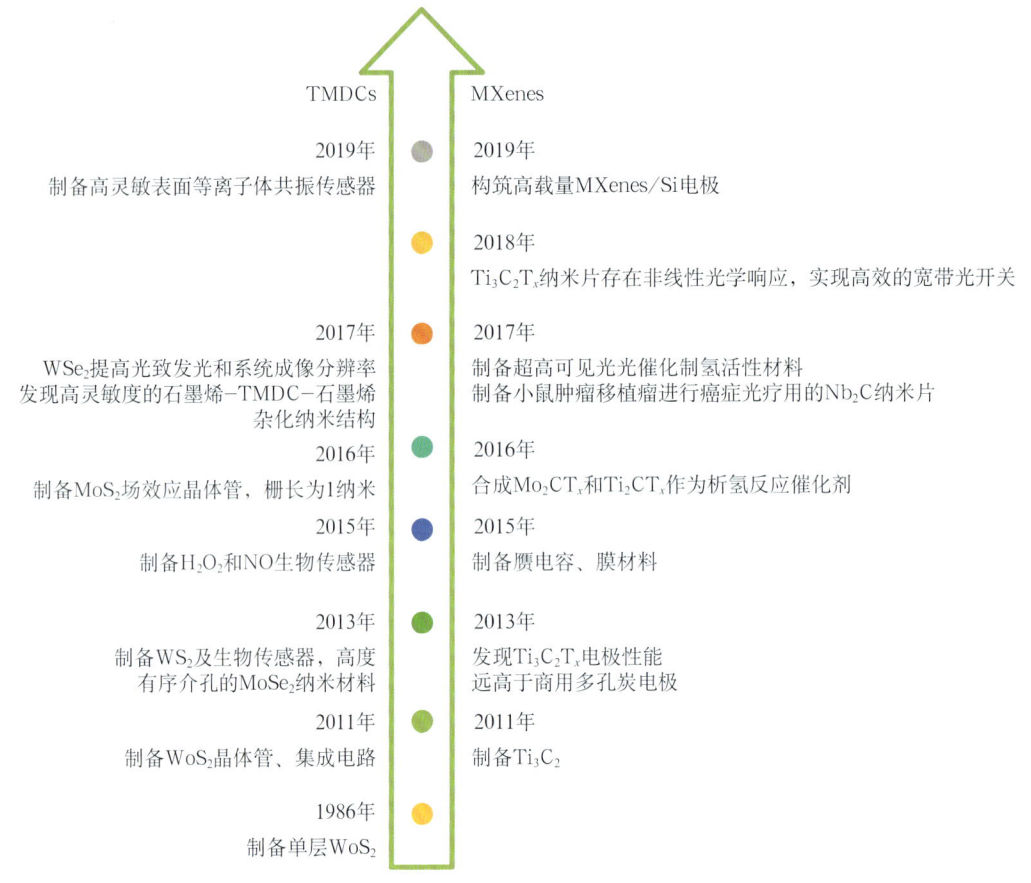

图 4-2 多原子类石墨烯二维材料 TMDCs 和 MXenes 发展历程及主要事件

1986 年，单层 MoS_2 作为多原子类石墨烯二维材料被成功制备，之后被用于集成电路、传感器等的应用研究，在 2011 年出现了 MoS_2 晶体管及组成的集成电路，2016 年又制备成栅长为 1 纳米的晶体管。2020 年，美国史蒂文斯理工学院研究人员将铁原子掺杂到单层 MoS_2 中，制备出可以在室温下应用的磁性半导体。

1994 年，硅烯已被预测存在。然而，当单层 / 多层硅纳米管（SiNT）被合成之后，科学界才开始相信有可能合成硅烯，至 2007 年，硅烯单原子层结构被发现，当然，这也主要得益于对石墨烯等二维材料的空前关注，推动了类石墨烯二维材料的研究。之后在不同基底如 Ag（111）、Ir（111）和 ZrC（111）等表面上成功制备硅烯。2015 年，首次制备硅烯场效应晶体管，并证实存在狄拉克费米子。2019 年，荷兰特温特大学

4 类石墨烯二维材料前沿态势报告

研究发现外延硅烯和六方氮化硼（h-BN）具有良好的导电性能，h-BN 可以叠加而不影响硅烯的电子性质，这解决了硅烯的化学敏感性，也是半导体器件制造中堆叠工艺发展的重要一步（图 4-3）。

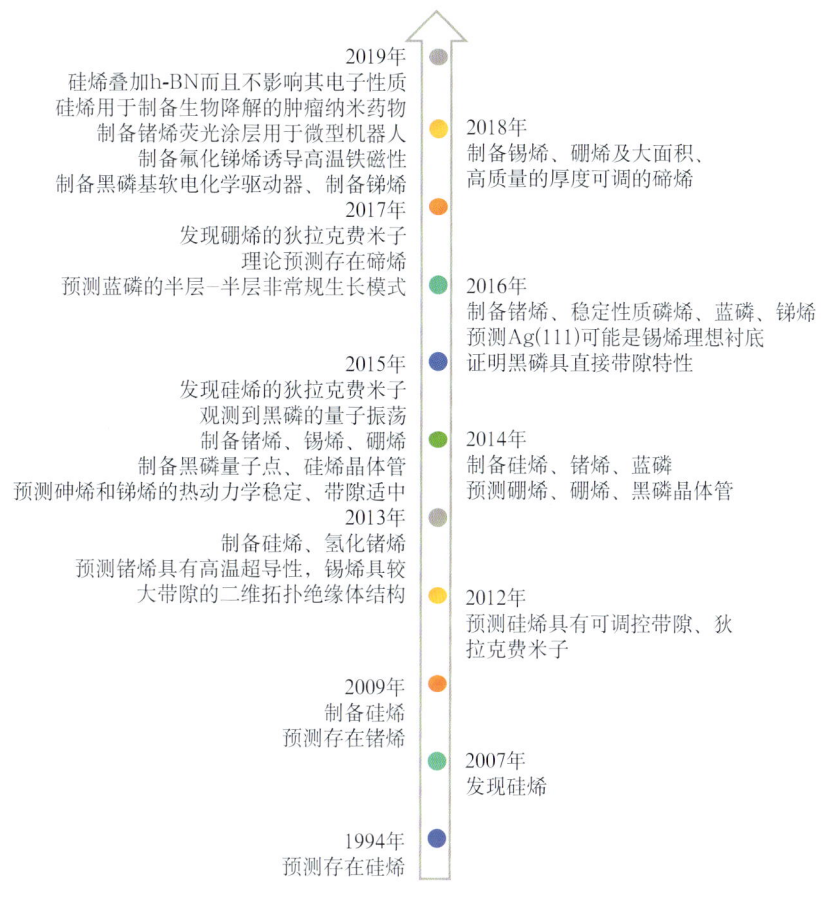

图 4-3　单原子类石墨烯二维材料 X 烯发展历程及主要事件

1914 年，美国哈佛大学布里奇曼（Bridgman）制备出块状黑磷，并获得诺贝尔物理学奖，但黑磷并没有因此得到关注。直到 2014 年，单原子类石墨烯二维材料磷烯才从块状黑磷中成功剥离，自此对黑磷的研究呈现井喷式发展。同年，复旦大学张远波课题组和中国科学技术大学陈仙辉课题组首次发现黑磷晶体管有很好的器件特性。由于黑磷带隙较窄，可填补如石墨烯和过渡金属硫族化合物等二维材料之间的空白，同时，它还具有高迁移率，一出现便引起了国际广泛关注，2014年还发现了黑磷同素异形体——蓝磷。然而，磷烯在空气中极容易水化，性质不稳定。2016年，美国西北大学以重氮苯衍生物为钝化和保护性溶剂制出稳定的磷烯。2019年，中国科学院深圳先进技术研究院先进材料科学与工程研究所发现黑磷可以有效且快速地调节Pt的表面电子结构，大大增强Pt析氢反应（HER）中的催化活性，为合成用于各种催化反应和应用的高效Pt基催化剂提供了新的策略。

其他类石墨烯二维材料在2009年之后相继被预测并制备出来。

对于MXenes，第一个成员Ti_3C_2在2011年由美国德雷塞尔大学尤里·高果奇（Yury Gogotsi）教授制备。MXenes同时拥有导电性和亲水性，在电化学应用中表现出色，大量应用研究着重于储能方向。然而，层层堆叠的MXenes活性位点较少且不利于离子的快速传输，因此难以满足未来的需求。2019年，沙特阿卜杜拉国王科技大学设计了一种制备多孔MXenes电极材料的通用方法，它可以显著地增强K^+存储性能。2019年，北京化工大学和美国得克萨斯大学奥斯汀分校将含有MXenes的薄纸包裹在生物可降解的聚乳酸夹层中，制备出了高灵敏度、柔性、可降解的压力传感器，可用来预测患者潜在的健康状况或作为电子皮肤来显示压力刺激，在个人健康监视、临床诊断和下一代人工皮肤方面非常有前景。

对于TMDCs，其层间与石墨烯类似，均通过范德瓦耳斯力层间生长，单层或多层TMDCs可以从体材料中剥离出来。它的物理性质多样，包括绝缘体材料（HfS_2）、半导体（MoS_2和WS_2）和金属（TiS_2、VS_2和$NbSe_2$）等，具有独特的结构与光电性质，在光电子、能源环境、生物医学等领域展现出广阔的应用潜力。2020年，苏黎世联邦理工学院在硅光子平台上集成了高性能垂直范德瓦尔斯异质结构的光电探测器，克服了TMDCs因低载流子迁移率而不能进行高速应用的瓶颈，为实现高性能光电器件，如光电探测器、发光器件、电光调制器等提供了一个有吸引力的平台。

对于X烯，随着石墨烯和硅烯的逐步深入研究，科研人员对其所在的第四主族元素推而广之，扩展到由其他第四主族元素形成的锗烯、锡烯、第五主族元素形成的砷烯、锑烯、铋烯、第六主族元素形成的碲烯和第三主族元素形成的硼烯，并且理论预测和制备的间隔也在逐渐缩短。锗烯 2009 年被预测存在，2013 年制备出氢化锗烯；锡烯 2013 年被预测存在，2015 年被制备；硼烯 2014 年被预测存在和制备，并确立了由不具备层状结构的晶体可以制备成二维材料的经典范式。

近年来，类石墨烯二维材料除了在多领域应用不断有新成果外，在制备工艺及新种类开发方面也有很大进步。

一是大面积、高质量的制备工艺实现新突破。2019 年，南京大学利用新的两步气相沉积法，制备出晶圆大小的高质量二维过渡金属硒化物薄膜，可以在大气环境下长时间放置，该方法不仅简化制造工艺，而且提高稳定性和可靠性。2020 年，美国加州大学洛杉矶分校和湖南大学利用金属性 TMDCs 和半导体性 TMDCs，联合提出制备二维原子晶体范德瓦尔斯异质结构阵列的通用合成策略，有助于实现其在工业应用中的集成化和功能化，为高性能器件的量产提供了新选择。

二是借助人工智能与材料基因组技术，材料开发速度加快。2019 年，新加坡国立大学利用材料基因组技术，对二维材料进行高通量构建和计算，形成含 6000 多种单层二维材料的 2DMatPedia 数据库，为机器学习打下基础，较传统基于反复实验的方法可有效缩短研发时间及资源。2020 年，日本东京大学利用深度学习，开发出基于人工智能的二维材料识别系统，抗干扰能力强，加快了光学显微镜下二维材料的信息识别速度，未来有利于二维材料合成的全自动化；北京航空航天大学和美国麻省理工学院联合提出基于深度学习的二维材料快速识别与表征算法，可直接利用光学显微镜图像对二维材料的类别、厚度进行识别，并可进一步实现对未知材料物理性质的预测。

二、观点与碰撞

（一）政府支持

全球越来越多的国家展开了二维材料相关的研发和生产。美国、欧盟、英国、韩国、新加坡、日本、中国等国相继颁布实施了一系列相关政策及资金资助项目，将二维材料研究提升至国家战略高度，并期待产业投资可以转化为更多的经济效益。

1. 美国材料基因组计划

2011 年,美国材料基因组计划(Materials Genome Initiative,MGI)启动,强调数据共享与计算工具开发,以改革传统材料研究的封闭型工作方式,培育开放、协作的新型"大科学"研发模式,将材料从发现到应用的速度至少提高 1 倍、成本减半。

2. 美国国家战略计算计划

2015 年,美国创立国家战略计算计划(NSCI),以引领美国在高性能计算(HPC)领域的领导地位,开发 exascale(百亿亿次级)的机器,计划 2025 年开发出全球最快的超级电脑。芯片材料方案包括二维类石墨烯复合材料到自旋电子材料,开发一系列具有高性能和低功耗器件技术的可扩展二维材料,有助于实现 exabytes(艾字节,即 2^{60} 字节)数据系统的计算能力。

3. 欧盟二维材料实验性试产线项目

2020 年,在欧盟"地平线 2020"计划的支持下,欧盟委员会启动"二维材料实验性试产线"(2D-EPL)项目,将把石墨烯和相关二维材料集成到半导体平台,以实现小批量生产。

4. 欧盟石墨烯旗舰计划

该计划 2013 年开始,至 2023 年结束,共计投入 10 亿欧元,以期把石墨烯和相关二维材料从实验室带入市场,为欧洲诸多产业带来一场革命,促进经济增长,创造就业机会。

5. 英国国家石墨烯研究院

2011 年,英国政府决定在曼彻斯特大学建造国家石墨烯研究院(National Graphene Institute,NGI),英国政府联合欧洲研究与发展基金会共同出资 6100 万英镑,由两位诺贝尔奖得主安德烈·海姆(Andre Geim)和康斯坦丁·诺沃肖罗夫(Konstantin Novoselov)主持。2015 年,NGI 挂牌成立。NGI 的核心使命在于不断开拓二维材料科学与应用前沿领域,兼顾石墨烯及其他二维材料产业化、商业化,已有多家公司与曼彻斯特大学合作。

6. 英国石墨烯工程创新中心

2014年，英国政府联合马斯达尔公司宣布投资6000万英镑在曼彻斯特大学成立石墨烯工程创新中心，作为NGI的补充以加速石墨烯的应用研究和开发，维持英国在石墨烯及其他二维材料方面的世界领先地位。

7. 新加坡二维材料中心和先进二维材料研究中心

新加坡二维材料中心（2MC）和先进二维材料研究中心（The NUS Centre for Advanced 2D Materials，CA2DM）均位于新加坡国立大学。其中，2MC成立于2010年，拥有50多个学科的研究人员，关注石墨烯、黑磷单晶和金属氧化物半导体二硫化钼。CA2DM包括石墨烯组、其他二维材料组、二维器件组和理论组4个研究组，是新加坡最大的二维材料综合研究中心，在基于二维材料的基础科学研究和产业化应用方面走在亚洲国家前列，旨在全方位探索和跟进二维材料所带来的革命性技术。

8. 中国国家重点研发计划

2016年，中国发布国家重点研发计划，其中纳米科技重点专项共涉及43个项目，资金支持达6亿元。与石墨烯、二维材料相关的项目共有4个，包括石墨烯宏观体材料的宏量可控制备及其在光电等方面的应用研究、半导体二维原子晶体材料的制备与器件特性、二维原子晶体的能带工程及其电子和光电器件研究、二维催化材料的表界面调控及C1分子高效转化研究。

（二）专家观点

1. 诺贝尔物理学奖得主、英国曼彻斯特大学凝聚态物理学教授安德烈·海姆（Andre Geim）

我们需要30~40年才能发现一种新材料，但10年内就能实现大规模产业化。其实我们需要更多耐心，来拥抱更好的二维材料新时代。纳米技术应用不单单是做出一个可视化的产品，而是从现在到未来的创新投资。我们要在做好学术研究的基础上，夯实上游核心环节，支撑起各种新兴产业（2019年，中国国际纳米技术产业博览会，苏州）。

二维材料会是未来材料学的主要发展方向（2019 年，中国科幻大会，北京）。

2. 瑞士洛桑联邦理工学院（EPFL）纳米电子学与结构实验室教授安德拉斯·基什（Andras Kis）

应多关注石墨烯之外的二维材料，利用其特性可制造一整个完全由原子级厚度组件构成的数字电路。除了寻找最好的材料，可以考虑用某种方式将它们结合在一起，综合利用不同优势。二维材料热潮曾多次出现，但很多后来被证明只是昙花一现（2015 年，Nature）。

3. 欧盟石墨烯旗舰项目负责人、瑞典查尔姆斯理工大学物理学系教授亚里·基纳雷特（Jari Kinaret）

硅烯、锗烯和二维黑磷单晶的确有许多可讨论之处，但与之相关的困难仍相当艰巨。评估二维材料的应用潜力可能还需要 20 年，初步研究大多集中于电子特性，未来二维材料的应用更可能在一个完全没有预见到的领域实现（2015 年，Nature）。

4. 法国国家应用科学研究院纳米物体物理化学实验室研究员伯恩哈德·乌尔巴塞克（Bernhard Urbaszek）

现有的单光子发射器通常由块状半导体构成，而二维材料体积更小且更易于与其他器件集成。这样的光子发射器必然位于表面，这使得它们更加高效和易于控制（2015 年，Nature）。

5. 中国科学院院士、北京大学化学与分子工程学院教授刘忠范

我们需要不断提升二维材料的品质，这是一条漫长而崎岖的道路，没有捷径可言（2018 年，首届丝绸之路国际二维材料科学与技术会议，西安）。

6. 中国科学技术大学化学与材料科学学院教授朱彦武

石墨烯之外的大部分二维材料仍处于实验室研究阶段，科研人员仍在对它们的制备成本、各种性质和应用潜力进行优化和探索。理论上很多三维材料都有"二维化"的可能。从基础科学研究的角度来讲，材料的维度降低后涉及很多纳米科学和表界

面科学相关的问题,科研人员仍然没有完全搞清楚。这是二维材料研究目前面临的难题之一。从某些方向或角度首先寻找到二维材料的应用突破口,将可能刺激或者鼓励二维材料研究领域的进一步发展(2019年,《科技日报》)。

7. 浙江大学信息与电子工程学院、微电子学院教授徐杨

二维材料的性质探索、制备表征和器件应用都已有较好的发展,但距离其产业化应用还较远。在大面积高质量材料及其特定复合结构的可控制备、低能耗高集成度器件的结构设计、大规模材料器件印刷技术、与传统材料产业链的结合等方面还存在巨大的挑战。此外,二维材料家族中仍有不少材料尚未被制得,其物理、化学性质有待揭示。目前,市场上还没有看到大规模相关的日常生活产品(2019年,《物理化学学报》)。

8. 香港大学物理学系教授姚望

尽管二维材料层间键连很弱,但原子间距离如此紧密意味着它们仍可以微弱地影响彼此的性质,堆叠次序、空间位置和取向都调控着器件的行为。对这些结构和性质建模让我们这些理论研究者头痛不已,但毫无疑问新的物理性质就在这里(2015年,*Nature*)。

(三)会议情况

二维材料领域会议主要包括"石墨烯和二维材料研究年会(Recent Progress in Graphene and Two-dimensional Materials Research Conference)""二维材料国际会议(International Conference on 2D Materials and Technology,ICON-2DMAT)""国际二维过渡金属碳化物(MXenes)学术研讨会"等(表4–1)。

表 4-1 类石墨烯二维材料相关会议

会议名称	时间	地点	主办单位	会议主题
石墨烯和二维材料研究年会	2015年（第七届）	澳大利亚洛恩		石墨烯和其他二维材料的合成、化学与电化学、电性能、光学性质和光谱学、热性能、机械性能、理论、显微镜检查、设备、能源/生物医学/其他应用
	2016年（第八届）	韩国		
	2017年（第九届）	新加坡	新加坡国立大学、西班牙幻影基金会	
	2018年（第十届）	中国桂林	西班牙幻影基金会	
	2019年（第十一届）	日本松江	日本科学技术振兴机构JST、西班牙幻影基金会	
二维材料国际会议	2014年（第一届）	中国杭州	浙江大学	二维层状材料的合成与加工、表征、化学改性、理论计算与模拟及在光电子器件、生物医学、能源等方面的应用
	2016年（第二届）	中国香港	香港理工大学	二维材料高级表征，能源转换与存储、生长、合成和整合方法，磁性和自旋电子学，纳米电子学，新型光电系特性及器件，理论与模拟，超快速切换
	2017年（第三届）	新加坡	南洋理工大学	二维材料的合成与加工，相关器件，化学物理性质及其应用，重点关注大规模合成和集成技术、新材料发现及最新应用
	2018年（第四届）	澳大利亚墨尔本	未来低能电子技术卓越中心（FLEET）、莫纳什原子薄材料中心	二维材料与结构的可控合成、表征与建模，物理性质、化学及其在能源、环境、催化、生物医学、光电学等的应用
	2019年（第五届）	中国苏州	中国科学院苏州纳米技术与纳米仿生研究所	二维材料（石墨烯、TMDCs、黑磷、拓扑绝缘体等新材料）的可控制备，物理(量子效应、超导、磁、激子等)，化学(能源、环境、催化、生物等)，器件（电子、光子、光电等），理论模拟及真空互联环境下的研究

续表

会议名称	时间	地点	主办单位	会议主题
国际二维过渡金属碳化物（MXenes）学术研讨会	2018年（第一届）	中国吉林	吉林大学	MXenes储能材料
	2019年（第二届）	中国北京	北京化工大学	MXenes材料的合成与制备、结构与性能及其在储能、催化、环保、生物、医药、光电等领域的应用

1. 石墨烯和二维材料研究年会

该会议前身为石墨烯研究最新进展国际会议（Recent Progress in Graphene，RPGR）。RPGR由韩国高等研究院（KIAS）孙荣顺（音译，Young-Woo Son）教授和新加坡国立大学石墨烯研究中心主任安东尼奥·卡斯特罗·内托（Antonio Castro Neto）教授于2009年创建，每年9—10月举行，致力于召集亚洲石墨烯重要研究人员，以便讨论最新的理论和实验发现。自2015年澳大利亚第七届会议开始，会议重点由石墨烯扩展到"石墨烯和其他二维材料"，更名为"石墨烯和二维材料研究年会"。2019年10月，第十一届会议在日本松江召开，由日本科学技术振兴机构JST和西班牙幻影基金会（Phantoms Foundation）共同组织。西班牙幻影基金会是位于西班牙马德里的非营利性协会，为2017年以来三次会议主办方之一，主要专注于新兴纳米技术和纳米电子活动，创始人为安东尼奥·科雷亚（Antonio Correia）博士和克里维亚·索托马约尔·托雷斯（Clivia Sotomayor Torres）教授。

2. 二维材料国际会议

ICON-2DMAT源于2014年杭州第一届和2016年香港第二届二维层状材料国际会议，之后又融入了2015年南京和2016年上海的国际二维材料物理与器件应用研讨会，成为二维材料领域综合性最强、最负盛名的国际会议之一。2017年，在新加坡举行的第三届会议正式更名为International Conference on 2D Materials and Technology，并于2018年在澳大利亚墨尔本成功延续举办了第四届，2019年在中国苏州举办了第五届。现如今，ICON-2DMAT已成为全球二维材料领域最集中、最具影响力的国际会议之一。

3. 国际二维过渡金属碳化物（MXenes）学术研讨会

该研讨会由 MXenes $Ti_3C_2T_x$ 材料研究的先驱者之一——美国德雷克塞尔大学教授、纳米技术研究所所长尤里·高果奇（Yury Gogotsi）于 2018 年在吉林大学倡议发起，是 MXenes 领域规模最大的专题研讨会。

第一届会议为 Mxenes 储能材料国际学术研讨会，2019 年改为国际二维过渡金属碳化物（MXenes）学术研讨会，由北京化工大学主办，并将议题涉及当前 MXenes 材料研究的各个领域，主要包括 MXenes 材料的合成与制备、结构与性能及其在储能、催化、环保、生物、医药、光电等领域的应用。第三届会议于 2020 年 10 月在中国宁波召开，由中国科学院宁波材料技术与工程研究所主办。

三、竞争与合作

学术期刊一般记载了学科领域的基本研究成果，为重要的情报源之一。Web of Science 核心合集数据库是获取全球学术信息的重要数据库，它收录了 12 000 多种世界权威的、高影响力的学术期刊，内容涵盖自然科学、工程技术、生物医学、社会科学、艺术与人文等领域，最早回溯至 1900 年。本报告对 Web of Science 科技文献检索系统收录的类石墨烯二维材料的学术论文进行统计分析。数据库为 Science Citation Index Expanded（SCI-EXPANDED）和 Conference Proceedings Citation Index-Science（CPCI-S），检索日期为 2019 年 12 月 19 日。共检索到论文 28 331 篇，其中 SCI-E 收录论文 27 348 篇，CPCI-S 收录论文 1573 篇。

在 Innography 专利数据库中对类石墨烯二维材料进行专利检索，专利申请日期截至 2019 年 11 月 30 日，专利检索时间为 2019 年 12 月 30 日，共检索到 3665 件专利、2101 个简单专利家族。

由于数据统计的滞后性，2018 年和 2019 年的数据供参考。

（一）趋势及重大创新

从图 4-4 来看，1968 年，类石墨烯二维材料第一篇论文发表，该文章与硅烯相关，

4 类石墨烯二维材料前沿态势报告

至 2019 年共发表 28 331 篇论文。1968—2011 年，论文数量平稳增长，从 1982 年开始每年论文数量开始突破 10 篇，从 1992 年论文数量每年突破 100 篇，2010 年每年数量已超过 200 篇；从 2012 年开始，论文数量开始飞速增长，至 2019 年已达 5933 篇。

类石墨烯二维材料专利在 1966 年出现第一件专利；但从 1984 年开始，每年均有相关专利，至 2011 年，相关专利申请数量缓慢增长；从 2012 年开始，相关专利申请数量快速增加。

从图 4-5 来看，类石墨烯二维材料全球授权专利数量自 2013 年开始快速增长，至 2016 年达到峰值 228 件，之后数量逐渐下降；专利申请数量趋势与之类似，在 2017 年达到峰值 575 件。

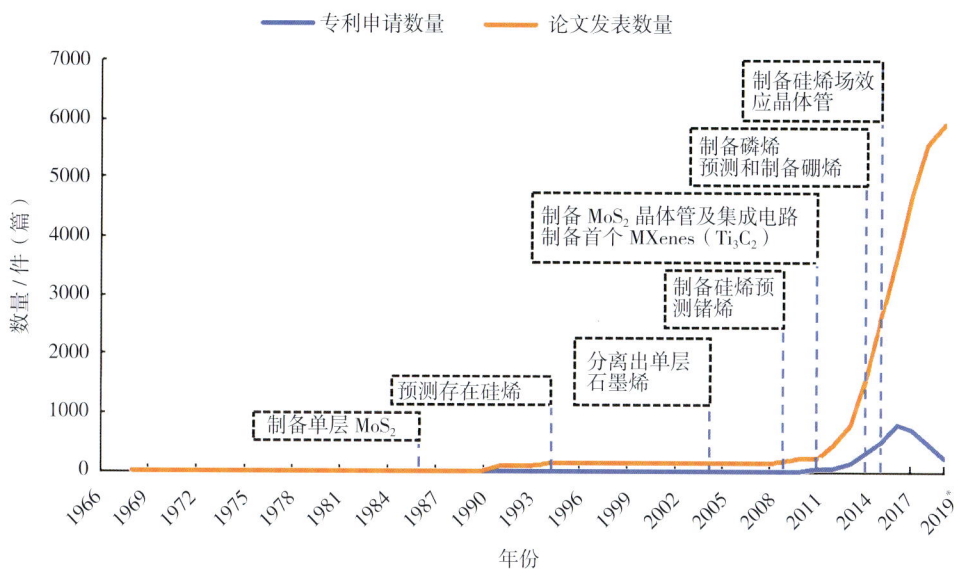

* 表示该年数据为不完全统计。

图 4-4 类石墨烯二维材料领域专利申请和论文发表整体趋势

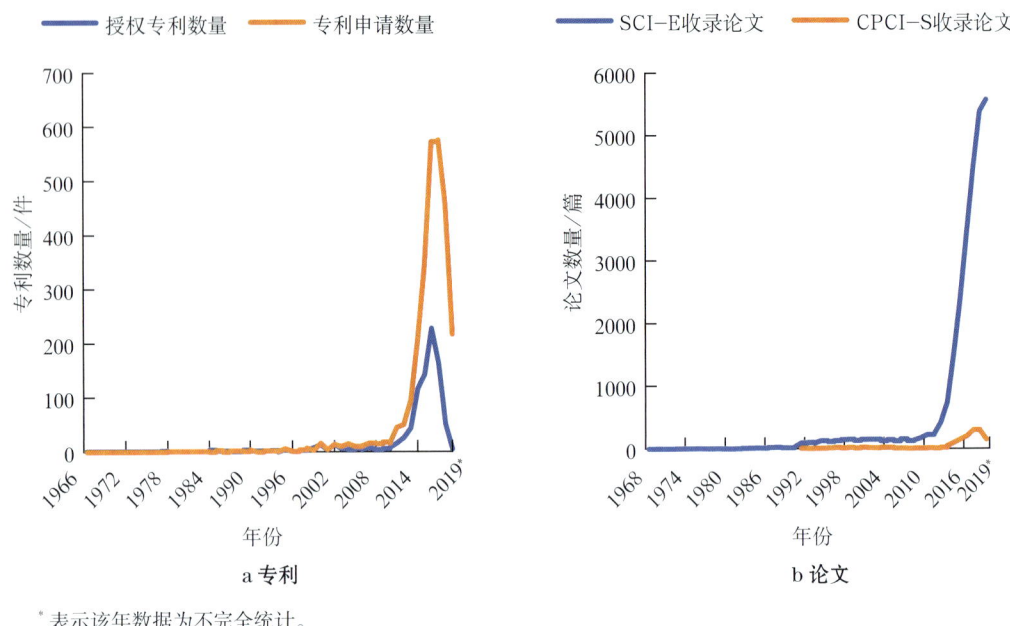

* 表示该年数据为不完全统计。

图 4-5　类石墨烯二维材料领域专利及论文细分情况

类石墨烯二维材料论文主要为 SCI-E 收录论文，共计 27 348 篇，占比高达 95%，CPCI-S 收录论文仅占 5%。期刊论文数量自 2010 年突破 200 篇，之后快速增长，2014 年已增至 1530 篇，2019 年高达 5576 篇。2014 年，会议论文突破百篇大关，第一届二维层状材料国际会议在中国杭州召开，至今已召开 5 次；2015 年，第七届石墨烯研究最新进展国际会议（RPGR）在澳大利亚召开，并更名为"石墨烯和二维材料研究年会"，会议每年一次，至今已召开 11 次，这都促使会议论文数量不断增加，至 2017 年达到峰值 302 篇。

（二）国家/地区竞争格局

1. 专利视角

从图 4-6 来看，类石墨烯二维材料的全球专利主要分布在中国、美国、韩国、英国和日本等国家。中国专利数量远远领先于其他国家，但专利被引次数和平均被引次数偏低，而美国和爱尔兰的平均被引次数最高，分别为 5.13 次和 5.79 次，瑞士和日本的平均被引次数紧随其后，为4.35次。另外，美国专利被引次数高达4339次，领先于其他国家，远高于其后的中国（1454次）。

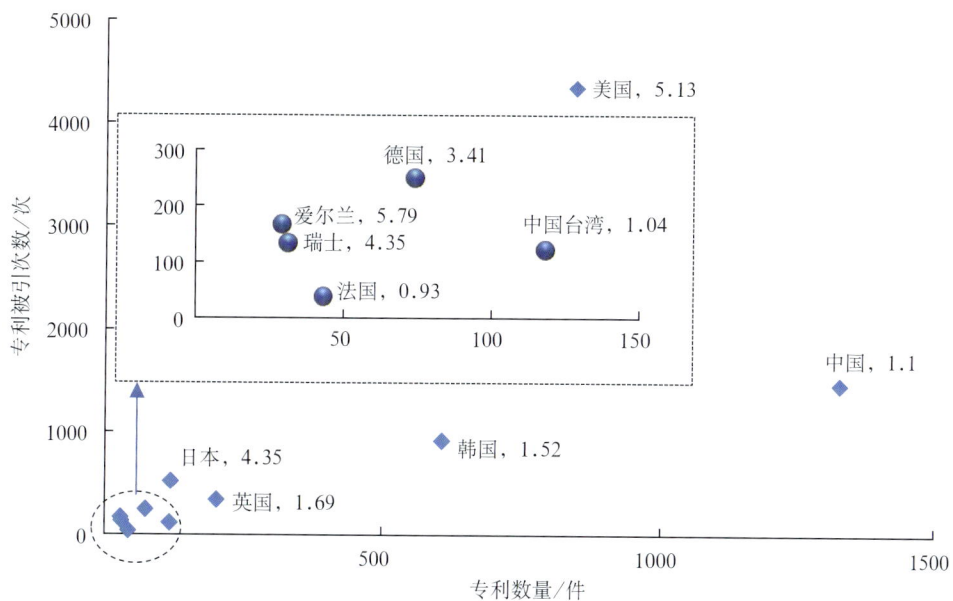

图4-6　类石墨烯二维材料领域专利申请数量全球排名居前10位的国家/地区

从图4-7来看，早在1966年，美国率先申请了类石墨烯二维材料相关专利。从20世纪90年代开始，专利申请数量居前5位的国家才开始逐步在类石墨烯二维材料领域申请专利；至2012年，专利数量仍普遍较少，专利数量缓慢增长；从2013年开始，专利数量才普遍呈快速增长趋势，尤其是中国、美国和韩国。中国在2016年以来每年的专利数量都领先于其他国家，表明中国近几年在类石墨烯二维材料方面技术创新较为活跃。

2. 论文视角

从图4-8来看，类石墨烯二维材料的论文主要分布在中国、美国、日本、德国和韩国等国家。中国和美国的论文数量远远领先于其他国家，分别为11 631篇和10 640篇，而之后的日本仅为2089篇。从平均被引次数来看，爱尔兰和瑞士最高，分别为110.79次和100.93次；在论文发表数量居前10位的国家中，新加坡最高，为62.61次，反映出其论文质量普遍较高，而中国仅为26.69次，高质量论文所占比例有待提升。

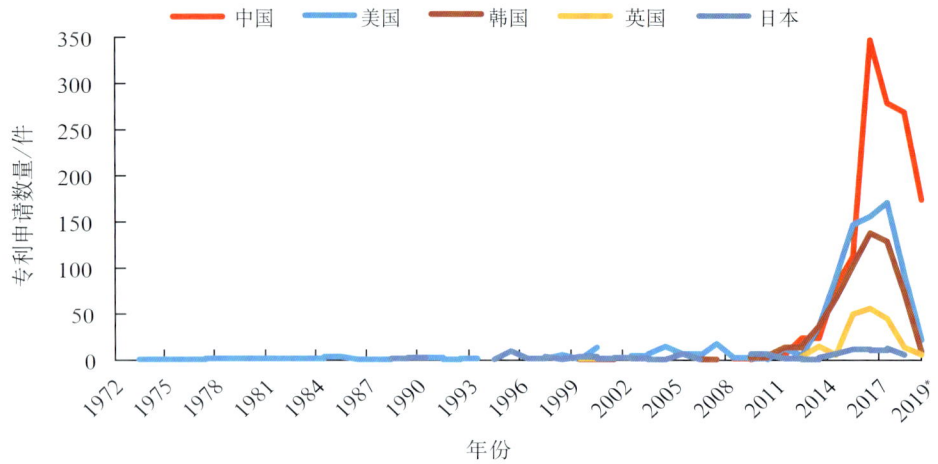

* 表示该年数据为不完全统计。

图4-7　类石墨烯二维材料领域专利申请数量全球排名居前5位国家的历年趋势

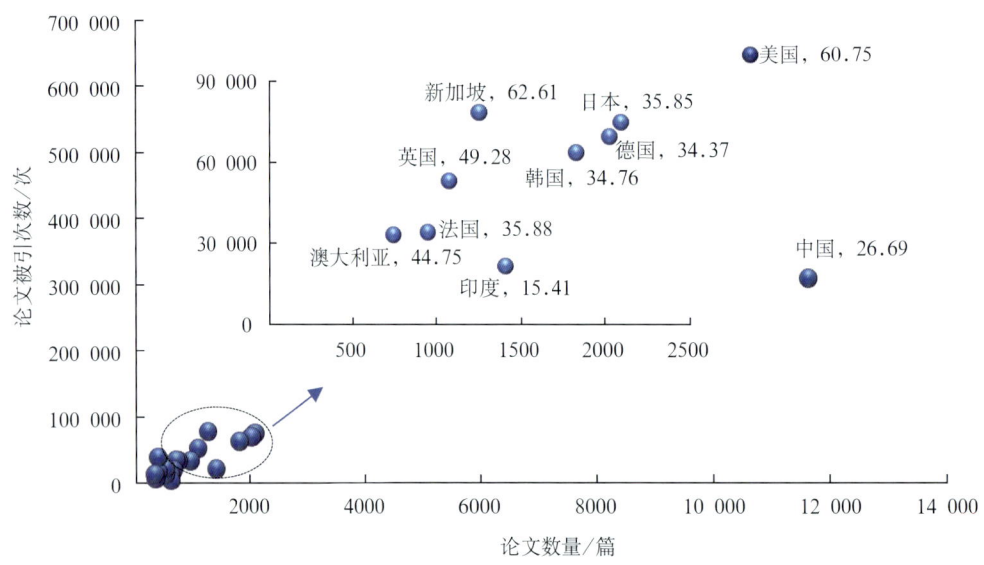

注：国家后所列数字为论文的平均被引次数。

图4-8　类石墨烯二维材料领域论文发表数量全球排名居前10位的国家

从图4-9和图4-10来看，在20世纪90年代之前，类石墨烯二维材料的论文产出主要以美国、日本和德国为主，三国论文数量占比可达70%~80%，其中，美国论文数量占比近50%，论文被引次数占比近60%。1991年以来，中国论文数量及被引次数占比不断增加，尤其是2012年以来，中国论文数量占比已达46.11%，中国论文被引次数由1991—2011年的3.25%一跃增为2012—2019年的30.30%，而美国论文数量占比虽下降至约25%，被引次数占比下降至约36%，国际影响力仍在全球领先。

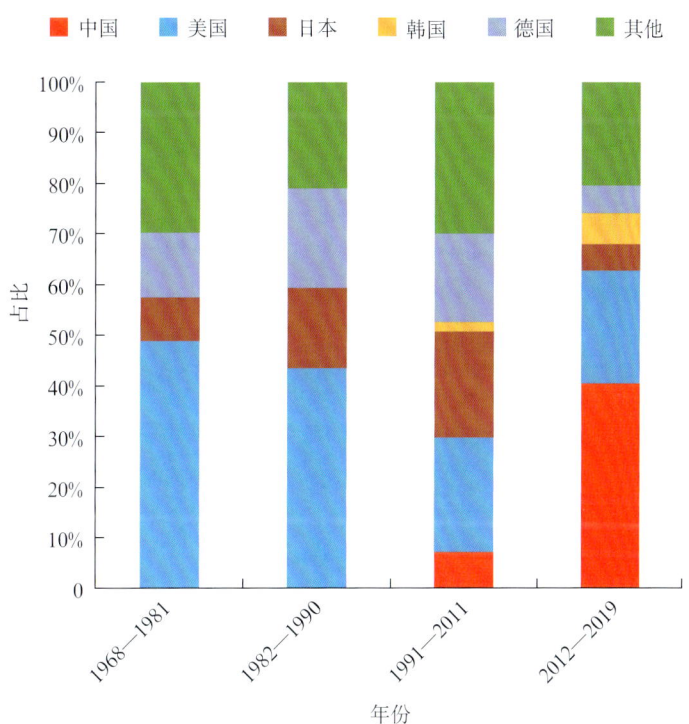

图4-9　类石墨烯二维材料领域主要国家不同时间区间论文数量占比变化情况

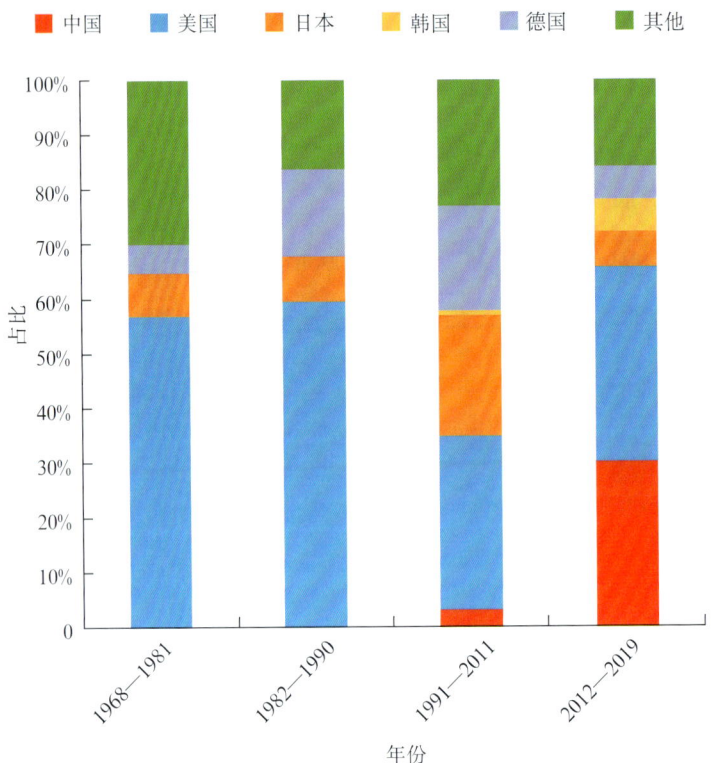

图 4-10　类石墨烯二维材料领域主要国家不同时间区间论文被引次数占比变化情况

（三）城市竞争格局

从城市集中分布情况来看（图 4-11），全球范围内居前 20 位的城市的论文数量总占比为 44.21%，与全球其他城市合作的论文数量占比为 23.17%，而中国居前 5 位的城市总占比为 49.16%，与中国其他城市的合作论文数量占比为 22.56%。这说明全球和中国范围内的类石墨烯二维材料领域相关研究成果的分布相对集中于全球居前 20 位的城市和中国居前 5 位的城市。

4 类石墨烯二维材料前沿态势报告

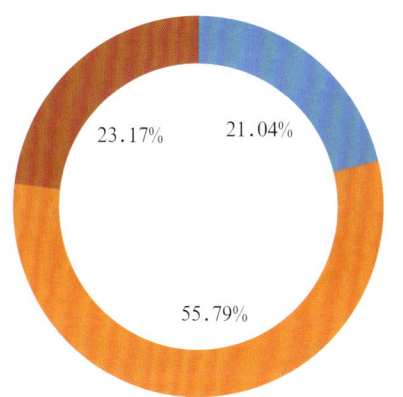
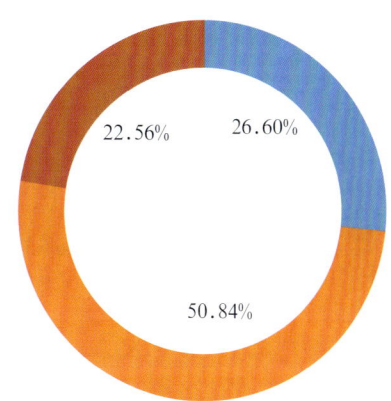

图 4-11 类石墨烯二维材料领域全球及中国城市论文数量集中分布情况

从图 4-12 来看，类石墨烯二维材料领域相关论文的数量全球排名居前 20 位的城市主要分布在中国、美国、韩国、日本和新加坡，其中有 14 个城市来自于中国，美国和韩国的城市各有 2 个，日本和新加坡各 1 个。中国城市论文的平均被引次数相对较低。论文数量较多的城市主要为北京、南京、新加坡和上海，均高于 1200 篇。其中，北京为 2880 篇，论文被引次数为 103 129 次，远远高于其他城市，但中国城市的平均被引次数相对较低，如北京为 35.81 次，而新加坡不仅论文数量多，平均被引次数也很高，可以达到 62.69 次，反映其论文质量相对来说更高。美国城市坎布里奇和伯克利的论文数量相对来说并不高，但平均被引次数远高于其他城市，其平均被引次数分别高达 94.13 次和 74.25 次。韩国城市首尔和水原的论文数量分别为 856 篇和 479 篇，而水原的平均被引次数（39.66 次）要高于首尔（31.50 次）。日本筑波的论文数量为 690 篇，但平均被引次数为 48.57 次，均高于中国的城市。

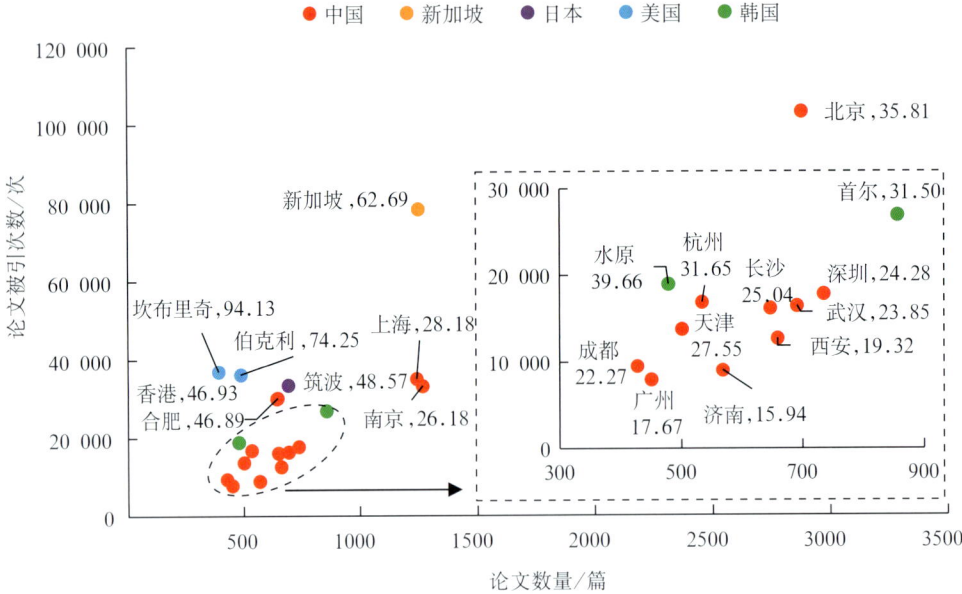

图 4-12　类石墨烯二维材料领域论文数量全球排名居前 20 位的城市

从图 4-13 来看，类石墨烯二维材料论文数量中国排名居前 5 位的城市为北京、南京、上海、深圳和武汉。而从平均被引次数来看，台北最高，为 77.26 次，其次为

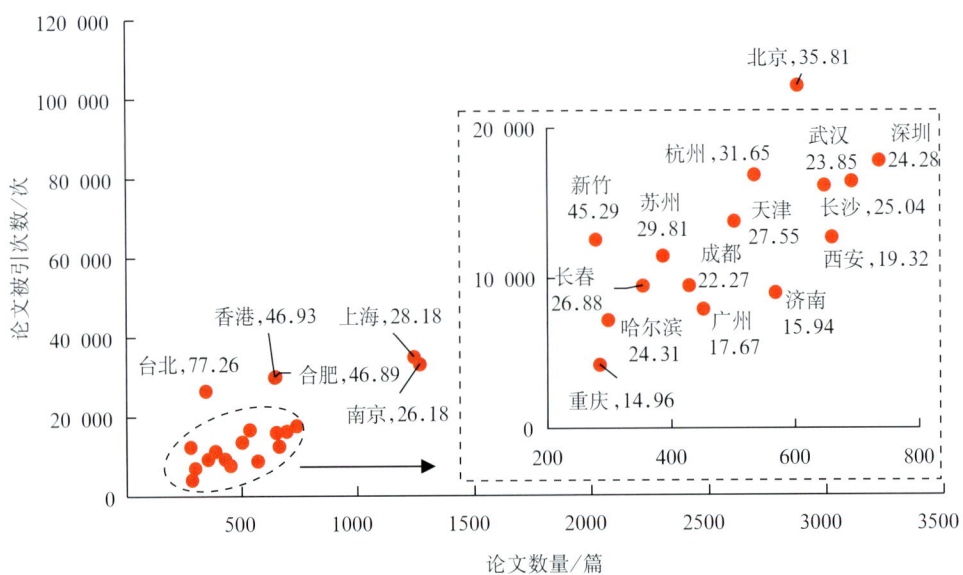

图 4-13　类石墨烯二维材料领域论文数量中国排名居前 20 位的城市

香港（46.93次）、合肥（46.89次）、新竹（45.29次）、北京（35.81次）和杭州（31.65次），其余城市的平均被引次数均小于30次。

（四）机构竞争格局

1. 专利视角

从图4-14来看不同机构类型机构申请专利占比情况，全球范围内2010年以前以企业为主，占比近90%，之后大幅下降至仅37%，同时高校和科研机构占比不断增加，高校由之前的近10%迅速增至40%~45%，科研机构由之前的近5%~7%增至17%~21%。

中国不同阶段的专利占比则与全球存在较大差异，2000年后开始出现专利成果，主要以高校、科研机构和企业为主，高校占比逐步攀升，科研机构和企业逐步降低。其中，高校由45%升至67%，科研机构由33%降至18%，而企业则由22%降至15%。

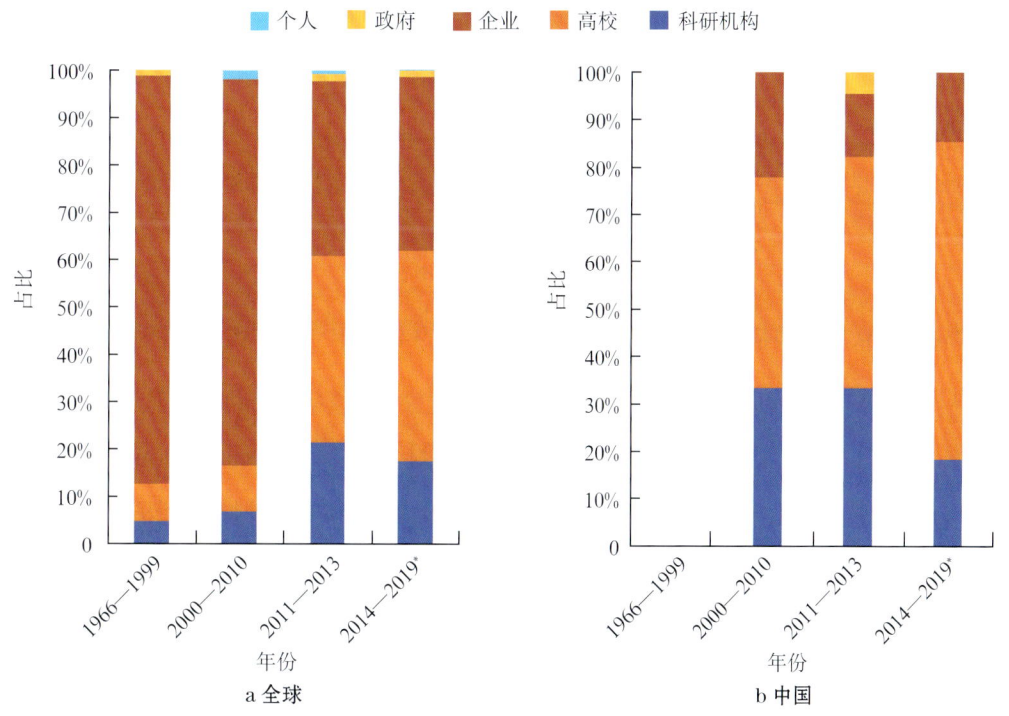

* 表示该年数据为不完全统计。

图4-14 类石墨烯二维材料领域全球及中国不同类型机构申请专利占比情况

从图 4-15 来看，类石墨烯二维材料领域全球排名居前 5 位的专利申请机构包括三星电子（Samsung Electronics）、中国科学院、曼彻斯特大学（University of Manchester）、台积电和清华大学。

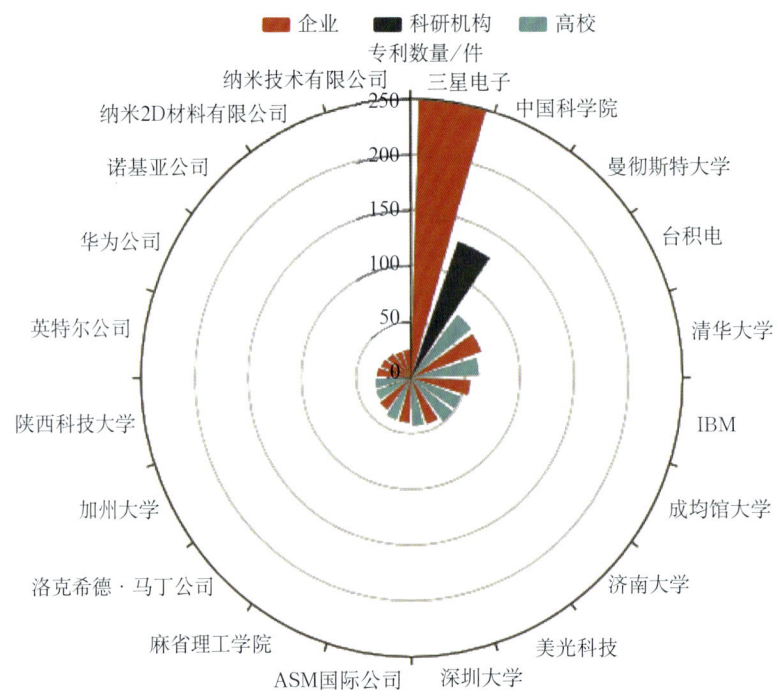

图 4-15　类石墨烯二维材料领域全球排名居前 20 位的专利申请机构

类石墨烯二维材料领域全球排名居前 20 位的专利申请机构以企业和高校为主，包括 11 家企业、8 所高校和 1 家科研机构。其中，中国共计 7 家机构，分别为中国科学院、清华大学、济南大学、深圳大学、陕西科技大学、台积电和华为公司，表明中国在类石墨烯二维材料产业中，企业还不是开展该技术领域创新活动的主体，离研究成果转化及产业化的距离还较大。美国共计 6 家机构，分别为 IBM、美光科技、洛克希德·马丁公司、英特尔、麻省理工学院和加州大学。英国共计 3 家机构，分别为 Nanoco、Nanoco 2D Materials 和曼彻斯特大学。韩国有 2 家机构，分别为三星电子和成均馆大学。荷兰和芬兰各有 1 家机构，分别为 ASM 国际公司和诺基亚。韩国企业虽然只有1家，即三星电子，但专利申请数量却位居第一，远远领先于其他机构，表明该企业的技术研发能力及市场转化能力很强。中国科学院紧随其后，在该领域有许多专利成果。

从图4-16来看，类石墨烯二维材料领域中国居前20位的专利申请机构以高校为主，包括16所高校、3家科研机构和2家企业。中国在该领域的专利申请机构与世界专利申请机构以企业为主的属性不相一致，表明中国类石墨烯二维材料的研究创新主体在于高校和科研机构中，离研究成果转化及产业化的距离还较大。其中，中国科学院排名第一，其次为台积电、清华大学、济南大学和深圳大学等。类石墨烯二维材料在很多领域都表现出巨大的发展潜力，但单晶薄膜的大面积制备、分层与剥离、缺陷及界面干扰等问题仍是制约二维材料应用的瓶颈，离实际应用也还存

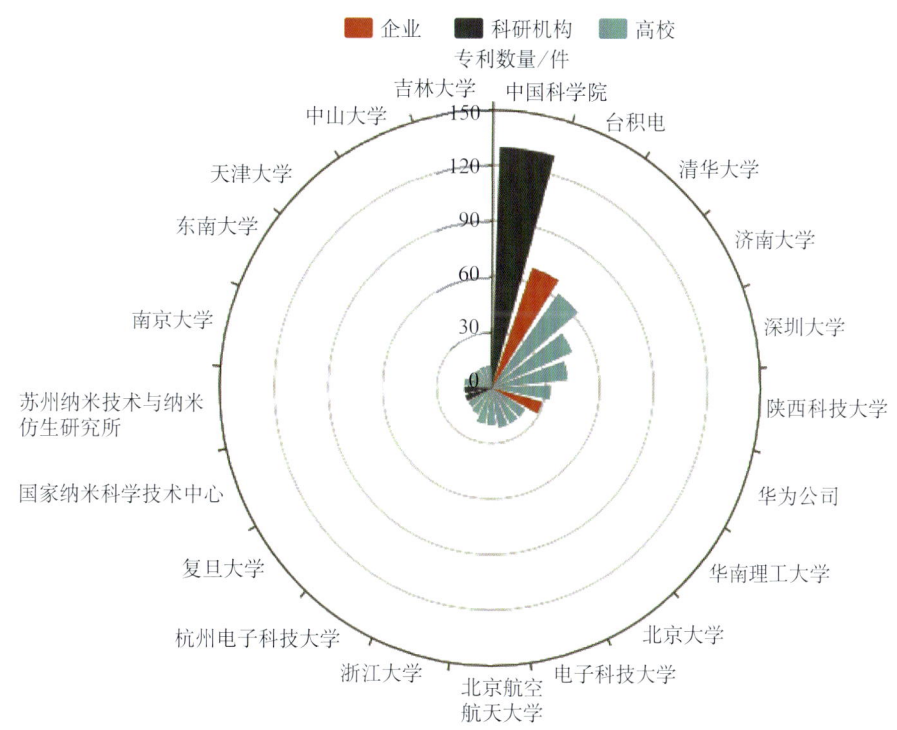

图4-16 类石墨烯二维材料领域中国排名居前20位的专利申请机构

在着相当长的距离,这也可能是中国主要专利申请机构中企业较少的原因。

2. 论文视角

从不同类型机构发表论文占比来看(图4-17),类石墨烯二维材料基础研究主要集中于高校。全球高校论文数量占比为70%~80%,科研机构占比在不断提升,由早期的近10%升至近期的25%左右。而对于中国,相关研究从1991年才开始,高校占比持续保持在70%,科研机构占比约为25%,而企业占比近期相对有所回落。

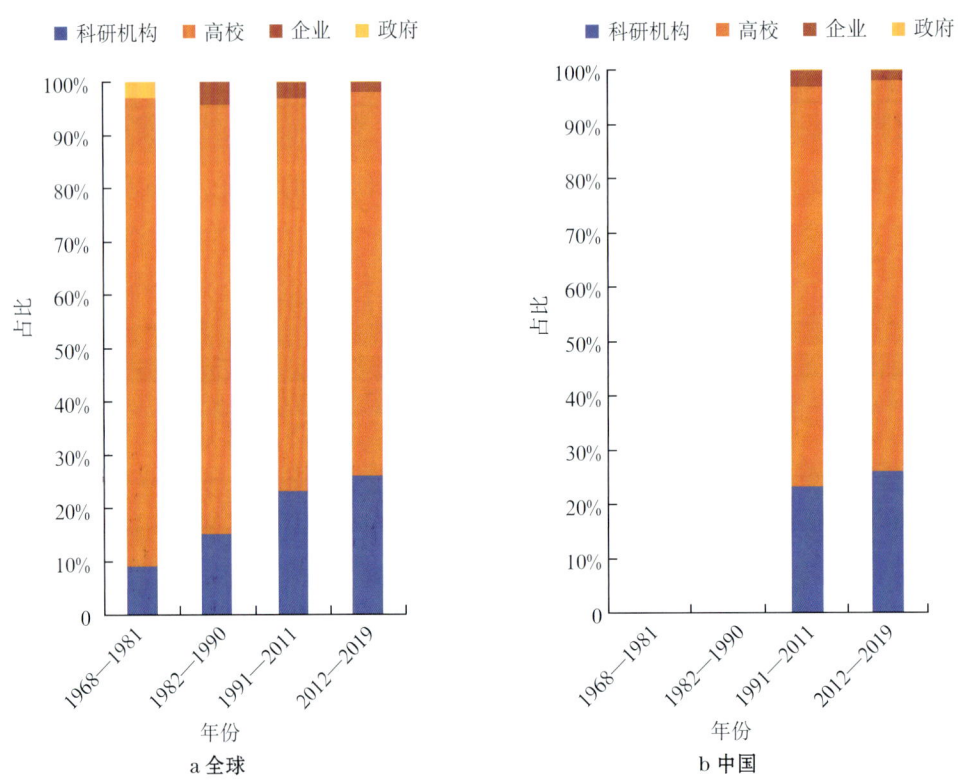

图4-17 类石墨烯二维材料领域全球及中国不同类型机构发表论文占比情况

从图4-18来看,类石墨烯二维材料领域全球排名居前5位的论文发表机构包括中国科学院、美国能源部、加州大学系统、法国国家科研中心和北京大学。中国科学院的论文数量远远高于其他机构,为2616篇,而其后的美国能源部仅为1070篇,但结合平均被引次数来看,中国科学院则比较低,但美国和新加坡相关机构的平均被引次数普遍较高，如新加坡南洋理工大学、美国能源部，分别为90.89次和77.89次，其次为美国加州大学系统和新加坡国立大学。从国别来看，居前20位的机构中有8家机构属于中国，美国、新加坡分别有3家机构，日本有2家机构，另外，韩国、法国、俄罗斯和印度分别有1家机构，表明中国机构在该领域基础理论研究中的强势地位。

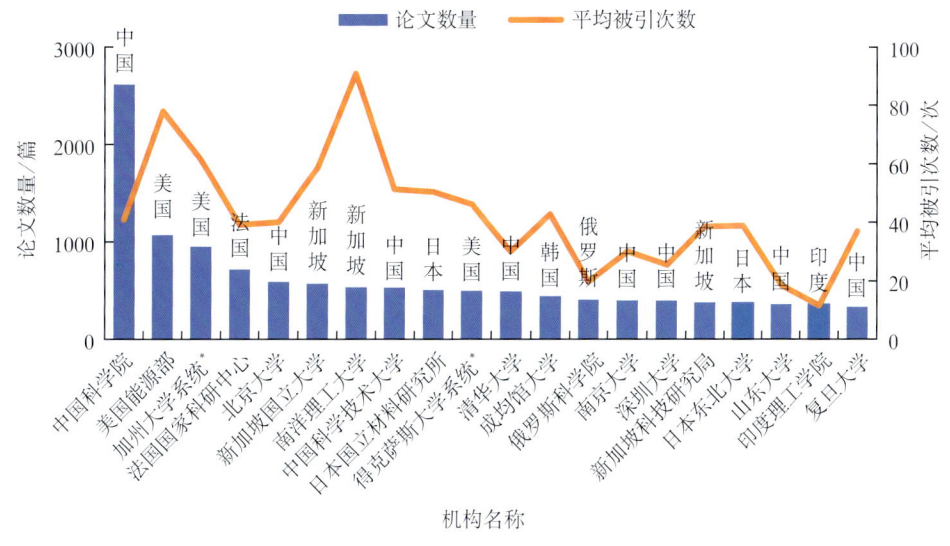

*包含了对应分校的数据。

图4-18 类石墨烯二维材料领域全球排名居前20位的论文发表机构

从图4-19来看，在类石墨烯二维材料领域中国排名居前20位的论文发表机构中，中国科学院为2616篇，远远领先于国内其他机构，北京大学和中国科学技术大学以590篇和532篇分别位列第二和第三。排名居前20位的论文发表机构中有17所高校和3家科研机构，表明中国高校普遍在该领域进行了基础理论研究，这些高校多为"双一流大学"，如北京大学、中国科学技术大学、清华大学、南京大学等，而深圳大学和苏州大学除外，这也反映出深圳和苏州本地对类石墨烯二维材料这一热门领域的支持。深圳大学相关论文主要为2014年以来所发表，与新加坡国立大学、中国科学院都进行了多次合作，特聘教授张晗团队发表论文较多；苏州大学相关论文主要为2013年以来所发表，与中国科学院、澳大利亚莫纳什大学合作较多，功能纳米与软物质研究院特聘教授鲍桥梁（现为澳大利亚莫纳什大学副教授）、苏有勇及马里奥·兰萨（Mario Lanza）副教授等团队发表论文较多。台湾"中央研究院"则排名第 20 位，但它的平均被引次数最高，反映出该研究院高质量论文占比较高。

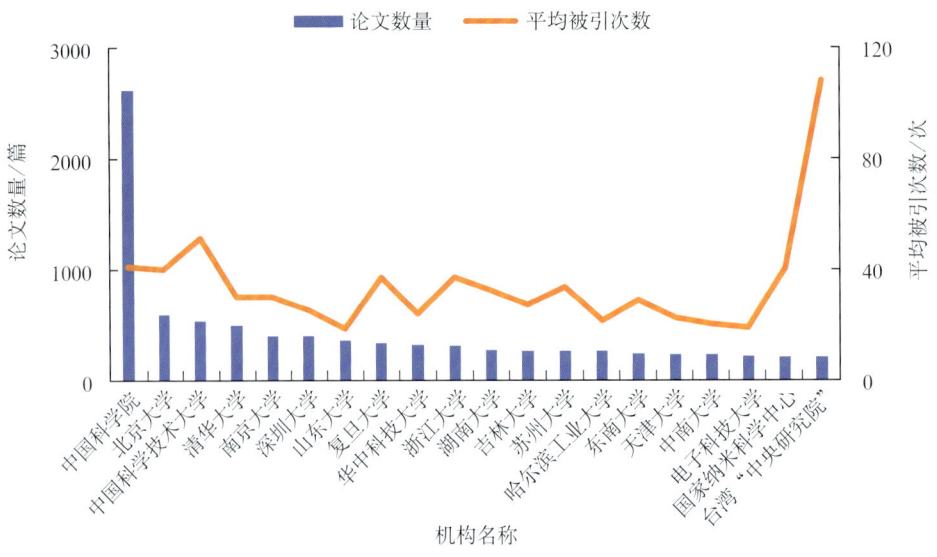

图 4-19　类石墨烯二维材料领域中国排名居前 20 位的论文发表机构

（五）区域合作

1. 国家合作

类石墨烯二维材料领域主要国家间专利和论文合作情况如图 4-20 和图 4-21 所示。全球专利的国家合作成果数量较论文合作成果数量低 2 个数量级，在国家间加大对类石墨烯二维材料基础研究的同时，应用合作研究相当缓慢。其中，美国、英国和中国台湾对外合作形成的成果相对较多，而德国、中国等国合作申请专利数量较少。这些国际合作主要为英国、中国台湾与美国的合作。论文合作方面，中国、美国各自的合作研究成果均高于 3600 篇，远远领先于其他国家，如之后的日本、德国、新加坡、英国和韩国等。其中，中国与美国之间开展了最为广泛的合作交流，合作成果高达 1600 篇，此外，中国与新加坡、澳大利亚，以及美国与韩国、日本、新加坡等都具有较多的基础研究合作成果。

4 类石墨烯二维材料前沿态势报告

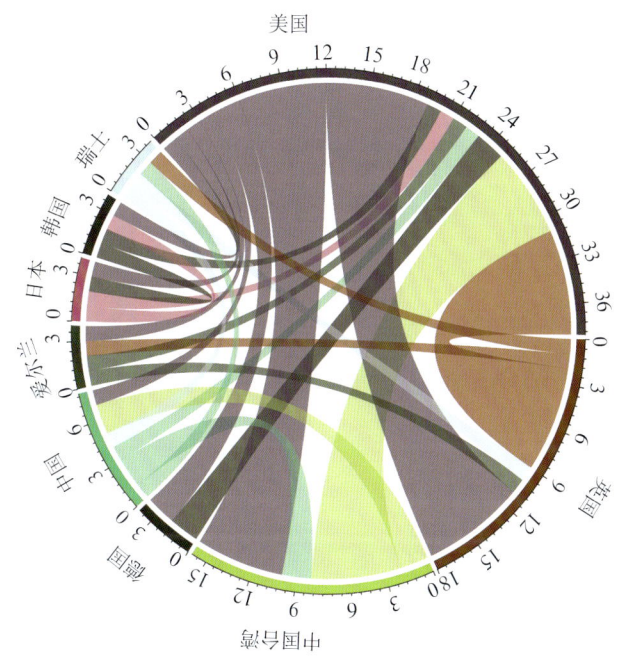

图 4-20 类石墨烯二维材料领域主要国家/地区间专利合作情况

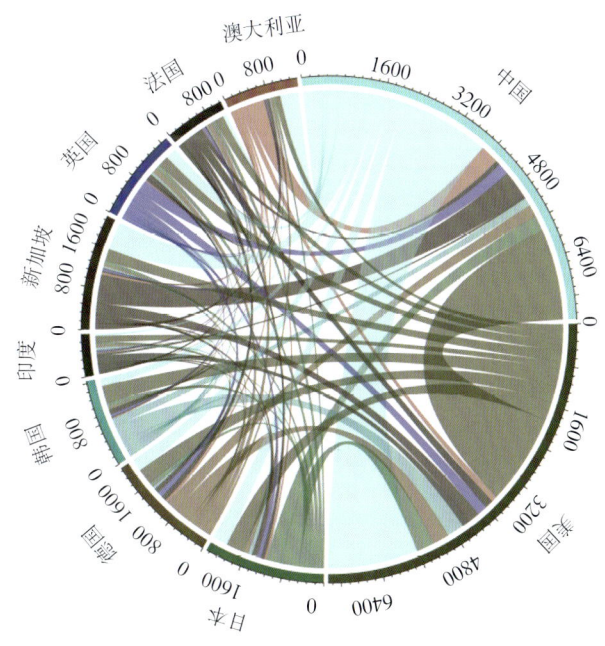

图 4-21 类石墨烯二维材料领域主要国家间论文合作情况

2. 城市合作

类石墨烯二维材料领域全球主要城市间论文合作情况如图 4–22 所示，主要包括中国、美国、日本、韩国和新加坡等国家的城市。其中，中国城市最多，包括北京、上海、南京、深圳、香港、合肥、武汉、长沙、西安、台北等；其次为美国，包括坎布里奇、伯克利、休斯敦、纽约、费城等；日本包括筑波、仙台和东京等；韩国包括首尔和水原等。

从这些主要城市的论文合作成果数量上来看，主要城市仍以与国内城市合作为主，如中国北京与上海、南京、深圳和合肥，韩国首尔和水原等，合作成果普遍在 100 篇以上，日本东京和筑波合作成果为 62 篇，而美国城市间的合作成果相对较少。另外，北京、南京、上海、新加坡、深圳等和这些主要城市均进行了合作研究且成果数量普遍较多，反映出其对科研重视程度及国际合作水平均较强。

	北京	上海	南京	新加坡	深圳	中国香港	合肥	筑波	武汉	长沙	首尔	西安	伯克利	坎布里奇	水原	休斯敦	纽约	中国台北	东京	仙台	费城
北京		242	124	127	123	99	104	50	89	83	15	98	59	55	8	41	14	18	5	19	15
上海	242		135	66	46	50	49	27	40	36	11	23	22	5		18	2	12	2	17	7
南京	124	135		112	40	42	72	27	24	44	7	46	18	6	7	20	9	10	2	3	5
新加坡	127	66	112		99	33	18	46	15	29	14	44	18	26	11	30	8	27	11	5	10
深圳	123	46	40	99		146	30	10	51	45	7	11	7	5	2	10		8	6	2	2
中国香港	99	50	42	33	146		35	14	45	22	6	12	6	2	9	7	1	3	2	3	6
合肥	104	49	72	18	30	35		13	22	22	6	7	30	9		14	2	4			
筑波	50	27	27	46	10	14	13		8	9	21	4	22	28	11	7	32	18	62	20	1
武汉	89	40	24	15	51	45	22	8		28	2	16	6		3	4	2	2	2	2	13
长沙	83	36	44	29	45	22	22	9	28		1	14	8	6	3	1			2	1	2
首尔	15	11	7	14	7	6	6	21	2	1		2	22	24	145	3	14	6	4	3	12
西安	98	23	46	44	11	12	7	4	16	14	2		6	7		1	15	1	1	6	3
伯克利	59	22	18	18	7	6	30	22	6	8	22	6		16	4	7	13	18	12		5
坎布里奇	55	5	6	26	5	2	9	28		6	24	7	16		10	8	22	10	6	6	7
水原	8		7	11	2	9		11	3	3	145		4	10		1	13	3		2	3
休斯敦	41	18	20	30	10	7	14	7	4	1	3	1	7	8	1		1	1	2	2	6
纽约	14	2	9	8		1	2	32	2		14	15	13	22	13	1		2	1	1	11
中国台北	18	12	10	27	8	3	4	18	2		6	1	18	10	3	1	2		12	4	4
东京	5	2	2	11	6	2		62	2	2	4	1	12	6		2	1	12		26	
仙台	19	17	3	5	2	3		20	2	1	3	6		6	2	2	1	4	26		2
费城	15	7	5	10	2	6		1	13	2	12	3	5	7	3	6	11	4		2	

图 4–22 类石墨烯二维材料领域全球主要城市间论文合作情况（单位：篇）

四、未来展望

先进材料对于经济可持续发展、环境、能源、医学等人类福祉尤为重要。当前，我国的制造业正处于由大转强的关键时期，类石墨烯二维材料这一新材料或先进材料将有助于加快制造业转型升级、带动相关下游产业进步，甚至有可能带来行业的颠覆性创新。类石墨烯二维材料的优异特性备受关注，潜在应用价值巨大，有望成为未来工业中的各种功能材料。它的进步日新月异，一旦在批量生产技术上产生突破，或将迎来比石墨烯更为广阔的市场。

全球类石墨烯二维材料当前的基础研究和应用研究成果主要集中在美国、中国、日本、韩国、英国和德国等国家。在机构、国家合作层面方面差别较大，其中，基础研究机构主要集中在中国科学院、美国能源部、加州大学系统、法国国家科研中心和北京大学，而应用研究机构主要集中在三星电子、中国科学院、曼彻斯特大学、台积电和清华大学等；基础研究的国家合作成果数量远高于应用研究，美国普遍与其他主要国家展开合作研究，中国在基础研究方面广泛同美国、新加坡等展开合作，在应用研究的国际合作方面普遍较少。

中国类石墨烯二维材料的基础研究和应用研究成果数量上均在全球领先，但国家、城市及机构层面的研究成果质量均有较高的提升空间。未来需加强对基础研究质量的提升，同时提升应用研究数量与质量，持续与实力强劲的国家和机构合作，共同推动技术研发和创新。

类石墨烯二维材料在面对未来大规模的市场化应用时，相关性能一定程度上还需要大幅提升，未来在以下方面仍需要注意。

一是在材料合成方面，从产量、质量、数量及产率等来看，类石墨烯二维材料离工业化和商业化生产仍有很长的路要走，需要加强学术界和工业界的密切合作，逐步向成本较低、高效、大规模制备高质量的类石墨烯二维材料方向发展。

二是在材料表征和应用方面，目前制备出来的类石墨烯二维材料物理和/或化学稳定性相对较低，搞清楚类石墨烯二维材料的生长机制至关重要且并不容易，如何设计性能优异、稳定性好的类石墨烯二维材料迫在眉睫。

三是在材料种类方面，已探索出的类石墨烯二维材料种类仅为冰山一角，未来材料基因技术将大大提升新型类石墨烯二维材料的研发时间，并降低成本，该方法更加灵活,可以针对具有不同用途的特定特性目标材料进行不同的筛选。

四是在材料商业标准方面,需及时制定并统一工业界的取样和测试标准。已有标准虽然明确规定了结构等信息,但计算方法、测试仪器及所选数据位置等的不同也使得产品差距依旧很大,统一、快速、廉价且无损的测量方法是商业标准可执行性的关键。

参考文献

[1] FLÖRY N,MA P,SALAMIN Y,et al. Waveguide-integrated van der Waals heterostructure photodetector at telecom wavelengths with high speed and high responsivity [J]. Nature nanotechnology,2020,15:118–124.

[2] FU S,KANG K,SHAYAN K,et al. Enabling room temperature ferromagnetism in monolayer MoS2 via in situ iron-doping [J]. Nature communications,2020,11(1):2034.

[3] GIBNEY E. The super materials that could trump graphene [EB/OL]. (2015–06–17) [2019–12–05]. https://www.nature.com/news/the-super-materials-that-could-trump-graphene-1.17775.

[4] GUO Y,ZHONG M,FANG Z,et al. A wearable transient pressure sensor made with MXene nanosheets for sensitive broad-range human-machine interfacing [J]. Nano letters,2019,19:1143–1150.

[5] HAN B,LIN Y,YANG Y,et al. Deep-learning-enabled fast optical identification and characterization of 2D materials [J]. Advanced materials,2020,32:2000953.

[6] LI J,YANG X,LIU Y,et al. General synthesis of two-dimensional van der Waals heterostructure arrays [J]. Nature,2020,579(7799):1–7.

[7] LI L,YU Y,YE G,et al. Black phosphorus field-effect transistors [J]. Nature nanotech,2014,9:372–377.

[8] LIN H,ZHU Q,SHU D,et al. Growth of environmentally stable transition metal

selenide films [J]. Nature materials, 2019, 18: 602–607.

[9] MANZELI S, OVCHINNIKOV D, PASQUIER D, et al. 2D transition metal dichalcogenides [J]. Nature reviews materials, 2017, 2: 17033.

[10] MASUBUCHI S, WATANABE E, SEO Y, et al. Deep-learning-based image segmentation integrated with optical microscopy for automatically searching for two-dimensional materials [J]. npj 2D materials and applications, 2020, 4（3）.

[11] MING F, LIANG H, ZHANG W, et al. Porous MXenes enable high performance potassium ion capacitors [J]. Nano energy, 2019, 62: 853–886.

[12] MOLLE A, GRAZIANETTI C, TAO L, et al. Silicene, silicene derivatives, and their device applications [J]. Chemical society reviews, 2018, 47: 6370–6387.

[13] PEPLOW M. Graphene's cousin silicene makes transistor debut [EB/OL].（2015-02-02）[2019-12-05]. https://www.nature.com/news/graphene-s-cousin-silicene-makes-transistor-debut-1.16839.

[14] PUMERA, MARTIN, SOFER, et al. 2D monoelemental arsenene, antimonene, and bismuthene: beyond black phosphorus [J]. Advanced materials, 2017, 29: 1605299.

[15] RYDER C, WOOD J, WELLS S, et al. Covalent functionalization and passivation of exfoliated black phosphorus via aryl diazonium chemistry [J]. Nature chemistry, 2016, 8（6）: 597–602.

[16] WANG X, BAI L, LU J, et al. Rapid activation of platinum with black phosphorus for efficient hydrogen evolution [J]. Angewandte chemie international edition, 2019, 58（52）: 19060–19066.

[17] WIGGERS F B, FLEURENCE A, AOYAGI K, et al. Van der Waals integration of silicene and hexagonal boron nitride [J]. 2D materials, 2019, 6（3）: 35001.

[18] XIE S Y, WANG Y, LI X B. Flat boron: a new cousin of graphene [J]. Advanced materials, 2019, 31（36）: 1900392.

[19] ZHANG H, CHENG H, YEI P. 2D nanomaterials: beyond graphene and transition

metal dichalcogenides [J]. Chemical society reviews,2018,47:6009−6012.

[20] ZHOU J,SHEN L,COSTA M D,et al. 2DMatPedia,an open computational database of two-dimensional materials from top-down and bottom-up approaches [J]. Science data,2019,6:86.

5 基因编辑前沿态势报告

基因编辑，指根据科研或临床等实际需要对基因组的脱氧核糖核酸（deoxyribonucleic acid，DNA）进行插入、删除、修改或替换等操作。DNA是由腺嘌呤（A）、胸腺嘧啶（T）、胞嘧啶（C）和鸟嘌呤（G）4个碱基构成的双螺旋结构的生物大分子，DNA序列储存了生物体的遗传信息。通过基因编辑技术对DNA序列进行插入、删除、修改或替换，可以改变生物体的性状。由于基因组编辑是针对特定位点进行的，因此基因编辑具有准确性和高效性。基因编辑技术作为一种颠覆性技术，在解决人类发展面临的健康、资源、环境等方面展现出巨大前景，在医学、农业、工业等领域引发了巨大的变革，使生命科学的研究从"认识生命过程"迈向"改造生命过程"的阶段。

一、发展历程

从1865年现代遗传学之父孟德尔发现遗传规律开始，到1953年剑桥大学两位年轻科学家沃森和克里克发现脱氧核糖核酸DNA是由两条核苷酸链组成的双螺旋结构，再到现如今在人类细胞上实现基因组的定向修饰，科学家从未停止对生物遗传信息的研究。如图5-1所示，基因编辑技术的产生是在基础学科不断发展的基础上产生的，是科学家在该领域长期探索与研究中产生的，这与相关基础科学的进步密不可分。

（一）分类

基因编辑技术是指特异性改变目标基因序列的技术，目前主要的基因编辑技术都是基于如下原理：在细胞内利用外源切割复合体的特异性识别并切割目的基因序列，在目的基因序列上制造断裂端，这种断裂端随即会被细胞内部的DNA损伤修复系统修复，从而实现对基因序列的特异性改变。目前，多种高效的DNA靶向内切酶被发现，其中以大范围核酸酶（meganuclease）、锌指核酸酶（zinc finger nucleases，ZFN）、转录激活因子核酸酶（transcription activator-like effector nucleases，TALEN）、成簇规律间隔短回文重复（cluster regularly interspaced short palindromic repeats，CRISPR）系统应用最为广泛。

5 基因编辑前沿态势报告

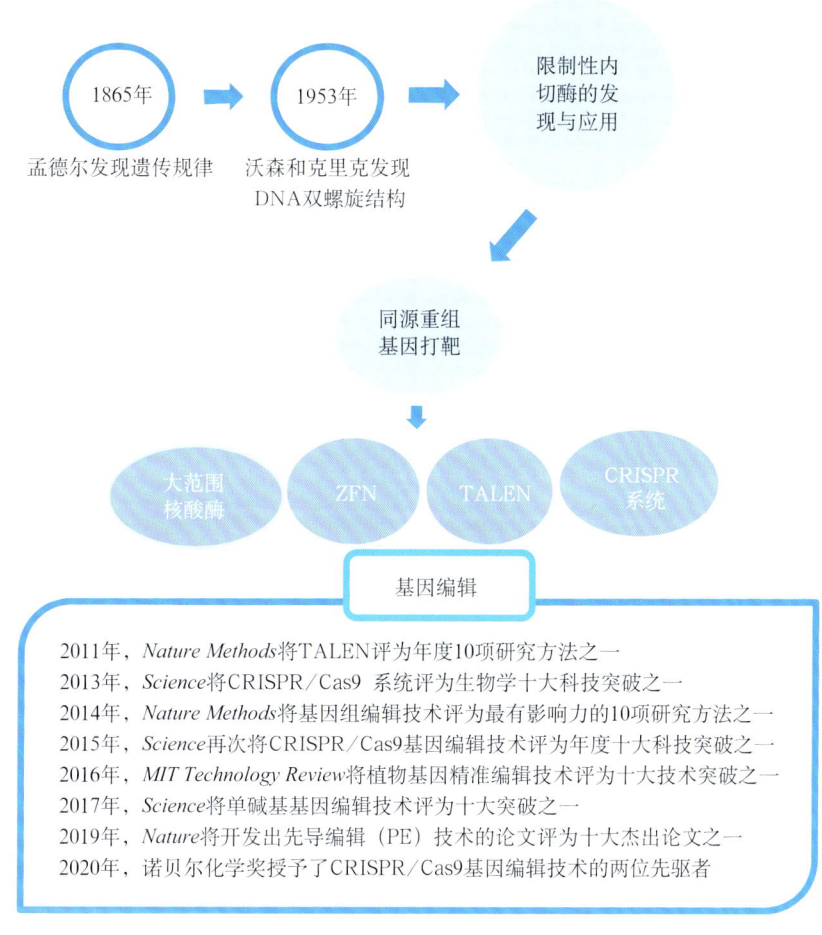

图 5-1 基因编辑技术的产生及分类

1. 大范围核酸酶技术

大范围核酸酶可以特异识别 12~40 bp 的 DNA 片段。1985 年，大范围核酸酶 I-SceI 被发现，可特异性识别 18 bp 的 DNA 片段，被用于辅助基因编辑。但大范围核酸酶在基因编辑应用方面有重大瓶颈：一是天然大范围核酸酶种类有限，对于人类大部分基因找不到对应的酶进行识别；二是大范围核酸酶的识别与剪切两种功能利用的是同一结构，改造识别结构域的时候会影响剪切活性。

2. 锌指核酸酶（ZFN）技术

ZFN 由锌指蛋白结构域和切割结构域（Fok I）两部分构成。锌指蛋白结构域能够识别 DNA 片段，切割结构域则发挥剪切作用。1996 年，美国约翰·霍普金斯大学的研究团队首次将 3 个串联的锌指结构域与 Fok I 的 C 端内切酶结构域通过一段连接蛋白融合，制造出第一个嵌合型核酸内切酶 ZFN。ZFN 发挥活性时往往采用同源二聚体方式，避免了脱靶效应的发生。2002 年，研究人员在果蝇体内成功使用 ZFN 技术，证实其在细胞内也可对靶 DNA 起识别与剪切作用，因此 ZFN 成为基因编辑领域的新热点。2003 年，美国科学家在人类细胞中使用 ZFN 技术实现基因编辑。ZFN 技术在应用中也存在缺陷：①在基因组上找到合适的 ZFN 靶点比较困难；②对于每一个特定的靶点，需要构建庞大的锌指表达文库，很难筛选出高效且特异结合靶序列的锌指蛋白；③工作量大、细胞毒性大、成本高。

3. 转录激活因子核酸酶（TALEN）技术

TALEN 是由转录激活因子样效应物代替锌指蛋白作为 DNA 结合域与 Fok I 核酸酶的切割域组成的基因编辑工具。1989 年 TALE（transcription activator-like effector，TALE）基因首次被发现后，直到 2007 年，才被正式命名为转录激活样效应蛋白（TALE）。2010 年，美国科学家将根据靶 DNA 序列设计的 TALE 单体串联后，通过连接蛋白与 Fok I 的 C 端内切酶结构域相连，构建出 TALEN。2011 年，TALEN 技术在人类细胞中基因编辑成功。TALEN 和 ZFN 两种人工核酸内切酶的原理是类似的，但 TALEN 比 ZFN 的技术难度小、应用成本低、细胞毒性小。由于 TALE 单体的串联设计存在不确定性，且针对不同的靶点，每次都需要构建新的 TALEN，导致工作程序烦琐，因此其应用也受到了限制。

4. 成簇规律间隔短回文重复（CRISPR）技术

CRISPR 是在细菌和古生菌基因组中发现的重复 DNA 序列片段，序列附近的编码基因为 CRISPR 相关因子（CRISPR-associated，Cas），参与 CRISPR 生物学功能。2002 年，这些回文重复序列被正式命名为 CRISPR。CRISRP/Cas 是由 RNA 导向的一种基因组编辑系统。2007 年，法国微生物学家证明 CRISRP/Cas 是一种细菌获得性免疫系统，引起科学家对其在基因编辑领域应用的研究兴趣。2012 年，美国结构生物学家将 crRNA（CRISPR RNA）与反式激活 CRISPR RNA（trans-activating crRNA， tracrRNA）两种 RNA 结合，形成单链引导 RNA（single guide RNA，sgRNA），其中 crRNA 负责与靶 DNA 配对识别，tracrRNA 负责维持空间结构，在 RNA 指导的核酸酶 Cas9 催化下，完成对靶 DNA 双链的特异剪切。2013 年，美国麻省理工学院的张锋研究团队在哺乳细胞内完成靶基因编辑。

ZFN 与 TALEN 都是人工改造的核酸酶系统，由 DNA 识别结构域和 DNA 切割结构域两个部分构成。在实际操作中，二者都由于人工构建与设计需要耗费大量的时间与成本，门槛较高。CRISPR 系统是存在于多种微生物中的一种蛋白质与 RNA 复合物系统。CRISPR 系统具有操作简单、成本低廉等优点，迅速成为应用最广泛的一种基因编辑技术。但 CRISPR 系统可编辑的基因组位点有 DNA 序列的限制，以及其脱靶效应均限制了 CRISPR 系统的应用。大范围核酸酶、ZFN 与 TALEN 并没有完全被 CRISPR 系统取代，它们也有各自独特的技术优势。

（二）应用

目前，基因编辑技术的应用前景十分广泛，在医学、农业与工业等领域，已经成为推动持续绿色发展的重要驱动力。如图 5-2 所示，在基础研究方面，基因编辑技术在解析生命本质、生长和发育的机制上发挥着重要作用；在治疗诊断方面，基因突变导致的许多疾病可通过基因编辑技术在基因水平上进行错误序列的矫正从而治愈疾病；在生物制造方面，基因编辑技术可对现有有机体进行重新设计合成，高

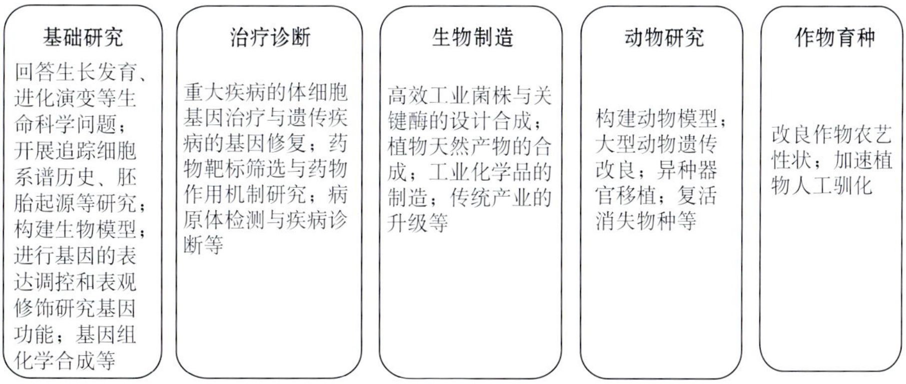

基础研究	治疗诊断	生物制造	动物研究	作物育种
回答生长发育、进化演变等生命科学问题；开展追踪细胞系谱历史、胚胎起源等研究；构建生物模型；进行基因的表达调控和表观修饰研究基因功能；基因组化学合成等	重大疾病的体细胞基因治疗与遗传疾病的基因修复；药物靶标筛选与药物作用机制研究；病原体检测与疾病诊断等	高效工业菌株与关键酶的设计合成；植物天然产物的合成；工业化学品的制造；传统产业的升级等	构建动物模型；大型动物遗传改良；异种器官移植；复活消失物种等	改良作物农艺性状；加速植物人工驯化

图 5-2 基因编辑技术的应用

效地驱动生物制造发展；在动物研究方面，基因编辑技术将会在异种器官移植或灭绝动物复活上带来更多可能性；在作物育种方面，基因编辑技术将大力推动新品种的开发。

1. 基础研究

基因编辑技术在解析生命本质、生长和发育的机制上发挥着重要作用。利用功能缺失或功能获得突变体是快速寻找特定性状调控关键基因的主要方法。在基因编辑技术出现之前，基因打靶技术是建立各种研究模型的主要方法。但是，基因打靶技术效率低、后续筛选烦琐等限制了科学研究的进展。基因编辑技术则极大地增强了人类对基因的操控能力，在多种细胞类型和模式动物上可快速高效地建立研究模型，进行基因的表达调控和表观遗传修饰，为基因的功能研究提供了一个有效工具。此外，基因编辑技术还被开发成自我编辑的DNA条形码，用来开展追踪细胞系谱历史、胚胎起源等研究。

2. 治疗诊断

基因编辑技术是基因治疗的关键核心技术。基因突变导致的许多遗传性疾病，可通过基因编辑技术在基因水平上对错误DNA序列进行修正，从而有望得到治愈。目前，针对高血氨症、血友病、地中海贫血、先天性黑蒙、杜氏肌营养不良等遗传性疾病在动物模型中，都已进行了基因编辑技术的基因治疗，有效改善了病症。此外，一些传染性疾病也可通过基因编辑技术破坏病毒的遗传信息，使病毒失活或被清除，从而得到治愈。其中，艾滋病毒、B型乙肝病毒、人乳头瘤病毒、疱疹病毒等，都有研究通过基因编辑技术破坏病毒基因结构，达到治疗目的。

在核酸检测方面，基因编辑技术也能更快速、灵敏地检测出一系列病原体。利用基因编辑技术可以靶向核酸这一特点，可开发一系列用于检测样品中是否存在某种特定的核酸，从而实现即时检测病原体、基因分型和疾病监测等功能。

3. 生物制造

通过基因编辑技术设计合成与组装人工生命体用来实现更加高效、可靠和可预测的酶、工业菌株或细胞，驱动未来生物制造产业向高效、绿色、低碳、可持续发展模式转变。例如，可通过基因编辑技术实现植物蛋白、油脂或者粮食淀粉的工业高效制造，减少农药化肥的使用；制造高效生产工业化学品的细胞工厂，使大批原料药或中间体形成生物合成新工艺；制造新型工业酶，帮助纺织、食品、发酵等污染重的传统产业实现绿色升级改造。

4. 动物研究

目前，供体器官短缺成为限制器官移植技术临床广泛应用的新瓶颈。基因编辑技术，可通过敲除异种动物的免疫原性基因，表达人类的免疫调节基因，从根本上降低异种细胞的免疫原性与提高免疫调节兼容性，使异种器官移植成为可能。此外，哈佛大学遗传学家乔治·丘奇声称要利用基因编辑技术借助大象来复活消失的猛犸象。一旦"复活"猛犸象的技术成熟，就有希望推广到其他物种，甚至人类身上。乔治·丘奇还预言，随着基因工程的发展，年龄逆转将有可能在10年内成为现实。

5. 作物育种

基因编辑技术是植物基因功能研究、作物改良及新品种开发的一项重要工具。基因编辑技术可精准、快速地改良农艺性状，人工加速作物驯化，开启了作物育种的新纪元。目前，基因编辑技术已在水稻、小麦、玉米、番茄、马铃薯、大豆、西瓜等多种农作物改良中取得成功。

（三）重大事件

近年来，基因编辑技术不断发展，推动了基因编辑技术向更加精准、高效、低成本及低风险的方向发展。基因编辑技术逐渐应用于临床与农业食品等方面：基因编辑的临床试验已在中国、美国、欧洲等地区获得批准；基因编辑改造的食物也在美国、日本、澳大利亚等地区得到农业许可。同时，基因编辑公司也如雨后春笋般发展起来，不仅得到大额融资支持，上市公司也越来越多（图5-3）。

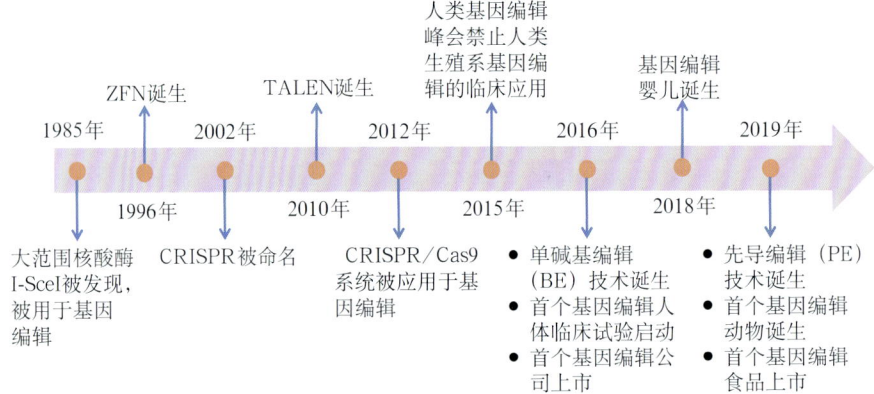

图 5-3　基因编辑技术的重大事件梳理

除了图 5-3 所示的基因编辑重大事件外，在基础研究方面，基因编辑技术也取得了许多重大突破。新型的基因编辑技术，例如，碱基编辑（base editing，BE）技术与先导编辑（prime editing，PE）技术被开发出来。碱基编辑技术是将失去催化活性的 Cas 蛋白或只有切割一条链活性的 Cas 蛋白和可作用于单链 DNA 的脱氨酶进行融合，从而实现对靶点的碱基替换。目前，依据碱基修饰酶的不同可分为胞嘧啶碱基编辑器（cytosine base editor，CBE）和腺嘌呤碱基编辑器（adenine base editor，ABE）。这两类碱基编辑系统利用胞嘧啶脱氨酶或腺苷脱氨酶对靶位点进行精准的碱基编辑，实现 C-T 或 A-G 的碱基替换。碱基编辑自 2016 年被开发出来后，由于其具有编辑效率更高、生物安全性更好的优点，得到了快速的发展。但是，碱基编辑技术有效编辑区域仍十分有限，这也因此限制了其更加广泛的应用。

2019 年，哈佛大学的刘如谦团队开发了一种新的基因编辑系统——先导编辑技术。该技术不用引入 DNA 模版，直接靶向位点，进行精准的基因编辑，而不造成 DNA 双链断裂。先导技术是将 Cas9 切口酶和反转录酶融合而成的蛋白与经过改造的向导 RNA 相结合。向导 RNA 具有双重功能，既能够将编辑蛋白引导到目标位点，又含有编辑的模板序列。在 Cas9 切割目标位点之后，反转录酶以向导 RNA 作为模板进行反转录，然后将 DNA 直接聚合到切口的 DNA 链上。碱基编辑只能实现 4 种类型的碱基替换，而先导编辑可以实现 12 种类型的碱基替换。并且，碱基编辑只能对编辑窗口内的碱基进行替换，而先导编辑可以编辑向导 RNA 指定的目标碱基。尽管先导编辑在基因编辑方面灵活性更高，副产物更少，但某些情况下，碱基编辑却是首选。例如，目标核苷酸在经典的碱基编辑窗口内，那么碱基编辑的效率会更高，插入缺失会更少。

此外，2017 年 10 月，美国麻省理工学院的张锋团队首次发现了 Cas13 基因编辑系统，可以靶向哺乳动物细胞的 RNA。2017 年 12 月，哥伦比亚大学研究团队成功将 CRISPR/Cas 改造成了一种微型记录仪，为开发细菌细胞用于疾病诊断和环境监测等用途的新技术奠定了基础。2018 年 6 月，瑞典卡罗琳学院等机构的研究人员通过研究表示，利用 CRISPR/Cas9 技术进行基因编辑治疗可能在无意中就会增加个体患癌的风险。2018 年 10 月，加州大学伯克利分校的研究团队首次发现了小巧的 Cas14 基因编辑系统。2019 年，基因编辑技术相关基础研究如雨后春笋般被发表出来。2019 年基因编辑技术重大基础研究事件如图 5-4 所示。2020 年 7 月，美国哈佛大学的刘如谦研究团队首次精准编辑了线粒体基因。2020 年 7 月，美国加州大学伯克利分校创新基因组学研究所的研究人员发现了 CasΦ 基因编辑技术，其体积是 CRISPR/Cas9 的一半，是目前最小的 CRISPR/Cas 系统。

重点科技领域前沿态势报告 2020

2019年12月24日
美国哈佛大学医学院
Nature Medicine
开发了新型基于CRISPR的基因驱动系统Pro-AG，可用于靶向扩增的抗生素抗性基因，显著提高了灭活细菌耐药性基因的效率

2019年12月16日
美国加利福尼亚大学圣地亚哥分校
Nature communication
对来自英国生物银行的全基因组基因分型数据和全基因组测序数据进行了联合分析，结果显示：没有证据表明CCR5-Δ32缺失突变对寿命有影响

2019年10月21日
美国哈佛大学　刘如谦团队
Nature
开发了先导编辑（prime editor，PE）技术，在不引入双链断裂和供体 DNA 模板的前提下，直接支持靶向点突变、精准插入、精准删除及其各种组合，而不造成 DNA 双链断裂

2019年9月23日
杜克大学
Nature Biotechnology
利用此前未被开发的1类CRISPR/Cas系统精确地调控和编辑人类细胞中的基因组，新CRISPR 工具探知90%的基因编辑领域

2019年9月13日
中国北京大学　邓宏魁团队
The New England Journal of Medicine
全球首例利用CRISPR基因编辑技术治疗艾滋病和白血病。在人成体造血干细胞上进行CCR5的基因编辑，治疗未发现脱靶效应和不良作用

2019年8月27日
美国佐治亚大学
Cell Reports
首次实现对爬行动物进行基因编辑，使用CRISPR/Cas9 创造出一只白化蜥蜴

2019年7月26日
加拿大不列颠哥伦比亚大学
Science
使用低温电子显微镜（cryo-EM），首次在精确切割DNA链的过程中捕获了酶的高分辨率三维图像

2019年7月23日
美国麻省理工学院　张锋团队
Nature communication
开发了RESCUE系统，用于RNA单碱基编辑。利用一种失活的Cas13酶靶向RNA转录副本上的胞嘧啶碱基，从而指导改变 RNA的指令

2019年5月2日
美国博德研究所
Cell
CRISPR/Cas9首个小分子抑制剂的发现。在自主开发的高通量检测平台上筛选获得两种脓性链球菌Cas9（SpCas9）蛋白的小分子抑制剂

2019年3月1日
中国中科院神经科学研究所　杨辉团队
Science
开发出一种名为GOTI的全新的检测基因编辑工具脱靶技术。该技术可精准客观地评估基因编辑工具的脱靶率

2019年1月23日
美国麻省理工学院　张锋团队
Nature communication
开发了CRISPR/Cas12b基因编辑技术，该技术改造后可在哺乳动物和人体中进行有效的基因编辑

图 5-4　2019 年基因编辑技术重大基础研究事件

二、观点与碰撞

（一）政策支持

近年来，基因编辑技术多次被 *Nature*、*Science* 及 *MIT Technology Review* 等评选为生命科学领域最重要的一项技术突破。基因编辑技术的重大进展不断涌现，为生命科学领域的研究和相关产业带来了颠覆性变化。各国政府都高度重视基因编辑的应用和发展，相继投入大量资金用于支持基因编辑技术相关项目的研究。

> **专栏1 政策支持**
>
> 2012年，英国商务、创新与技能部（BIS）发布《英国合成生物学路线图》，计划投入5000万英镑。
>
> 2015年，美国国家科学院（NAS）和国家医学院（IOM）宣布开展"人类基因编辑研究计划"；2018年，NIH发布报告称在未来6年内通过共同基金支持1.9亿美元资助基因组编辑研究。
>
> 中国《"十三五"国家科技创新规划》《"十三五"生物技术创新专项规划》等将基因编辑列为颠覆性技术。
>
> 2019年，俄罗斯公布一项1110亿卢布（约17亿美元）的基因编辑联邦计划，将在未来10年内开发30种基因编辑植物和动物品种。

（二）临床转化

基因编辑的临床转化主要有两种方式：一种是体内的基因编辑；一种是体外的基因编辑。2018年12月，美国爱迪塔斯医药公司（Editas Medicine）的基因编辑EDIT-101药物被美国食品药品监督管理局（FDA）批准开展临床试验，是在体内将CEP290基因内含子的突变位点IVS26进行敲除。2019年2月，瑞士CRISPR疗法公司（CRISPR Therapeutics）通过体外的造血干细胞进行基因编辑后再回输体内的方法，为首名输血依赖性β型地中海贫血患者进行治疗。目前，基因编辑的迅猛发展，催生出许多基因编辑技术公司，众多投资人士也纷纷抛出橄榄枝，临床试验的获批也不断增多。

> **专栏 2　临床转化**
>
> 2016 年，中国四川大学华西医院开启全球首个 CRISPR 技术的人体应用。
>
> 2016 年，美国国立卫生研究院（NIH）的重组 DNA 咨询委员会批准 CRISPR 技术改造人类 T 细胞来治疗肿瘤。
>
> 2017 年，美国桑加莫疗法公司（Sangamo Therapeutics）宣布针对部分单基因遗传病开展人体临床试验和体内基因编辑试验。
>
> 2018 年，美国爱迪塔斯医药公司（Editas Medicine）的基因编辑 EDIT-101 药物被 FDA 批准开展临床试验，是全球首例获得 FDA 批准并开展临床试验的 CRISPR 药物。
>
> 2019 年，瑞士 CRISPR 疗法公司（CRISPR Therapeutics）的基因编辑临床试验治疗 β 型地中海贫血被欧洲药品管理局（EMA）批准，是欧洲首例利用基因编辑技术治疗的人类疾病。

（三）农业许可

2016 年，*MIT Technology Review* 将植物基因精准编辑技术评为十大技术突破之一，并认为在未来 5~10 年内，基因编辑改良后的食物会逐渐走上人们的餐桌。各国监管机构对基因编辑改良后的作物或食品几乎没有抵触。例如，2018 年，美国农业部宣布经基因编辑技术的基因定点敲除作物为非转基因，可进入商业化育种进程。2019 年，日本厚生劳动省专家小组发布报告也指出基因编辑食品无需经严格安全性审查。

> **专栏 3　农业许可**
>
> 2015 年，阿根廷成为全球首个针对新兴植物育种技术发布管理规范的国家。2015 年发布政策建立个案咨询程序：作物最终不带有外源基因者，等同于一般传统育种。
>
> 2018 年，美国农业部发表声明，认定"基于基因组编辑农作物与其他传统育种方法培育的产品实质等同，遗传物质的删除、单碱基的替换，以及亲缘关系相近的物种之间遗传物质的渗入均不在传统法案监管范围内"。
>
> 2018 年，英国已经批准以试验方式种植经过基因编辑的亚麻荠，希望强化其功能，用于生产备受欢迎的 Omega-3 多不饱和脂肪酸。

2018年，欧盟表示，基因编辑的作物应遵守与传统转基因生物相同的严格法规。

2018年，世贸组织明确支持促进农业创新的政策，包括基因编辑。

2019年，日本环境省发布了基因组编辑技术监管的最终政策：未引入外源基因的基因组编辑生物不属于转基因生物。

2019年，澳大利亚卫生部基因技术监管办公室于宣布《基因技术法规修正案》正式生效。对不引入新的遗传物质到植物、动物和人类细胞系中的基因编辑技术不再进行规范限制。

（四）伦理监管

基因编辑技术的研发热潮，使研究者们开始尝试在人类卵细胞、精子甚至胚胎上进行基因编辑试验。由于技术本身的不确定性及作用对象的复杂性，基因编辑技术可能引发的伦理风险问题也不断凸显。国际社会对基因编辑技术的伦理监管问题也不断进行积极应对。目前，全球约有30个国家已经立法，直接或间接禁止生殖系编辑的所有临床应用。2019年，世界卫生组织（WHO）将致力于在基因编辑领域建立一个强有力的国际治理框架。

专栏4 伦理监管

世界卫生组织（WHO）：建议加强对人类基因组编辑的国际治理。

人类基因编辑研究委员会：《人类基因编辑的科学技术、伦理与监管》研究报告提出人类基因编辑的基本原则。

人类基因编辑峰会：禁止人类生殖系基因编辑的临床应用。

美国：《人类基因编辑研究报告》强调任何可遗传生殖基因组编辑应该在充分的持续反复评估和公众参与条件下进行。

美国：《美国情报界年度全球威胁评估报告》将基因编辑列入"大规模杀伤性与扩散性武器"威胁清单。

中国：《人胚胎干细胞研究伦理指导原则》提出用于研究遗传修饰的囊胚体外培养不能超过14天，也不能植入人体生殖。

德国：在私人实验室中开展此类实验的人可能会面临5万欧元（约合36万元）罚款或3年徒刑。

加拿大：编辑遗传基因是一种犯罪行为，最高可判10年监禁。

三、竞争与合作

（一）趋势及重大创新

截至 2019 年 11 月 30 日，基因编辑领域专利数量为 23 625 件。截至 2019 年 12 月 31 日，基因编辑领域论文数量为 48 366 篇。由于数据统计的滞后性，近 2 年的数据供参考。如图 5-5 所示，在 2012 年，基因编辑领域专利及论文的数量增长相对缓慢。2012 年，CRISPR/Cas9 系统被开发应用于基因编辑中。2012 年之后，专利及论文的数量都随之有了较快的增长。2017 年，专利数量达到峰值 3650 件。2019 年，论文数量达到峰值 7068 件。

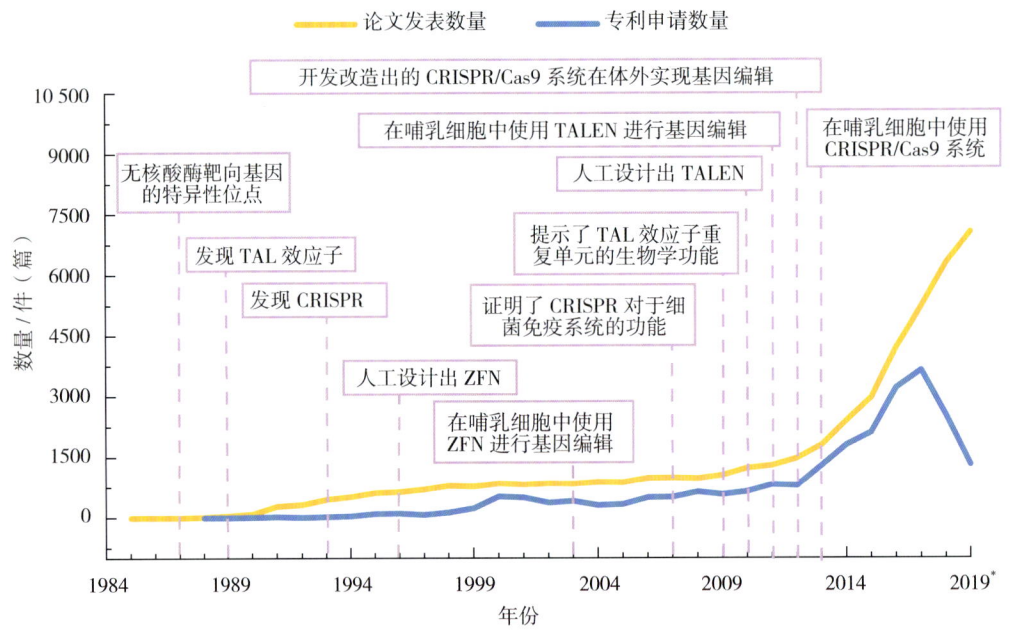

* 表示该年数据为不完全统计。

图 5-5 基因编辑领域专利申请和论文发表整体趋势

如图 5-6 所示，基因编辑领域专利申请数量在 2012 年之后，显著增长。2017 年，专利申请数量达到峰值 3243 件。2013 年，专利授权数量达到峰值 397 件，之后授权

5 基因编辑前沿态势报告

数量也随之逐年减少。基因编辑领域专利的申请数量占所有专利数量的83.8%，授权数量仅占所有专利数量的16.2%。由此可见，基因编辑领域专利的授权率很低，绝大部分专利进行了申请，但却没有被授权。一方面，可能是由于基因编辑研究热度高，吸引了很多机构或个人申请了基因编辑相关专利。另一方面，基因编辑技术的学术性较强，专利难以短时间内被授权。例如，2020年诺贝尔化学奖授予的基因编辑研究团队在2012年开发了CRISPR/Cas9系统在体外进行了基因编辑试验。而张锋研究团队在2013年证实了CRISPR/Cas9系统可以在哺乳细胞中进行基因编辑，这极大地推动了基因编辑的发展。为此，这两个研究团队一直在竞争CRISPR/Cas9专利的专利权，直至2017年2月，美国专利和商标局最终授予了张锋的CRISPR/Cas9专利权。

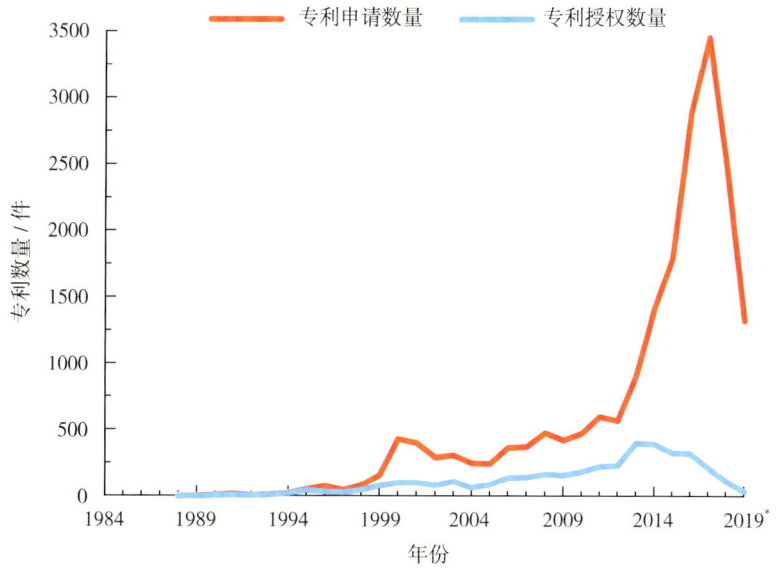

* 表示该年数据为不完全统计。

图5-6 基因编辑领域专利申请和专利授权情况

如图5-7所示，基因编辑领域的科学引文索引扩展版（Science Citation Index-Expanded，SCI-E）论文数量从2009年开始显著增长，并在2019年达到峰值6477篇。基因编辑领域的科技会议录索引（Conference Proceedings Citation Index-Science，CPCI-S）论文数量从2015年开始显著增长，并在2018年达到峰值660篇。SCI-E

论文数量是学术研究产生的学术性论文，CPCI-S 则是会议产生的会议论文。

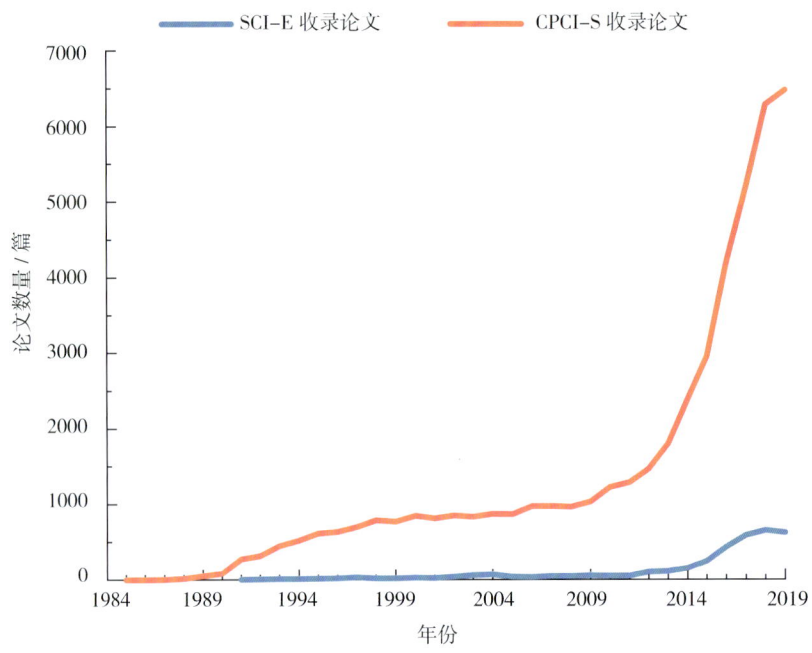

图 5-7　基因编辑领域论文发表情况

如图 5-8 和图 5-9 所示，从基因编辑技术的 4 个细分领域相关专利及论文的逐年分布来看，大范围核酸酶技术与 ZFN 技术起步较早，TALEN 技术与 CRISPR 技术起步较晚。尤其近几年内，CRISPR 技术成为基因编辑技术的研究热点。CRISPR 技术相关专利的数量也在 2013—2017 年迅速增长。2013 年之后，CRISPR 技术相关论文的数量每年显著增长。CRISPR 技术逐渐成为应用最为广泛的基因编辑技术。

如图 5-8 所示，1988 年，ZFN 技术的专利开始出现一直持续至今。并且在每年的基因编辑技术的 4 个细分领域中，ZFN 技术都处于相对活跃状态，其相关专利的数量也占比较大。从专利总数来看，ZFN 技术相关专利的总数最多，为 12 202 件。CRISPR 技术相关专利的总数为 10 191 件，TALEN 技术相关专利的总数为 4736 件，大范围核酸酶技术相关专利的总数为 3438 件。大范围核酸酶技术在基因编辑的 4 个细分领域中，其相关专利数量占比较少，并不太被广泛应用。TALEN 技术起步较晚，其相关专利在 2009 年才开始出现。CRISPR 技术虽然从 2005 年起才有相关专利的申请。但是，CRISPR 技术近年来发展十分迅速。2014 年，CRISPR 技术相关专利的数量与 ZFN 技术相关专利的数量基本持平。从 2015 年起，CRISPR 技术相关专利的数量每年均大幅反超 ZFN 技术相关专利的数量。

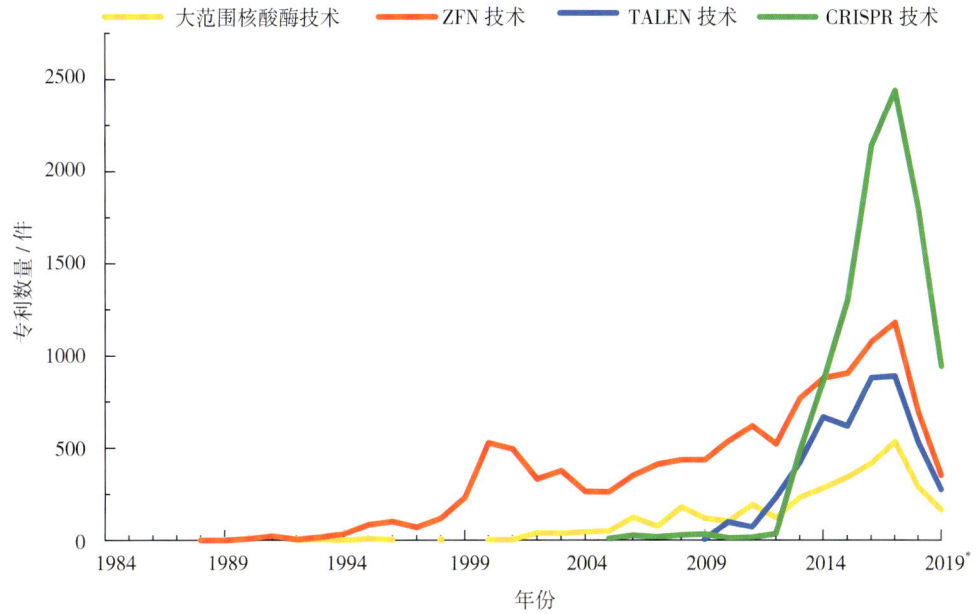

* 表示该年份数据为不完全统计。

图 5-8　基因编辑技术细分领域专利申请情况

如图 5-9 所示，基因编辑技术的 4 个细分领域相关论文数量与其专利数量的逐年分布趋势大致相同。ZFN 技术相关论文一直保持较为活跃的状态。2015 年，CRISPR 技术相关论文的数量基本与 ZFN 技术相关论文的数量持平。之后，CRISPR 技术相关论文的数量逐年攀升，远远超出其他技术。从论文总量来看，ZFN 技术相关论文的总数为 26 659 篇，CRISPR 技术相关论文的总数为 17 526 篇，TALEN 技术相关论文的总数为 2318 篇，大范围核酸酶技术相关论文的总数为 1294 篇。

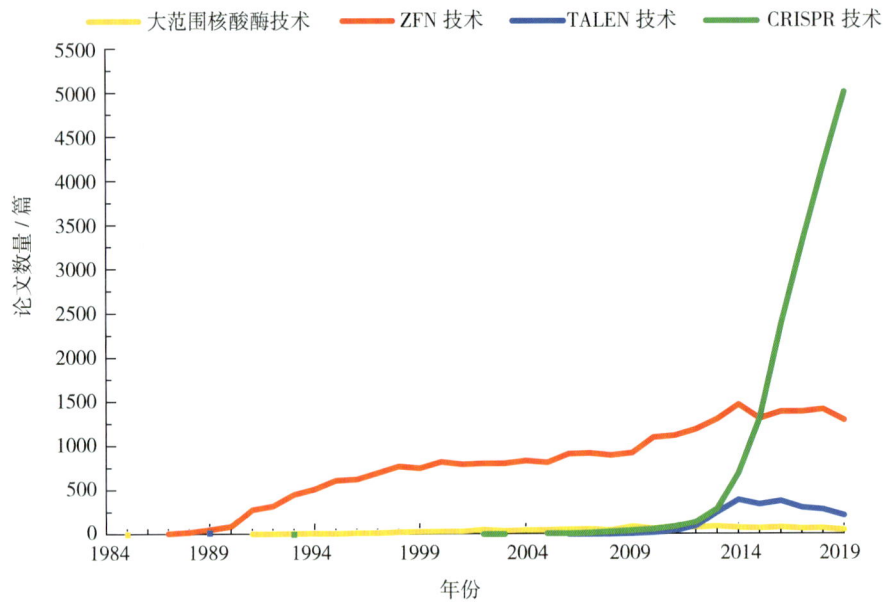

图 5-9 基因编辑技术细分领域论文发表情况

(二) 国家／地区竞争格局

1. 专利视角

如图 5-10 所示，基因编辑领域专利申请数量居前 10 位的国家分别是美国、中国、法国、英国、韩国、日本、德国、加拿大、荷兰及以色列。其中，美国的专利数量为 13 260 件，专利被引次数为 72 152 次，平均每件专利的被引次数为 5.44 次。中国在专利数量上排名第二，为 3515 件；专利被引次数为 5338 次，与专利数量不足千件的法国与英国相差不多。居前 10 位的国家中，法国的专利平均被引次数排名第一，为 7.03 次，中国居第 9 位，仅为 1.52 次。由此可见，美国在基因编辑领域，不管是专利数量，还是专利质量都在全球遥遥领先。中国在基因编辑领域，虽然专利数量仅次于美国，但专利质量整体不及美国。

如图 5-11 所示，美国在 1988 年申请了基因编辑的第一件专利，远早于其他国家。除 2000 年，美国的专利数量每年都高于其他国家，在 2017 年达到峰值 2049 件。中国在基因编辑领域起步较晚，在 1997 年才有了第一件相关专利；2000 年，达到一个小的峰值 244 件后，专利数量急剧减少；2002—2011 年，专利数量每年都不足百件；2013—2018 年，专利数量呈逐年增长的趋势；2018 年，达到最大峰值 713 件。法国、英国与韩国的专利数量每年都不足百件。

2. 论文视角

如图 5-12 所示，基因编辑领域论文发表数量居前 10 位的国家分别是美国、中国、日本、德国、英国、法国、加拿大、韩国、澳大利亚及意大利。其中，美国的论文数量为 21 421 篇，论文被引次数为 971 973 次，平均被引次数为 45.37 次。美国的论文平均被引次数在这 10 个国家中排名第一。中国的论文数量排名第二，为 7668 篇，论文被引次数为 126 797 次，平均被引次数为 16.54 次。中国的论文平均被引次数在这 10 个国家中排名第十。由此可见，美国在基因编辑领域，不仅是论文数量，还是论文质量都在全球遥遥领先。而中国在基因编辑领域，虽然论文数量仅次于美国，但论文质量还有待加强。

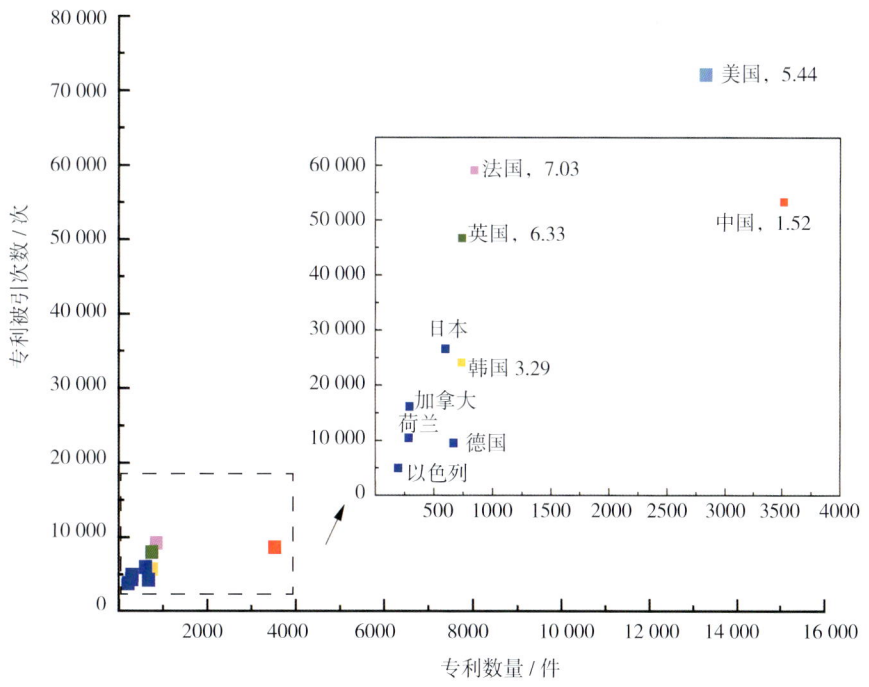

注：国家后所列数字为专利的平均被引次数。

图 5-10 基因编辑领域专利申请数量全球排名居前 10 位的国家

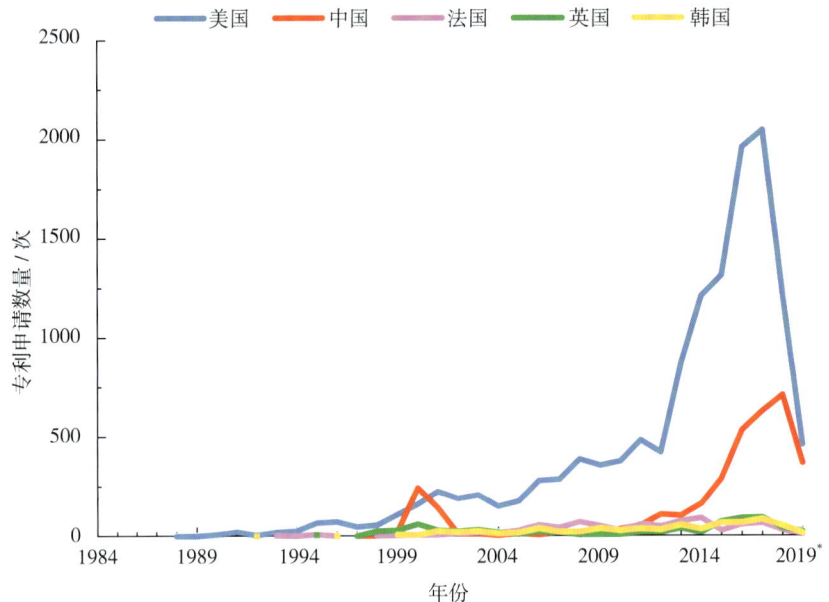

* 表示该年数据为不完全统计。

图 5-11 基因编辑领域专利申请数量全球排名居前 5 位国家的历年趋势

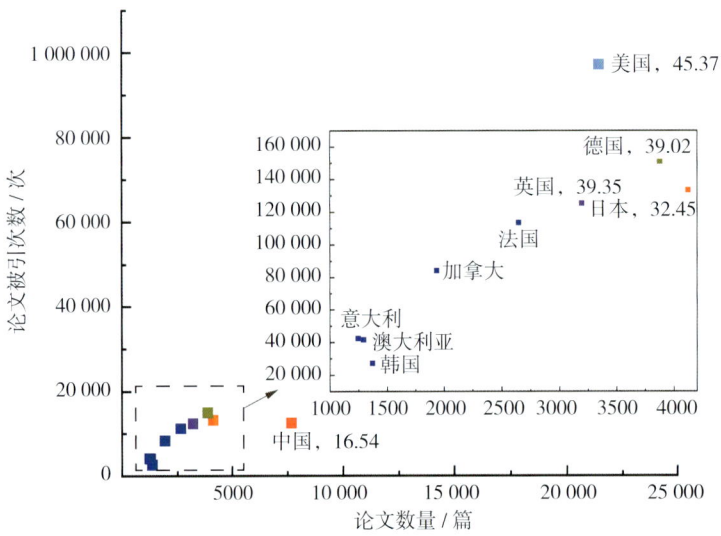

注：国家后所列数字为论文的平均被引次数。

图 5-12 基因编辑领域论文发表数量全球排名居前 10 位的国家

5 基因编辑前沿态势报告

如图 5-13 所示，20 世纪 80 年代末，基因编辑领域论文开始被美国、英国、日本及德国发表。而中国的第一篇基因编辑领域论文则出现得较晚，在 1993 年。从 2010 年开始，中国的论文数量开始显著高于日本、德国及英国。日本、德国及英国的论文数量历年变化差异不大。

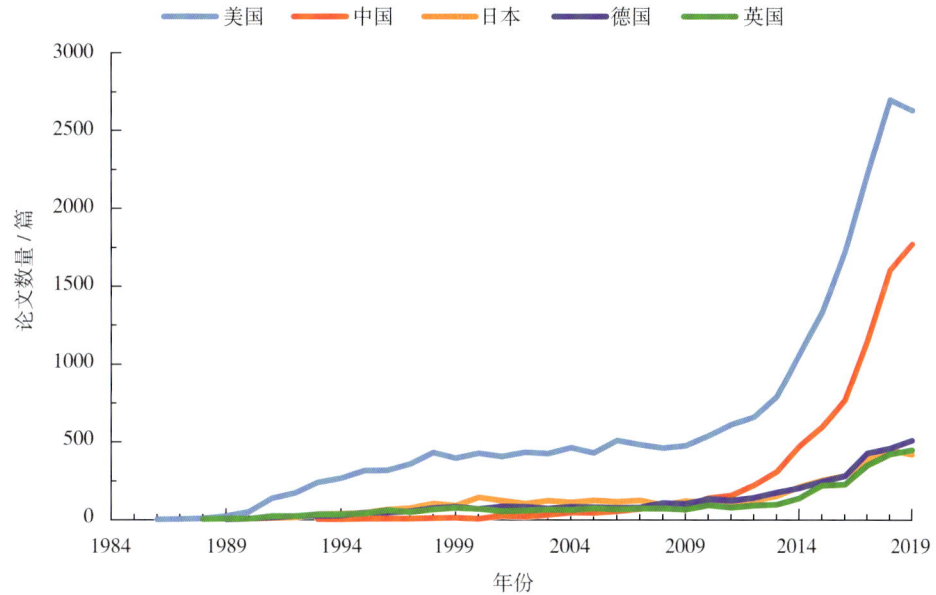

图 5-13　基因编辑领域论文发表数量全球排名居前 5 位国家的历年趋势

如图 5-14 所示，美国以 21 421 篇论文数量，远远超过其他国家。中国的论文总数为 7668 篇，位居第二。中国相较于其他国家，在基因编辑领域起步较晚。1979—1997 年，全球的基因编辑论文主要以美国为主，中国在该时间段内在基因编辑领域的研究相对较少。但中国发表论文数量逐渐增长，2011 年后，中国发表的论文数量占比已经开始反超日本、德国及英国，并且不断缩小与美国的差距。

如图 5-15 所示，美国基因编辑领域论文的被引次数不管在哪个时间段内，都占比很大。而中国基因编辑领域论文随着时间的推移，被引次数的占比不断增加。这说明中国高质量的基因编辑领域论文近几年不断增多，研究水平相比之前有显著提高。

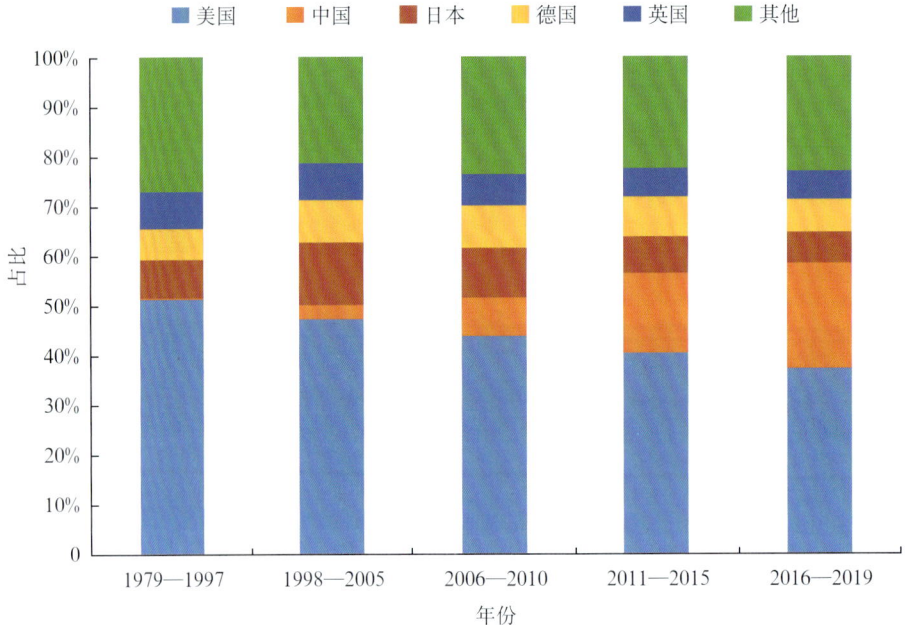

图 5-14 基因编辑领域主要国家不同时间区间论文数量占比变化情况

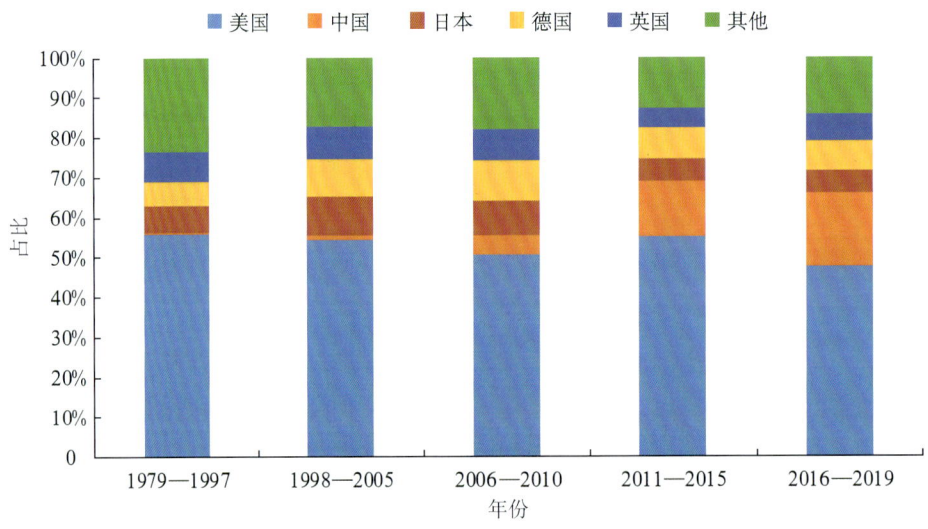

图 5-15 基因编辑领域主要国家不同时间区间论文被引次数占比变化情况

（三）城市竞争格局

如图 5-16 所示，基因编辑领域论文数量全球居前 20 位的城市中，有 10 个城市来自美国，来自中国的城市有 5 个，来自英国的城市有 2 个，来自日本、法国及韩国的城市各 1 个。论文数量全球排名居前 10 位的城市在图 5-16 中标注出了其论文平均被引次数。平均被引次数在 20 个城市中排名第一的是美国坎布里奇，美国波士顿位居第二。由图 5-16 可见，来自美国城市的论文平均被引次数普遍较高，整体质量较好。中国北京的论文数量在 20 个城市中排名第二，平均被引次数排名第十五。其余 4 个中国城市的论文平均被引次数在 20 个城市中位居最后四名。

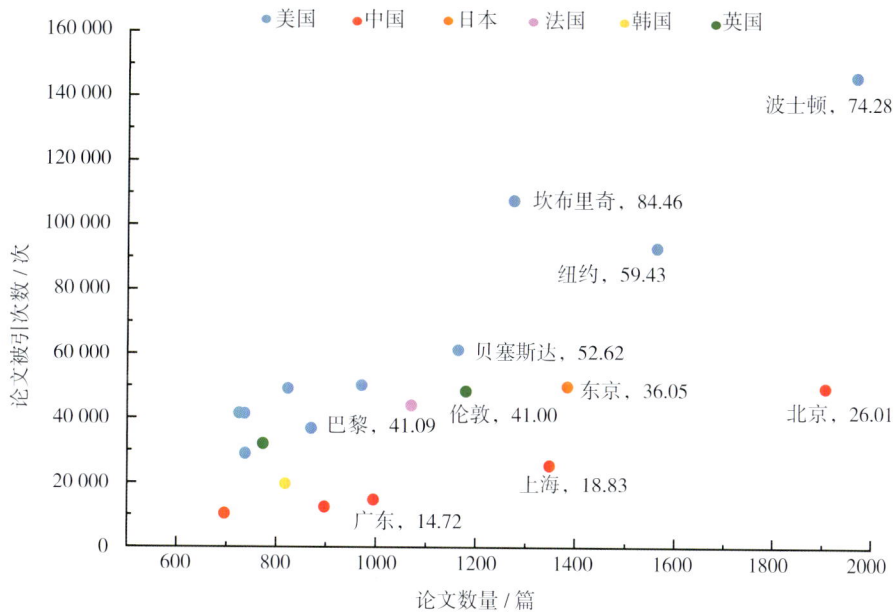

注：城市后所列数字为论文的平均被引次数。

图 5-16　基因编辑领域论文数量全球排名居前 20 位的城市

如图 5-17 所示，中国有 31 个城市发表过基因编辑相关论文。其中，北京与上海的基因编辑相关论文相比其他城市表现突出。北京的论文数量为 1906 篇，论文被引次数为 49 572 次，平均被引次数为 26.01 次，三者均位居榜首。上海的论文数量为 1348 篇，论文被引次数为 25 386 次，二者均位居第二。上海的论文平均被引次数为 18.83 次，位居第五。论文数量中国排名居前 10 位的城市在图 5-17 中标注出了其论文平均被引次数。论文平均被引次数居前三位的是北京、香港及云南，平均被引次数均在 20 次以上。

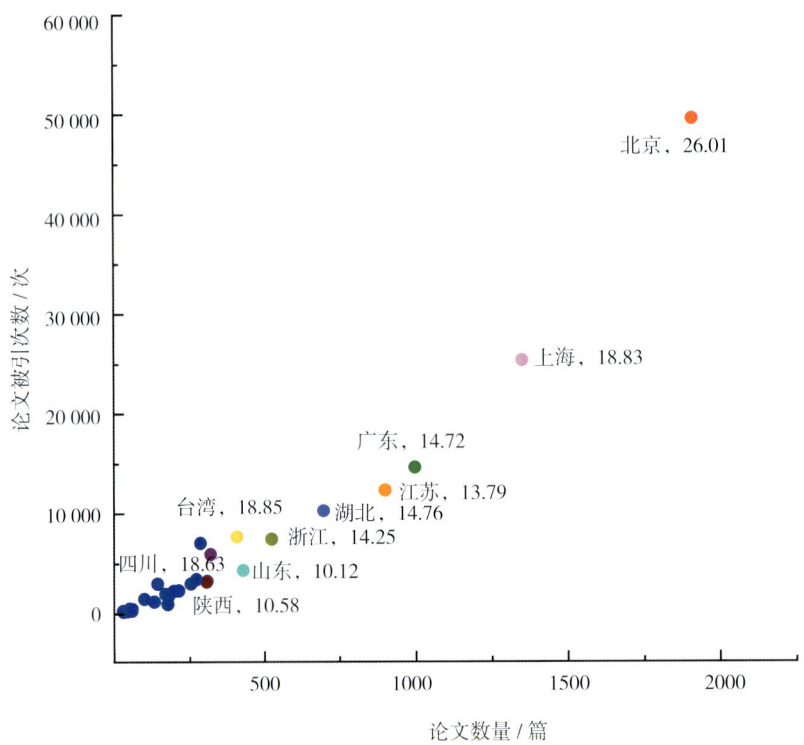

注：城市后所列数字为论文的平均被引次数。

图 5-17　基因编辑领域论文中国城市分布情况

基因编辑领域论文所在城市的聚集性，可以从领跑城市的占比情况得出。在基因编辑领域相关论文中，全球排名居前 10 位的城市分别是美国的波士顿、中国的北京、美国的纽约、日本的东京、中国的上海、美国的坎布里奇、英国的伦敦、美国的贝塞斯达、法国的巴黎及美国的费城。如图 5-18 所示，全球排名居前 10 位的城市所发表的论文数量占比接近全球总数的 1/3。

5 基因编辑前沿态势报告

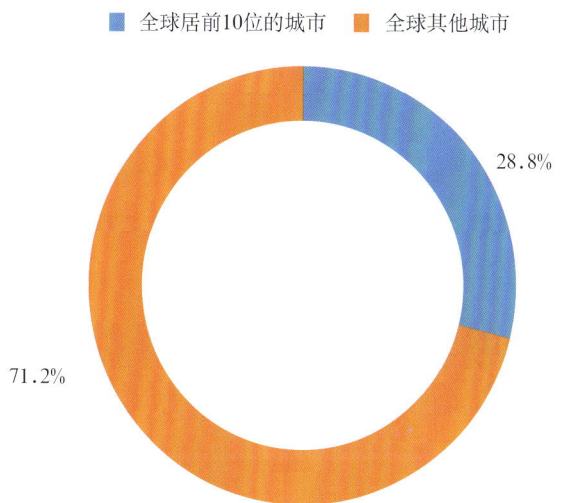

图 5-18 基因编辑领域全球城市论文数量集中分布情况

如图 5-19 所示,北京与上海两个城市所发表的基因编辑领域论文数量超过中国总数的 1/3。结合图 5-18 与图 5-19 的全球与中国的领跑城市论文数量占比情况可以看出,在基因编辑领域,相关论文发表的活跃城市具有一定的聚集性。

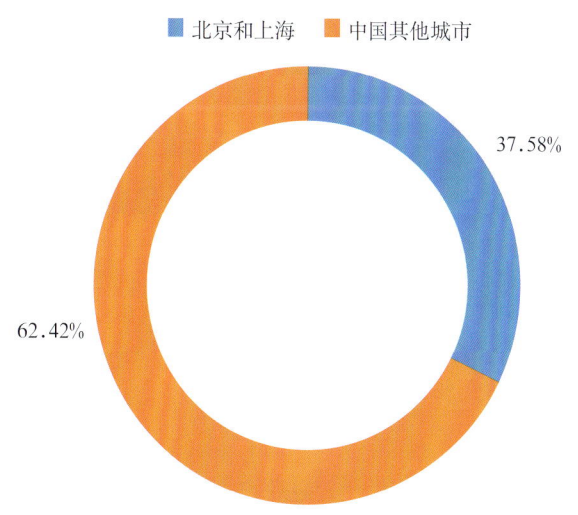

图 5-19 基因编辑领域中国城市论文数量集中分布情况

（四）机构竞争格局

1. 全球视角

如图 5-20 所示，基因编辑领域论文数量全球排名居前 20 位的机构中，来自美国的机构有 15 个，来自日本的机构有 3 个，来自中国及加拿大的机构分别有 1 个。其中，美国的哈佛大学发表的论文数量最多，有 1740 篇，论文被引次数为 148 974 次，每篇论文的平均被引次数为 85.62 次。中国科学院排名第二，发表的论文数量为 1440 篇，论文被引次数为 36 692 次，每篇论文的平均被引次数为 25.48 次。平均被引次数最高的机构是美国的麻省理工学院，为 130.44 次，居第 2 位的是美国的博德研究所，为 126.29 次。

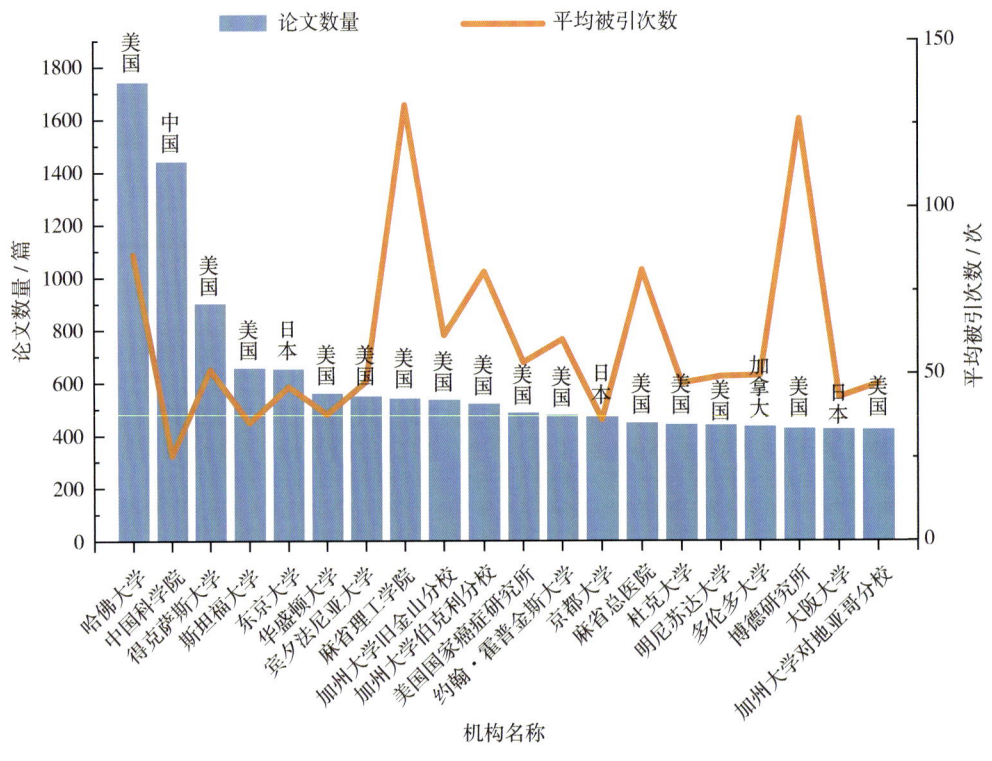

图 5-20　基因编辑领域全球排名居前 20 位机构的论文发表数量与平均被引次数情况

5 基因编辑前沿态势报告

如图 5-21 所示，高校为基因编辑领域论文的主要发表机构。其次，科研机构也是基因编辑领域论文的主要发表机构。自 2012 年起，高校及科研机构每年发表论文的数量开始逐年上升。企业与医院每年发表的论文则较少，且二者相差不多。

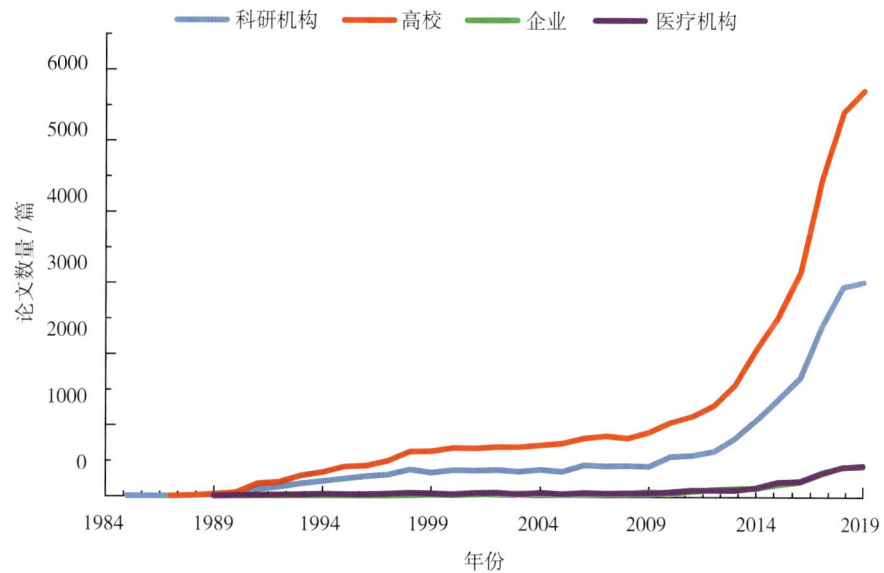

图 5-21　基因编辑领域全球不同类型机构发表论文情况

如图 5-22 所示，在不同时间区间中，高校发表的基因编辑领域论文都占了论文总数的 50% 以上，是发表基因编辑领域论文最主要的机构来源。科研机构发表的论文数量在不同时间区间中，都占了论文总数的 30% 左右。医疗机构与企业并不是基因编辑领域论文发表的主要机构来源，这两类机构论文数量的总和也不足论文总数的 10%。

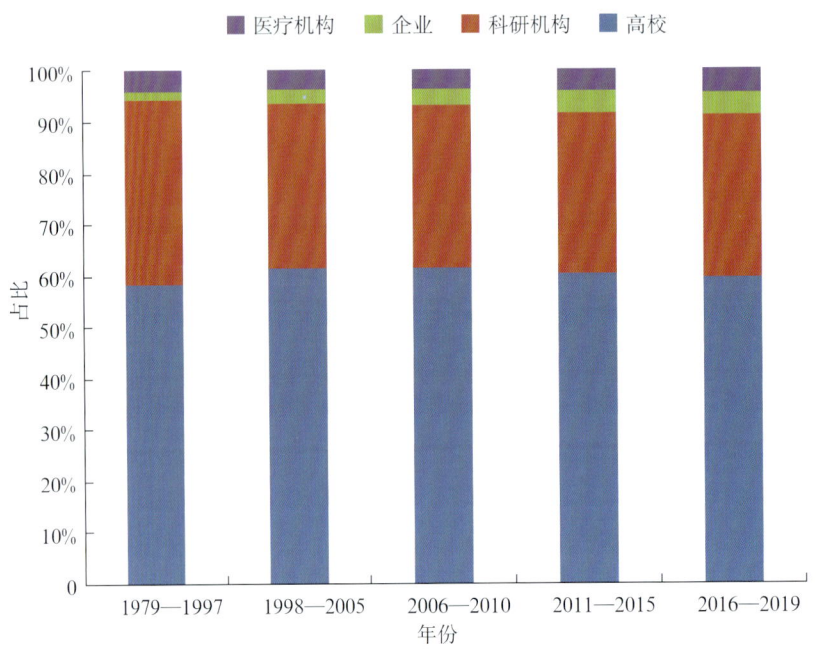

图 5-22 基因编辑领域全球不同类型机构发表论文占比情况

如图 5-23 所示,基因编辑领域专利申请数量全球排名居前 20 位的机构中,大多数为企业。企业有 13 家,高校有 4 所,科研机构有 3 家。其中,桑加莫公司(Sangamo)专利数量为 1417 件,位居首位。桑加莫公司成立于 1995 年,是美国一家通过基因编辑技术开展临床阶段药物研发的公司,专注于 ZFN 技术的研究开发和商业化。该公司是全球应用 ZFN 技术最广泛的公司,开展了一系列临床阶段的人类疾病治疗。2016 年 9 月,桑加莫公司的血友病 B 基因疗法 SB-FIX 获美国食品药品监督管理局(FDA)授予的孤儿药资格。科迪华公司(Corteva)为美国陶氏的农业科技公司,其专利数量为 1113 件,位居第二。专利数量位居第三的是法国的一家生物技术公司——Cellectis 公司。在全球排名居前 20 位的机构中,仅有一家中国机构,即中国科学院,其专利数量为 338 件,居第 7 位。基因编辑 CRISPR 技术的著名研究学者张锋创建的爱迪塔斯医药公司(Editas Medicine)及 2020 年诺贝尔化学奖得主詹妮弗·杜德纳创建的 Caribou 公司都在基因编辑领域全球专利申请数量排名居前 20 位的机构中。

5 基因编辑前沿态势报告

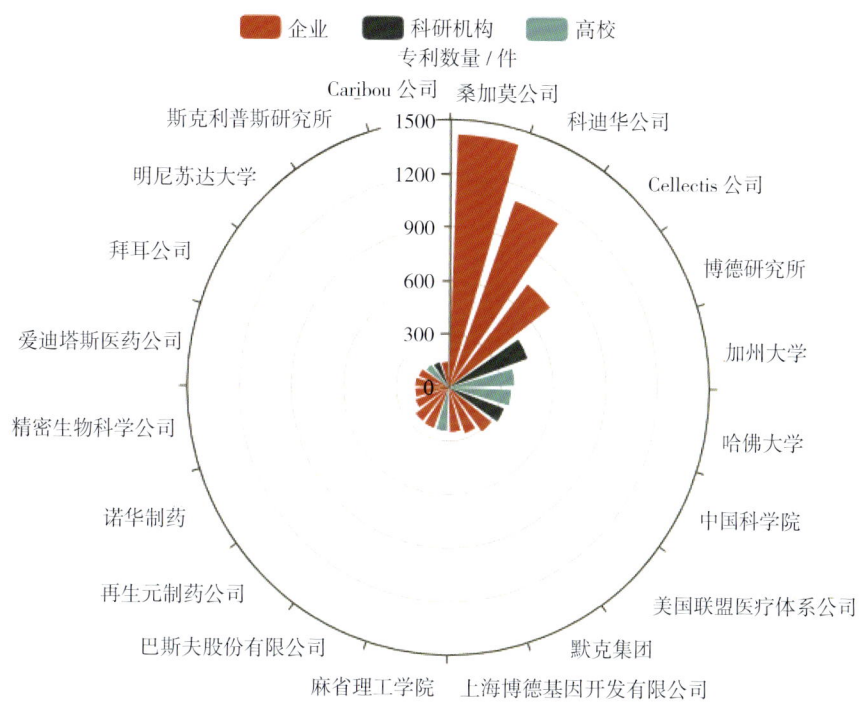

图 5-23 基因编辑领域全球排名居前 20 位的专利申请机构

2. 中国视角

如图 5-24 所示，基因编辑领域论文发表数量中国排名居前 20 位的机构中，中国科学院的论文数量远远高于其他机构。中国其他机构的论文数量均不足 500 篇。每篇论文的平均被引次数最高的机构是清华大学，为 62.22 次。基因编辑领域中国的高被引论文前三篇均为美国的研究论文，虽然论文的第一作者均来自美国科研机构，但清华大学的研究者有参与其中，并作为论文作者出现，这也可能是清华大学基因编辑领域论文平均被引次数比较高的主要原因之一。

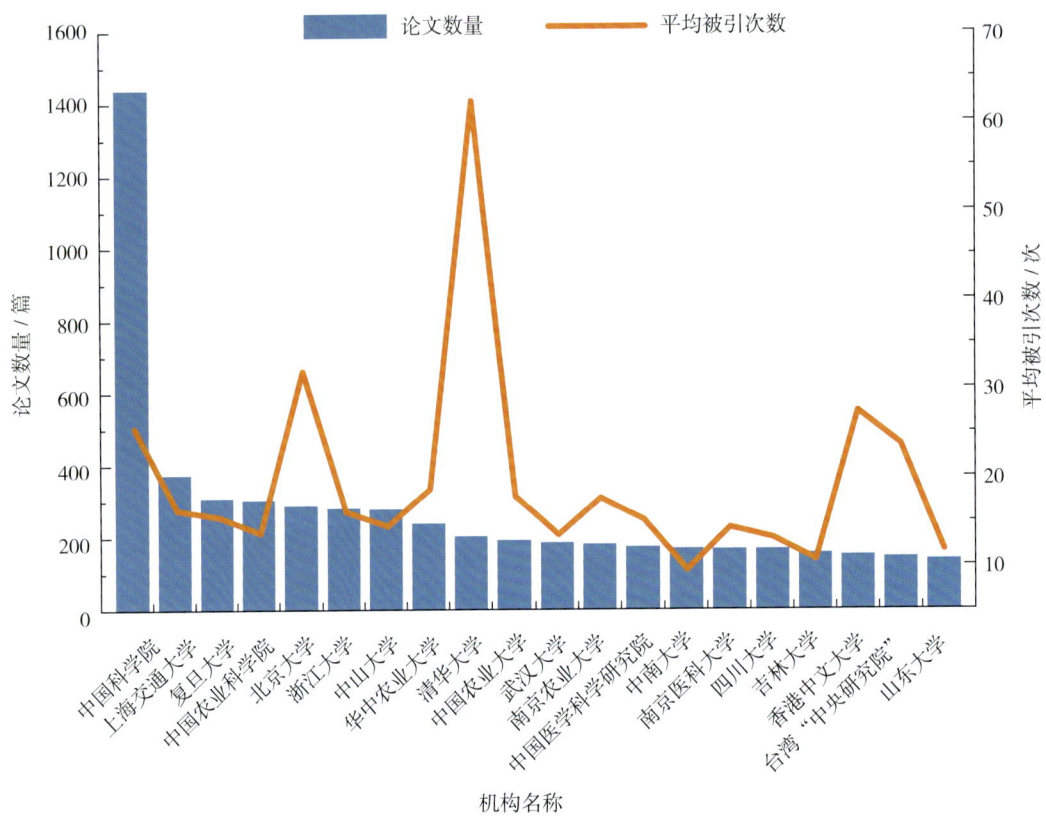

图 5-24　基因编辑领域中国排名居前 20 位机构的论文发表数量与平均被引次数情况

如图 5-25 所示，在基因编辑领域发表论文的中国不同类型机构中，高校为论文的主要发表机构。其次是科研机构。企业与医疗机构每年发表的论文数量均不足 150 篇。

如图 5-26 所示，高校与科研机构发表的基因编辑领域论文在不同时间区间，都占了基因编辑论文总数的绝大部分比重。1998 年之后的 4 个时间区间中，高校所发表的论文数量占比达到了论文总数的 60% 左右。1979—1997 年，没有企业在基因编辑领域发表过相关论文。

如图 5-27 所示，在基因编辑领域专利申请数量中国排名居前 20 位的机构中，高校有 13 所，企业有 5 家，科研机构有 2 家。相比基因编辑领域专利申请的全球机构分布情况来看，中国的机构以高校为主，企业相对较少，说明产业化水平不足，中国在基因编辑领域主要还是以学术研究为主。

5 基因编辑前沿态势报告

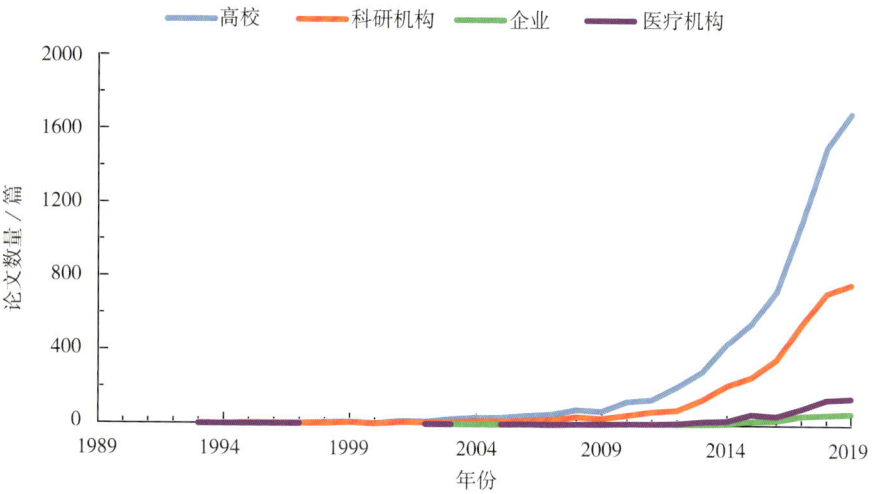

图 5-25 基因编辑领域中国不同类型机构发表论文情况

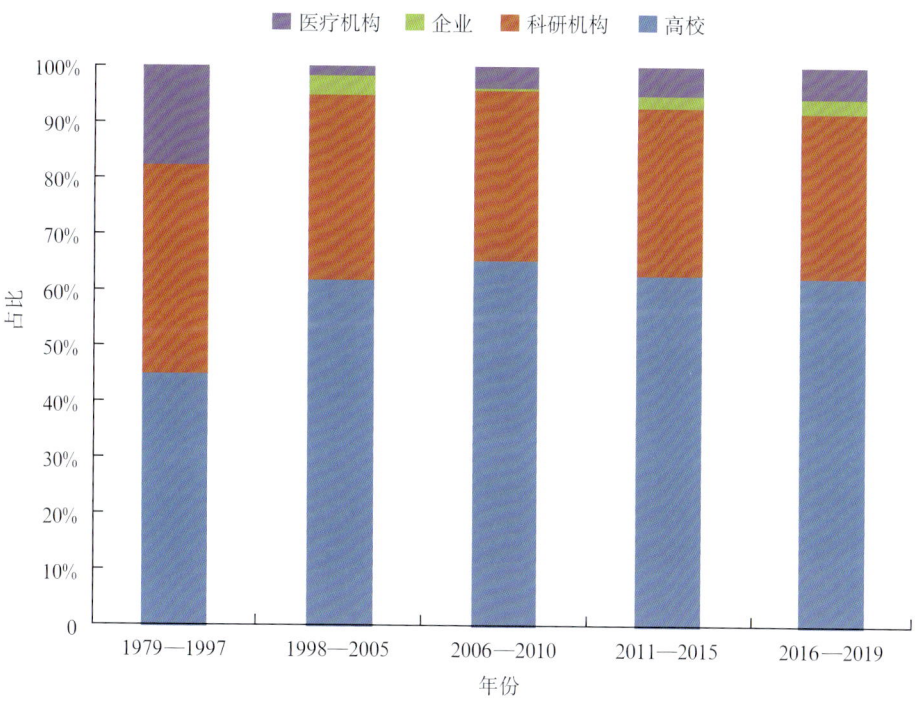

图 5-26 基因编辑领域中国不同类型机构发表论文占比情况

173

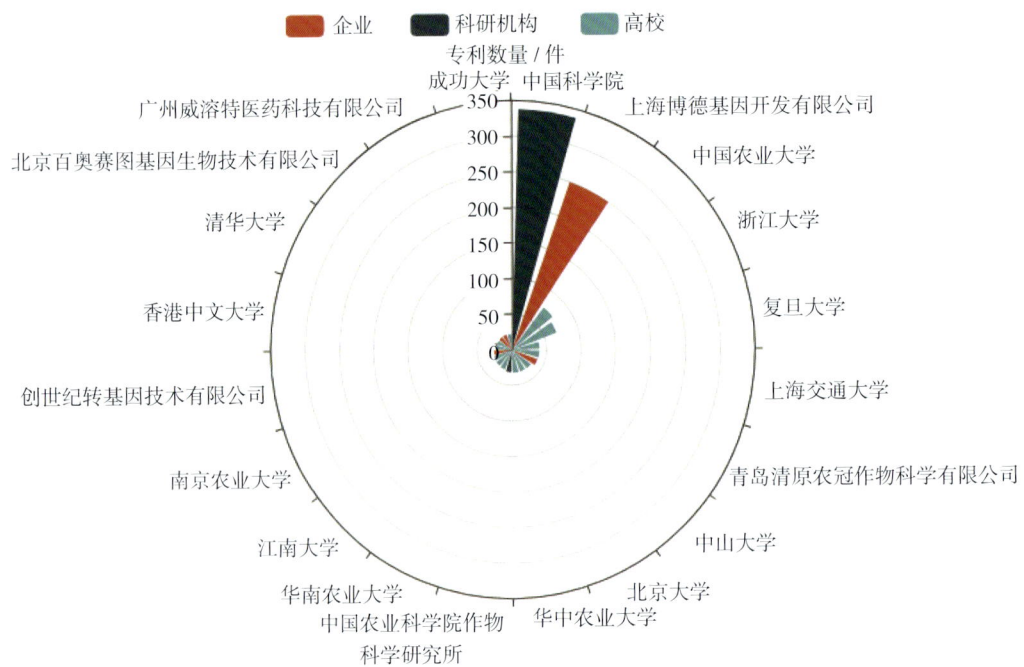

图 5-27 基因编辑领域中国排名居前 20 位的专利申请机构

（五）区域合作

如图 5-28 所示，在基因编辑领域发表论文数量全球排名居前 20 位的城市中，美国的波士顿与坎布里奇的合作次数最多，有 208 次，原因之一可能是由于哈佛大学的主校区位于坎布里奇，而哈佛大学医学院位于波士顿。其次，美国的纽约与波士顿、坎布里奇的合作次数也较多。中国的北京与上海的合作次数最多，有 89 次。

如图 5-29 和图 5-30 所示，在基因编辑领域专利及论文的国家合作中，美国都是与其他国家合作最多的国家。由此可见，美国在基因编辑领域比较重视与国外的合作研究。在基因编辑领域，中国与美国合作最多。在基因编辑领域的相关论文中，美国与中国的合作论文数量达到 1800 篇，远远高于与其他国家的合作数量。在基因编辑领域的相关专利中，国家之间的合作数量并不多。专利合作较多的国家分别是：美国与法国有 33 件合作专利，美国与加拿大有 31 件合作专利，美国与德国有 25 件合作专利。

5 基因编辑前沿态势报告

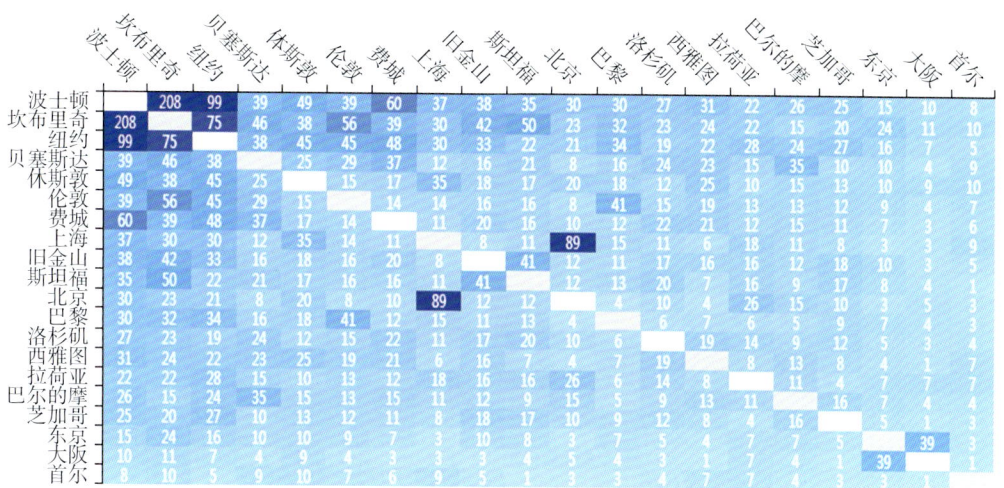

图 5-28 基因编辑领域全球主要城市间论文合作情况（单位：篇）

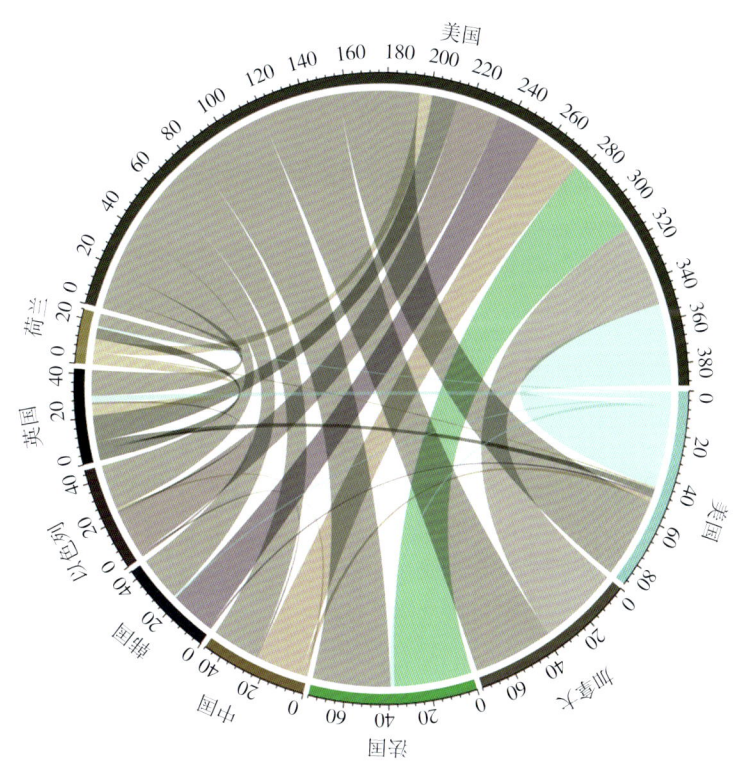

图 5-29 基因编辑领域主要国家间专利合作情况

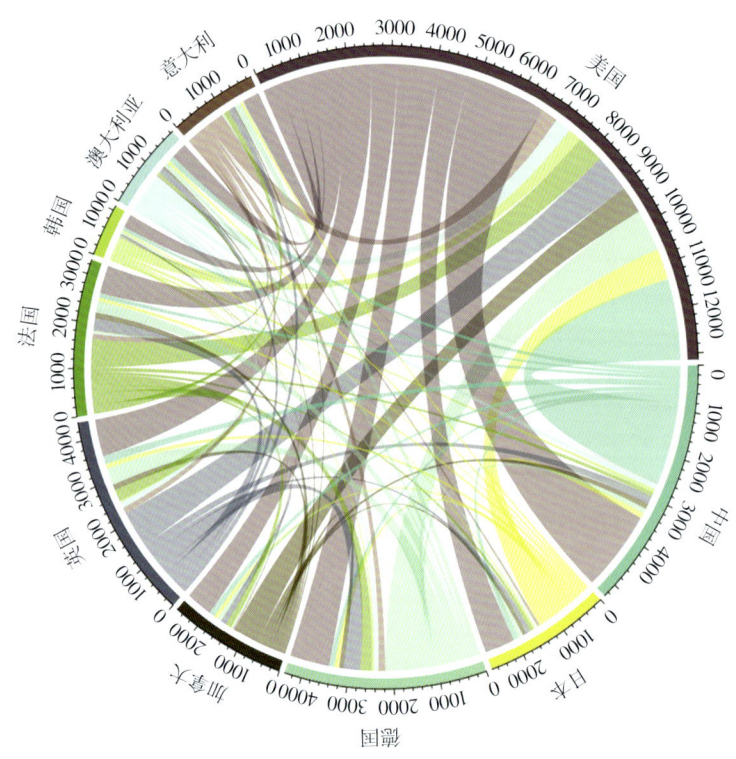

图 5-30 基因编辑领域主要国家间论文合作情况

四、未来展望

基因编辑技术，作为 21 世纪最重要的生物技术突破之一，正逐渐与化学、信息、材料等学科日益交叉融合，孕育和催生一批新技术与新的应用领域。从基因编辑的全球竞争格局相关数据的分析来看，美国在基因编辑技术领域遥遥领先于其他国家。其中，美国麻省理工学院、哈佛大学及博德研究所等主要高校、科研院所，在基因编辑技术领域做出了众多突出工作。美国除了高校、科研院所在基因编辑技术领域十分活跃外，也有很多从事基因编辑技术的公司推动了基因编辑技术的发展，例如，开展基因编辑技术临床药物的桑加莫公司及从事基因编辑农产品开发的科迪华公司等。中国在基因编辑技术方面，相关专利及论文的数量仅次于美国。在中国，北京与上海是基因编辑领域的活跃城市。中国科学院在基因编辑领域的科研成果最为突出，相关专利及论文数量远远超过中国其他机构。此外，中国从事基因编辑技术的公司技术相对薄弱，相关专利及论文数量远小于国外知名的基因编辑技术公司。

目前，基因编辑技术在医学、农业与工业等领域，已经成为推动持续绿色发展的重要驱动力。近年来，CRISPR技术也成为基因编辑技术领域的研究热点，被公认为是目前已知的操作最简单、应用最广泛的基因编辑系统。虽然基因编辑技术在近几年已经得到了迅速发展，但其技术与安全问题，仍有待解决与改善。

（一）技术瓶颈问题

1. 减少基因编辑的脱靶效应，防止非靶向突变

在疾病治疗中，基因编辑技术的脱靶效应是需要十分关注的方面。若基因编辑系统在非特定位点发生"剪辑"，将极大可能产生安全风险隐患。科学家可通过突变筛选和蛋白质进化等工程学手段改造基因编辑系统或其他不同策略，来获得更高、更准的基因编辑打靶效率，防止脱靶效应带来的非靶向突变风险。

2. 完善相关技术，提高基因编辑的效率

基因编辑技术，是通过特定位点来对DNA进行"剪辑"。但由于哺乳动物细胞的基因组在细胞中所处的环境非常复杂，有些位点很难被"剪辑"，影响了基因编辑的效率。此外，递送系统的效率也有待提高。目前，腺相关病毒载体较为广泛的应用于临床，但腺相关病毒载体携带基因编辑工具进入肝脏细胞有较高的递送效率，但进入其他器官的效率仍有待提高。同时，目前腺相关病毒载体的容量过小，其递送效率也因此受限。

（二）安全伦理风险问题

1. 技术缺陷，安全问题面临挑战

2016年6月，美国国立卫生研究院（NIH）下属的重组DNA咨询委员会分析了CRISPR技术，批准它应用于人体。但该项基因编辑技术还有许多不稳定与不成熟的地方。首先，被修复的细胞如何有效存活面临着很大挑战；其次，脱靶会增加突变

患癌的风险；再次，被修饰细胞的数量很难控制。因此，其应用与人体疾病治疗对人体健康会带来未知的风险。

2. 伦理、生态及物种完整性等均面临影响

由于基因编辑技术本身的不确定性及作用对象的复杂性，基因编辑技术可能引发的伦理风险问题也不断凸显。因此，直接或间接开展人类生殖系基因编辑试验，是目前国际社会坚决抵制的。基因编辑的合成生物投入自然环境，不可避免地与原自然物相互竞争，有可能破坏生态平衡。若基因编辑的合成生物与自然界原有物种进行杂交，可能会使天然物种改变其原有的属性或者是发生演变产生一些异常功能，破坏物种原有基因的完整性及降低生物的多样性等。

3. 监管漏洞，技术滥用危害国家安全

基因编辑技术可能带来的国家安全问题也吸引了各方的关注。由于基因编辑技术具有便捷、简单、高效等特点，若被误用，甚至滥用，则会引发巨大的国家安全问题。例如，生物黑客可能会利用基因编辑技术来发明有害的病毒或细菌，恐怖分子将其用以制造生物武器、反人类试验等恐怖活动，对于人类而言会是毁灭性的灾害。

面对基因编辑的安全伦理风险问题，需对基因编辑技术进行密切跟踪，及时研究其新特征、新变化，重视相关的风险评估，适时对相关政策和指南进行补充、修改及完善，加强政府的监督与管理。此外，也应加强对基因编辑从业人员的教育培训，提高其安全意识，同时，需重视公众对基因编辑技术的宣传科普教育，提高公众的鉴别能力，避免公众盲目选择使用。

参考文献

[1] ABUDAYYEH O O，GOOTENBERG J S，ESSLETZBICHLER P，et al. RNA targeting with CRISPR-Cas13 [J]. Nature，2017，550（7675）：280–284.

[2] ANZALONE A V，RANDOLPH P B，DAVIS J R，et al. Search-and-replace genome editing without double-strand breaks or donor DNA [J]. Nature，2019，576（7785）：149–157.

[3] BARRANGOU R, FREMAUX C, DEVEAU H, et al. CRISPR provides acquired resistance against viruses in prokaryotes [J]. Science, 2007, 315: 1709-1712.

[4] BIBIKOVA M, GOLIC M, GOLIC K G, et al. Targeted chromosomal cleavage and mutagenesis in Drosophila using zinc-finger nucleases [J]. Genetics, 2002, 161 (3): 1169-1175.

[5] Bonas U, STAIL R E, STASKAWICZ B. Genetic and structural characterization of the avirulence gene avrBs3 from Xanthomonas-campestris pv. vesicatoria [J]. Molecular and general genetics, 1989, 218 (1): 127-136.

[6] CERMAK T, DOYLE E L, CHRISTIAN M, et al. Efficient design and assembly of custom TALEN and other TAL effector-based constructs for DNA targeting [J]. Nucleic acids research, 2011, 39 (12): e82.

[7] CHRISTIAN M, CERMAK T, DOYLE E L, et al. Targeting DNA double-strand breaks with TAL effector nucleases [J]. Genetics, 2010, 186 (2): 757-761.

[8] CONG L, RAN F A, COX D, et al. Multiplex genome engineering using CRISPR/Cassystems [J]. Science, 2013, 339 (6121): 819-823.

[9] EMMA H, SANDEEP B, JENNA P, et al. CRISPR-Cas9 genome editing induces a p53-mediated DNA damage response [J]. Nature medicine, 2018, 24 (7): 927-930.

[10] GAUDELLI N M, KOMOR A C, REES H A, et al. Programmable base editing of A·T to G·C in genomic DNA without DNA cleavage [J]. Nature, 2017, 551 (7681): 464-471.

[11] GILBERT L A, LARSON M H, MORSUT L, et al. CRISPR-mediated modular RNA-guided regulation of transcription in eukaryotes [J]. Cell, 2013, 154 (2): 442-451.

[12] HARRINGTON L B, BURSTEIN D, CHEN J S, et al. Programmed DNA destruction by miniature CRISPR-Cas14 enzymes [J]. Science, 362 (6416): 839-842.

[13] ISHINO Y, SHINAGAWA H, MAKINO K, et al. Nucleotide sequence of the iap gene, responsible for alkaline phosphatase isozyme conversion in Escherichia coli, and

identification of the gene product [J]. Journal of bacteriol，1987，169（12）：5429–5433.

[14] JACQUIER A，DUJON B. An intron-encoded protein is active in a gene conversion process that spreads an intron into a mitochondrial gene [J]. Cell，1985，41（2）：383–394.

[15] JANSEN R，VAN embden J D A，GAASTRA W，et al. Identification of genes that are associated with DNA repeats in prokaryotes [J]. Molecular microbiology，2002，43（6）：1565–1575.

[16] JINEK M，CHYLINSKI K，FONFARA I，et al. A programmable dual-RNA-guided DNA endonuclease in adaptive bacterial immunity [J]. Science，2012，337（6096）：816–821.

[17] KAY S，HAHN S，MAROIS E，et al. A bacterial effector acts as a plant transcription factor and induces a cell size regulator [J]. Science，2007，318（5850）：648–651.

[18] KIM Y G，CHA J，CHANDRASEGARAN S. Hybrid restriction enzymes：zinc finger fusions to Fok Ⅰ cleavage domain [J]. Proceedings of the National Academy of Sciences of the United States of America，1996，93（3）：1156–1160.

[19] KOMOR A C，KIM YB，PACKER M S，et al. Programmable editing of a target base in genomic DNA without double-stranded DNA cleavage [J]. Nature，2016，533（7603）：420–424.

[20] LIU X，WANG M，QIN Y，et al. Targeted integration in human cells through single crossover mediated by ZFN or CRISPR/Cas9 [J]. BMC biotechnology，2018，18（1）：66.

[21] MCMAHON M A，RAHDAR M，PORTEUS M. Gene editing：not just for translation anymore [J]. Nature methods，2011，9（1）：28–31.

[22] MILLER J C，TAN S，QIAO G J，et al. A TALE nuclease architecture for efficient genome editing [J]. Nature biotechnology，2011，29：143–148.

[23] MOK B Y，MORAES M H D，ZENG J，et al. A bacterial cytidine deaminase toxin

enables CRISPR-free mitochondrial base editing [J]. Nature，2020，583：631-637.

[24] Pausch P，AL-SHAYEB B，BISOM-RAPP E，et al. CRISPR-CasΦ from huge phages is a hypercompact genome editor [J]. Science，2020，369（6501）：333-337.

[25] PORTEUS M H，BALTIMORE D. Chimeric nucleases stimulate gene targeting in human cells [J]. Science，2003，300（5620）：763.

[26] PUCHTA H. Applying CRISPR/Cas for genome engineering in plants：the best is yet to come [J]. Current opinion in plant biology，2016，36：1-8.

[27] SHETH R U，YIM S S，WU F L，et al. Multiplex recording of cellular events over time on CRISPR biological tape [J]. Science，2017，358（6369）：1457-1461.

钙钛矿太阳电池前沿态势报告

太阳能作为一种清洁、可持续能源，是解决人类能源需求的重要途径之一，更是应对气候变化、实现碳中和的关键能源技术选项之一。近年来太阳能技术取得了快速发展，目前，已经历了三代太阳能光伏发电技术：一是硅基太阳电池作为第一代太阳能技术，最为成熟，应用也最广泛，但是还存在制造成本高、耗能大等问题；二是薄膜太阳电池作为第二代电池相比第一代电池有着更好的性能，但是也受制于成本高、污染环境和原料稀缺等问题；三是以染料敏化电池和有机太阳电池为代表的第三代太阳电池近年来得到了业界的广泛关注。

钙钛矿太阳电池（perovskite solar cells，PSC）作为近10年来新兴的第三代太阳电池技术，具有材料来源丰富、工艺简单、价格低廉、转换效率高、可弯曲性能好及可大面积制备等优点，且因可与硅基太阳电池形成串联结构进一步提高效率而广受关注（图6-1）。

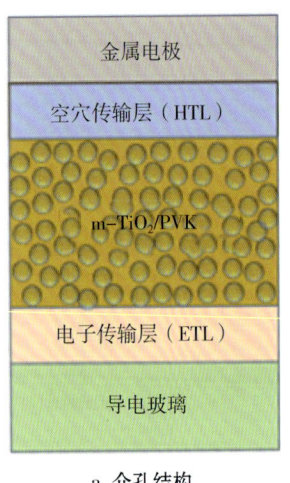
a 介孔结构

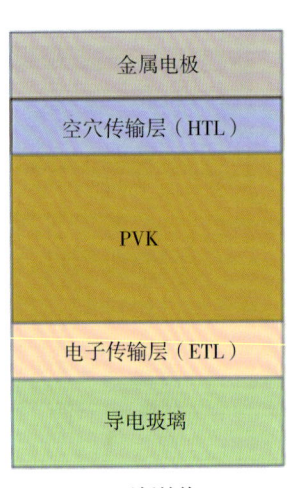
b 平板结构

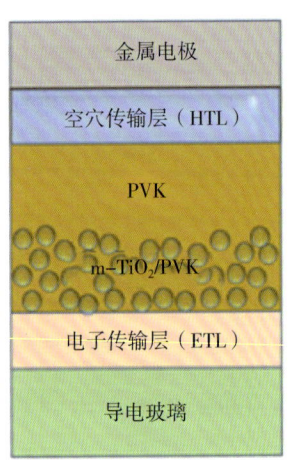
c 介孔超结构

图 6-1 钙钛矿太阳电池器件结构

一、发展历程

钙钛矿太阳电池经过10多年的发展，走过了诞生、成长到快速发展的历程，钙钛矿太阳电池发展过程中的标志性事件如图6-2所示。

6 钙钛矿太阳电池前沿态势报告

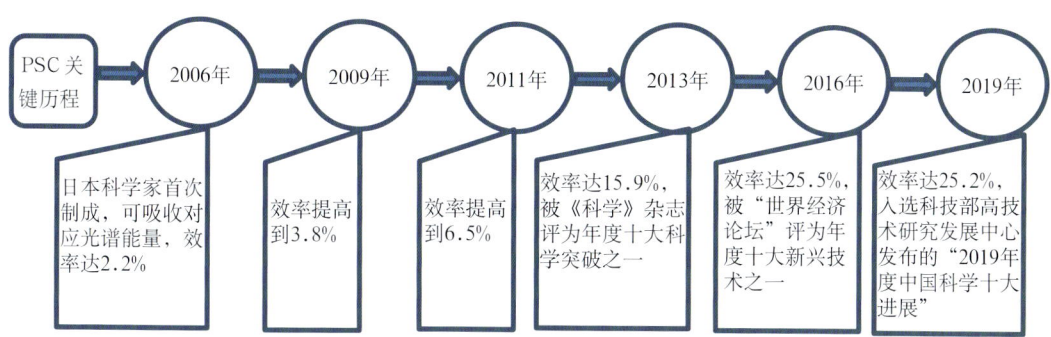

图 6-2　钙钛矿太阳电池发展过程中的标志性事件

由图 6-2 可见，钙钛矿太阳电池发展经历如下 3 个阶段。

一是诞生阶段（2006—2009 年）。2006 年钙钛矿太阳电池首次被日本科学家小岛明彦（Akihiro Kojima）等人利用有机/无机复合钙钛矿薄膜作为吸光层试制太阳电池，发现其可以吸收对应光谱的全部能量，光吸收率是普通染料的 10 倍，当时测得最高效率为 2.2%，到 2009 年就已提高到 3.8%。但是钙钛矿太阳电池具有不稳定性，转化效率也需要进一步提高。钙钛矿太阳电池先后引起英国牛津大学，瑞士洛桑联邦理工学院，中国科学院，日本松下公司、夏普公司、东芝公司等全球顶尖科研机构和大型跨国公司的研发与投资兴趣。

二是成长阶段（2010—2013 年）。随着国内外政府、高校与科研机构、企业积极推动，钙钛矿太阳电池进入成长阶段。2011 年，韩国成均馆大学朴南圭（Nam-Gyu Park）课题组通过技术改进，将转化效率提高到了 6.5%。然而，由于仍然采用液态电解质，导致材料不稳定，几分钟后效率便削减了 80%。2012 年，牛津大学亨利·斯奈斯（Henry J. Snaith）和麦克·李（Mike Lee）课题组引入了空穴传输材料 Spiro-OMeTA，实现了钙钛矿太阳电池的固态化，转化效率接近 10%。同时，该器件显示出较好的稳定性，未封装器件存放 500 小时后光伏性能未明显衰减。2013 年，钙钛矿太阳电池又有新进展，转化效率达到 15.9%，被《科学》杂志评为年度十大科学突破之一。

三是快速发展阶段（2014 年至今）。钙钛矿太阳电池的效率不断提升，2016 年转化效率达 25.5%，并被"世界经济论坛"评为十大新兴技术之一。至 2019 年效率已达到 25.2%，大面积的组件也研发成功。2019 年年底，又入选科技部高技术研究发展中心发布的"2019 年度中国科学十大进展"。

二、观点与碰撞

（一）政府支持

世界主要国家政府近年来都大力支持钙钛矿太阳电池，相关国家和地区的发展战略如图 6-3 所示。

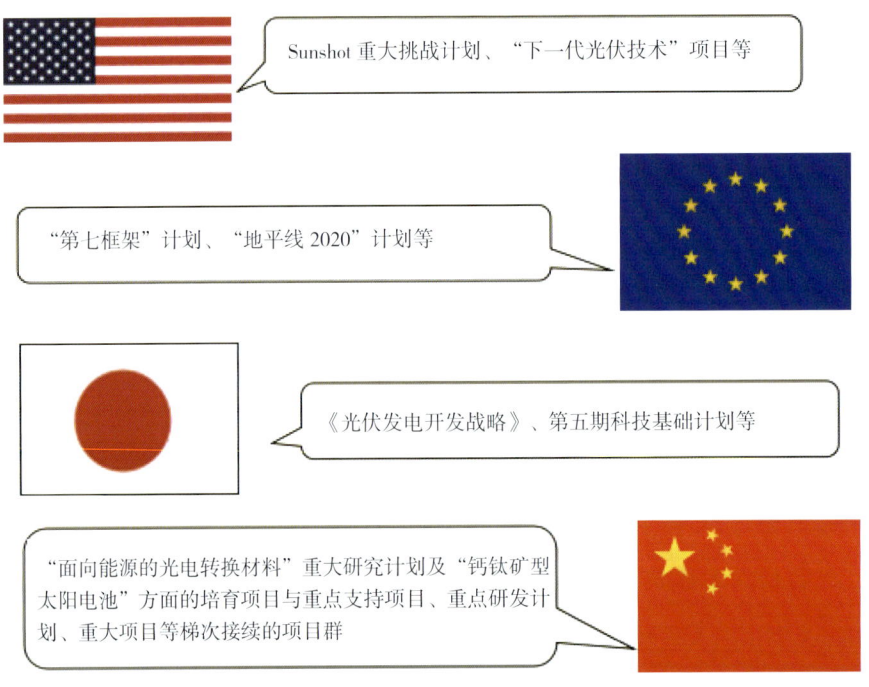

图 6-3 世界主要国家和地区的发展战略

1. 美国系统部署与研发

2011 年 Sunshot 重大挑战计划、2014 年"下一代光伏技术"项目、2016—2017 年光伏研发项目等，资助金额达 6364 万美元。围绕钙钛矿太阳电池实用化部署了提高电池效率、替代铅、提高稳定性、研究降解机制、开发新材料等一系列基础和应用研究,特别是投资发展低成本、高速卷对卷生产工艺,旨在加速太阳能发电技术在全美的广泛部署,实现2020年太阳能发电平价上网目标。这表明美国积极推动钙钛矿太阳电池技术从实验室向产业化方向转移的态势。

2. 欧盟连续资助研发

欧盟自2013年起在"第七框架"计划、2014年起"地平线2020"计划下连续资助钙钛矿太阳电池研究。截至2018年年底,"地平线2020"计划已资助相关研究28项,累计投入3638万欧元。在项目数量方面,英国(9项)、西班牙(6项)、瑞士(6项)排名前三,且优势明显;瑞士资助金额占比(16.1%)明显落后西班牙(25.8%),位居第三,比利时(14.9%)排在第四位;资助金额在200万欧元以上的钙钛矿太阳电池研究项目主要集中在英国(885万欧元)、比利时(541万欧元)、瑞士(504万欧元)、西班牙(500万欧元)、葡萄牙(299万欧元)。通常认为英国和瑞士的钙钛矿太阳电池研究居欧洲领先地位。可见,欧盟正在大力推动钙钛矿太阳电池实用化,积极研发高效、耐用的钙钛矿太阳电池技术。

3. 日本重视太阳能技术研发部署

2004年,NEDO发布《光伏发电路线图》,提出了2010年、2020年和2030年光伏发电成本目标和光电效率目标。2009年发布路线图修订版,重申2020年和2030年光伏发电成本目标,上调光电效率目标,新增2050年光伏发电成本目标和光电效率目标。2014年发布《光伏发电开发战略》,再次重申2020年和2030年光伏发电成本指标,再次上调光电效率目标,并首次支持钙钛矿太阳电池研发。随后每年资助研发项目,截至2018年年底累计投入约184亿日元,参与机构包括松下公司、东芝公司、积水化学工业株式会社、爱信精机株式会社、富士公司、早稻田大学、东京大学等。通过推动新结构和新材料的研发,验证新概念制造设备、可靠性保障技术、发电原理,建立高度可靠的性能评估技术,进一步提高钙钛矿太阳电池性能。

4. 中国加大研发部署

2012年中国启动"面向能源的光电转换材料"重大研究计划,随后围绕"钙钛矿型太阳电池"的新材料、机制、效率、器件工艺及稳定性、关键共性技术等方面先后以培育项目与重点支持项目、重点研发专项、重大项目予以资助并形成梯次接续的项目群。《国家中长期科学和技术发展规划纲要（2006—2020 年）》《能源发展战略行动计划（2014—2020 年）》《"十三五"国家科技创新规划》等均对太阳能技术发展做出战略部署。2016 年，《"十三五"国家战略性新兴产业发展规划》提出加强钙钛矿等新型高效低成本太阳电池技术研发，推动高效低成本太阳能利用新技术和新材料产业化。《能源技术革命创新行动计划（2016—2030 年）》提出"新型高效太阳能电池产业化关键技术"创新行动，要求研发钙钛矿电池及钙钛矿/晶体硅叠层电池产业化的关键技术、工艺及设备，建立电池组件生产及应用示范线，建成产能 ≥ 2 MWp 的中试生产线，组件平均效率各为 ≥ 14%、≥ 15%、≥ 21%，探索研发更高效、更低成本的钙钛矿电池技术。2019 年科技部实施"可再生能源与氢能技术"重点专项，提出对高效稳定大面积钙钛矿太阳电池关键技术及成套技术研发予以重点支持，具体研发大面积薄膜制备技术、大面积薄膜缺陷调控技术、大面积功能层界面结构和光电特性调控方法、大面积高效率高稳定性器件制备技术、组件精密切割与连接技术等，解决大面积钙钛矿太阳电池稳定性问题，获得稳定大面积钙钛矿太阳电池关键技术及成套技术，实现大面积钙钛矿太阳电池效率 ≥ 19%（面积 > 20 cm × 20 cm），室温 25 ℃，AM1.5 光照 1000 小时后，效率衰减 ≤ 10%。这些有关钙钛矿太阳电池的部署，无疑加快了中国在钙钛矿太阳电池领域的技术研发，为未来产业持续发展提供有效的科技支撑。

（二）技术研发

自钙钛矿太阳电池诞生以来，国内外高校、科研机构等对钙钛矿太阳电池进行了大量的研究，在材料、工艺、制备方法及转化效率等方面已经取得了显著进展。

1.国外技术研发进展

日本是研究钙钛矿太阳电池最早的国家，韩国、英国紧随其后，瑞士、美国、加拿大等国家陆续加入钙钛矿太阳电池研发，并取得显著成效（表 6-1）。

表 6-1　2006—2020 年国外钙钛矿太阳电池研究的代表性成果

时间	国家	电池结构	器件	主要技术	效率
2006 年	日本	$TiO_2/CH_3NH_3PbBr_3/(I_3/I)$	液态	新吸光材料的表征	2.2%
2007 年	日本	$TiO_2/CH_3NH_3PbI_3/PPCB$	固态	固态电解质的应用	0.4%
2009 年	日本	$TiO_2/CH_3NH_3PbI_3/(I_3/I)$	液态	电池制作工艺优化	3.8%
2011 年	韩国	$TiO_2/CH_3NH_3PbI_3/(I_3/I)$	液态	合成工艺优化	6.5%
2012 年 8 月	瑞士、韩国	$TiO_2/CH_3NH_3PbI_3/spiro-MeOTAD$	固态	钙钛矿型纳米颗粒沉积在介观 TiO_2 薄膜上	9.7%
2012 年 11 月	英国	$Al_2O_3/CH_3NH_3PbI_3/spiro-MeOTAD$	固态	MSSC 结构	10.9%
2013 年 6 月	瑞士	$TiO_2/CH_3NH_3PbI_3/spiro-MeOTAD$	固态	钙钛矿连续沉积法	15.0%
2013 年 9 月	英国	$TiO_2/CH_3NH_3PbI_2Cl/spiro-MeOTAD$	固态	钙钛矿气相沉积法	15.4%
2013 年 11 月	英国	$Al_2O_3/CH_3NH_3PbI_{3-x}Cl_x/spiro-MeOTAD$	固态	低温	15.9%
2013 年 12 月	美国	$TiO_2/CH_3NH_3PbI_3/spiro-MeOTAD$	固态	气相辅助溶液沉积法	12.1%
2013 年 12 月	加拿大	$ZnO/CH_3NH_3PbI_3/spiro-MeOTAD$	固态	低温柔性	10.2%
2014 年 8 月	韩国	尺寸可控的 $CH_3NH_3PbI_3$ 长方体	固态	两步旋涂法	17.0%
2014 年 7 月	韩国	$CH_3NH_3Pb(I_{1-x}Br_x)_3$ ($x = 0.1$–0.15) CH_3NH_3I–PbI_2–DMSO	固态	优化钙钛矿薄膜的制备方法	16.2%
2014 年 5 月	瑞士	低禁带喹啉亚吖啶基分子	固态	新型空穴传输材料	12.8%
2014 年 4 月	美国	平面异质结钙钛矿	固态	溶液处理增强重建工艺、掺杂 TiO_2ETL	19.3%
2015 年 5 月	韩国	$ITO/NiO/CH_3$–$NH_3PbI_3/PCBM/LiF/Al$	固态	脉冲激光沉积	17.3%
2016 年 3 月	瑞士	$Cs_x(MA_{0.17}FA_{0.83})_{(100-x)}Pb(I_{0.83}Br_{0.17})_3$	固态	三重 Cs/MA/FA 阳离子的混合物	21.1%
2016 年 5 月	瑞士	$CH_3NH_3PbI_3$/ 新型蝶形 TPA 小分子材料 Z1011	固态	新型无掺杂三苯胺材料	16.3%
2016 年 5 月	韩国	$NiO/CH_3NH_3PbI_3/HTL$	固态	原子层沉积法（ALD）	16.4%
2016 年 9 月	瑞士	$FTO/SnO_2/FA_{1-x}(MACs)_xPbI_3/spiro-MeOTAD/Au$	液态	利用简单的溶液处理工艺来沉积 SnO_2 层	20.7%
2016 年 12 月	澳大利亚	$TiO_2/CH_3NH_3PbI_3$	固态	铷元素新材料	17.9%

续表

时间	国家	电池结构	器件	主要技术	效率
2017年8月	瑞典	FTO/bI-TiO$_2$/mp-TiO$_2$/RuCsFAMAPb$_{1-x}$Br$_x$/spiro-MeOTAD/Au	固态	有机金属卤化物钙钛矿太阳电池	21.8%
2017年9月	韩国	TiO$_2$/CH$_3$NH$_3$PbI$_3$/EFGnPs	固态	EFGnPs覆盖钙钛矿活性层	14.7%
2018年3月	韩国	PEDOT：PSS/FAPbI3-xBr$_x$/ETM/Al	固态	使用非富乐烯电子运输材料	20.2%
2018年6月	瑞士	硅和钙钛矿结合的微米"金字塔"界面结构	固态	新型硅-钙钛矿太阳电池组合	25.2%
2019年6月	韩国	FAPbI$_3$/FTO/c-TiO$_2$/m-TiO$_2$/PVK/spiro-OMeTAD/Au	固态	MACl添加剂改善钙钛矿薄膜质量	24.0%
2019年4月	韩国	宽带隙卤化物钙钛矿薄层	液态	溶液旋涂法获得新材料	24.2%
2020年1月	德国	nc-SiO$_x$：H混合相n型掺杂硅（纳米）晶体嵌入非晶硅（亚）氧化物基质	固态	纳米晶氧化硅构成的光学夹层	25.2%
2020年2月	印度	综述了PSC的特点、效率的演变、迄今为止使用的各种体系结构、钙钛矿薄膜的制备技术和一些大规模的钙钛矿型太阳电池制造技术，深入讨论了PSC在潮湿、氧气、紫外线下的降解、毒性等所面临的问题及其对研究者采用的各种处理方法的影响，以及PSC商业化的障碍			
2020年	美国	C60/SnO$_{1.76}$ICl	固态	不同工艺沉积的4层或更多层的互连层	24.4%（小）；22.2%（大）
2020年5月	英国	从硅、CdTe、染料敏化、有机、量子点和混合太阳电池等方面简要综述比较了柔性钙钛矿型太阳电池（FPSC）的主要特点，特别强调2019/2020年FPSC在实验室和大型设备方面取得的重大突破，严格评估了FPSC柔性衬底、钙钛矿吸收材料、电荷传输材料及器件制造和封装方法等内容，讨论了制造高性能、长期稳定的FPSC存在的挑战，对FPSC在光伏领域的未来机遇提出了看法			
2020年7月	韩国	综述了钙钛矿材料光电性能的基本原理及制造高效钙钛矿太阳电池的重要方法，还讨论了可能的下一代策略，以使PCE超过肖克利-奎瑟的限制			
2020年12月	英国	钙钛矿-硅串联结构	固态	钙钛矿-硅串联组合	29.5%

由表6-1可见，日本是国际上研究钙钛矿太阳电池最早的国家，韩国、瑞士、英国紧随其后，美国、加拿大等国家陆续加入钙钛矿太阳电池研发，并取得显著成效，

6 钙钛矿太阳电池前沿态势报告

钙钛矿太阳电池的转化效率由2006年的2.2%提高到2020年的29.5%，器件形态为液态和固态，主要技术包括关键新材料、新工艺与电池结构的优化和改进、技术稳定性等方面。印度、英国、韩国等方面的专家对PSC和FPSC的特点、结构、材料、技术等方面进行了综述分析，为未来的研究者快速了解PSC技术奠定了良好基础。

2. 国内技术研发进展

国内同行对有机金属卤化物钙钛矿开展了同步研究，香港科技大学、中国科学院大连化学物理研究所、中国科学院等离子体物理研究所、中国科学院半导体研究所、中国科学院物理研究所、清华大学、华中科技大学、南京大学等机构关于钙钛矿太阳电池的研究取得了不错成果（表6-2）。

表6-2 2008—2020年国内钙钛矿太阳电池研究的代表性成果

时间	机构	电池结构	器件	主要技术	效率
2008年10月	中国科学院物理研究所	$(SrNb_{0.05}Ti_{0.95}O_3/La_{0.9}Sr_{0.1}MnO_3)_3$	固态	钙钛矿材料应用在硅上	
2013年5月	香港科技大学	$TiO_2NWs/CH_3NH_3PbI_2Br$/spiro-MeOTAD	固态	掺杂型钙钛矿的合成	4.9%
2013年3月	中国科学院大连化学物理研究所、大连理工大学	$TiO_2/CH_3NH_3PbI_3/PCBTDPP$	固态	新空穴传导材料PCBTDPP	5.6%
2013年4月	中国科学院等离子体物理研究所	$TiO_2/CH_3NH_3PbI_3/P_3HT-MWNT$	固态	多壁碳纳米管促进载流子传输	6.5%
2013年6月	清华大学	$TiO_2/CH_3NH_3PbI_3/Al_2O_3/(I_3/I)$	液态	Al_2O_3处理提高吸收层稳定性	6.2%
2013年11月	华中科技大学	$TiO_2/CH_3NH_3PbI_3/Carbon$	固态	全印刷工艺	6.6%
2014年2月	中国科学院物理研究所	$TiO_2/CH_3NH_3PbI_3/Au$	固态	摆脱空穴传导层	10.5%
2014年3月	天津大学	$TiO_2/CH_3NH_3PbI_3/2TPA-2-DP$	固态	新空穴传导材料	9.1%

续表

时间	机构	电池结构	器件	主要技术	效率
2014年7月	华中科技大学	FTO/ TiO_2 / ZrO_2 /Perovskite / Carbon	固态	丝网印刷技术制备法	12.5%
2014年6月	北京大学	系统性总结了有机卤化物钙钛矿太阳电池的发展历程、工作原理、制备工艺等方面的代表性研究成果,尤其是就目前有待解决的关键科学问题、未来发展方向等进行了讨论和展望,点明了可能采取的技术路径			
2014年8月	浙江大学、苏州大学	$CH_3NH_3PbI_{3-x}Cl_x$/ 双电子收集层（PCBM/ ZnO）	固态	优化沉积工艺	15.9%
2015年2月	中国科学院	$TiO_2/CH_3NH_3PbI_3$	固态	PSS-Na改性,PEDOT：PSS	15.6%
2015年2月	浙江大学	$CH_3NH_3PbI_3$	固态	自组装单层界面工程	15.7%
2015年12月	华中科技大学	$ITO/NiO/CH_3NH_3PbI_3/PCBM/BCP/Al$	固态	使用P-i-N反式平面结构	15.0%
2016年2月	北京师范大学	$CH_3NH_3PbI_3$ $FTO/C-TiO_2$ / PCBA	固态	一步法制备钙钛矿薄膜	正扫:13.3%；反扫:17.8%
2016年4月	香港理工大学	钙钛矿 / 单晶硅叠层	固态	低温退火化学工艺、高透明钼铜合金、仿生花瓣型光薄膜等	25.5%
2016年5月	清华大学	总结了2014—2016年年初PSC研究所取得的部分最新进展,从PSC的基本结构、工作机制、界面调控、制备工艺等方面出发,评述了提高电池效率及稳定性、环境友好化等几个亟待改进的问题,展望未来仍需努力的研究方向			
2016年9月	桂林理工大学	从钙钛矿主要功能层,即吸收层、电子传输层、空穴传输层等制备及其对电池转换效率的影响等方面阐述PSC的研究进展,分析了目前研究的热点领域和成果、关键技术障碍,展望了未来重点研究方向和发展趋势			
2017年11月	中国科学院半导体研究所	$CH_3NH_3PbI_{3-x}Cl_x/NiO_x/FTO$	固态	乙酰丙酮锆改性铝阴极且空穴传输层掺杂铜	20.5%

续表

时间	机构	电池结构	器件	主要技术	效率
2018 年 7 月	陕西师范大学	F-PSCs/MAPbI$_3$-DS	固态	二甲硫醚作为添加剂	18.4%；1.2 cm^2 效率为 13.4%
2018 年 8 月	华中科技大学	TiO$_2$/CH$_3$NH$_3$PbI$_3$/CuPc/Carbon	固态	应用 CuPc 和碳材料	17.5%
2018 年 12 月	中国科学院半导体研究所	(FAPbI$_3$)$_{1-x}$(MAPbBr$_3$)$_x$	固态	采用碘化苯乙胺钝化表面缺陷	23.7%
2019 年 3 月	香港城市大学	Cs$_{0.05}$[FA$_{0.83}$(MA$_{1-x}$GA$_x$)$_{0.17}$]$_{0.95}$Pb(I$_{0.83}$Br$_{0.17}$)$_3$(CsFAMA$_{1-x}$GA$_x$)	固态	新型 GA 掺杂	20.3%
2019 年 8 月	上海交通大学	[CH(NH$_2$)$_2$]$_x$[CH$_3$NH$_3$]$_{1-x}$Pb$_{1+y}$I$_3$	固态	在钙钛矿薄膜表面形成强化学键	21.0%
2019 年 10 月	南京大学	ITO/PEDOT：PSS/ Pb-Sn 钙钛矿 /C60/BCP/Cu	固态	分相法混合 Pb-Sn 窄带隙钙钛矿反应	24.8%（小）；22.1%（大）
2020 年 5 月	苏州大学	综述了迄今为止控制无机钙钛矿薄膜生长包括前驱体溶液沉积、基底改性、成分掺杂和表面工程的各种方法，还讨论了钙钛矿晶体特性对与器件性能密切相关的缺陷和钙钛矿薄膜形貌的影响，对开发具有高效率和鲁棒稳定性的全无机 PSC 提出了结论和展望			

  由表 6-2 可见，国内学者对钙钛矿太阳电池的研究转化效率由 2013 年的 4.9% 提高到 2016 年的 25.5%，器件表现为液态和固态，主要技术包括关键新材料、制备方法、新工艺与电池结构的优化和改进等方面，综述了有机与无机钙钛矿太阳电池的发展历程、基本原理、制备技术与方法，展望了未来钙钛矿太阳电池的研究与发展方向。

  综上所述，国内外钙钛矿太阳电池研究不断升温，并且已经取得了不俗的业绩，转化效率由 2006 年的 2.2% 提高到了 2020 年的 29.5%，目前，瑞典、中国、美国、韩国等国家的科研人员研制的钙钛矿太阳电池转化效率均已达到 25% 左右。但是，我们必须清醒地认识到要实现钙钛矿太阳电池实用化和产业化，还有比较长的路要走。一是研究电池效率超过 25%，但大面积、实用模块的效率仍然较低。二是尽管钙钛矿太阳电池的稳定性不断提高，但是至今仍是《最佳研究电池效率表》中唯一被标示为"不稳定"的电池。三是虽然钙钛矿材料成本低，但是组成电池的其他材料（如空穴传输材料）价格昂贵。四是铅引发的环境保护问题不容忽视。五是大规模、高质量薄膜制备技术仍需探索与研究。六是国内外综述性文章日益增多，既有阶段性技术进展的综述，又有全方位、系统性的综述，这充分反映了钙钛矿太阳电池的研究热度、广度与深度。

（三）市场行为

1. 牛津光伏公司

2010年12月，牛津大学的Henry J. Snaith教授创立牛津光伏公司。2018年12月，牛津光伏公司1 cm^2面积的钙钛矿–硅叠层太阳电池效率达28%。该公司得到多家能源公司和投资机构的战略投资。

2020年8月，牛津光伏公司宣布其钙钛矿太阳电池产品将在2020年年底实现量产，并在2021年公开销售。

2020年12月，牛津光伏公司宣布，其钙钛矿–硅串联结构的效率再创新高，在实验室设置尺寸1.12 cm^2的电池上达到29.52%，已接近30%的里程碑。这一成就也使该技术领先于任何材料的单结电池，从而进一步验证了串联电池作为"光伏未来"的案例。新的效率记录已通过美国国家可再生能源实验室的认证。

2. 协鑫集团

2019年2月，协鑫集团旗下的苏州协鑫纳米科技有限公司（简称"协鑫纳米"）宣布已建成10 MW级别大面积钙钛矿组件中试生产线，完成了相关材料合成及制造工艺的研发，并已开始100 MW量产生产线的建设工作，计划于2020年实现钙钛矿光伏组件的商业化生产。

2019年8月，协鑫纳米的大面积钙钛矿光伏组件完成了德国莱茵TüV集团的功率测试，在有效面积内的转化效率达13.5%。

3. 杭州纤纳光电科技有限公司

2019年4月，三峡资本投资5000万元注资杭州纤纳光电科技有限公司（简称"杭州纤纳"）。2019年8月，杭州纤纳量产钙钛矿薄膜光伏模组（200～800 cm^2）认证效率超过12.0%，标志着商业化大组件的成功下线。

2020年8月，由杭州纤纳投资的钙钛矿生产线在浙江衢州正式投产，预计2020年计划产量将超过20万m^{2}光伏发电玻璃。

4. 东芝公司

2017年9月，东芝公司宣布制作出钙钛矿薄膜型组件，其光电转换效率达到了10.5%。

2018年6月，日本新能源产业技术综合开发机构（NEDO）与东芝公司合作，利用东芝公司拥有的弯月面涂布技术和新开发的工艺等，开发出了模块面积为703 cm^2、能源转换效率为11.7%的薄膜型钙钛矿光伏电池模块，实现了单元大面积化和高效率化。

5. 松下公司

2019年，松下公司宣布其钙钛矿组件已经通过标准稳定性的测试，器件寿命达到1000小时以上。

2020年2月，松下公司宣布其生产了一种轻质的30 cm×30 cm钙钛矿太阳电池组件，效率为16.0%。

三、竞争与合作

从专利和论文数据角度，对全球钙钛矿太阳电池（PSC）领域的研究态势、竞争格局、合作创新进行了分析。

（一）趋势及重大创新

1. 专利申请趋势

PSC相关专利申请量变化大致分为两个阶段：一是萌芽阶段（2009—2012年），

二是加速上升阶段（2013年起至今）。在萌芽阶段，PSC专利申请数量较少但呈现小幅增长，由2009年的4件增加到2012年的31件。2013年专利数量开始加速上升，数量接近2012年的3倍，2014年更是将近2012年的4倍，这与2013年PSC被《科学》杂志评为年度十大科学突破和PSC基础理论及制备技术研究取得突破性进展等紧密相关，进一步激发了科研人员对PSC的研究热情。至2015年，PSC专利申请量已达到1500件以上，增长速度十分迅速（图6-4）。

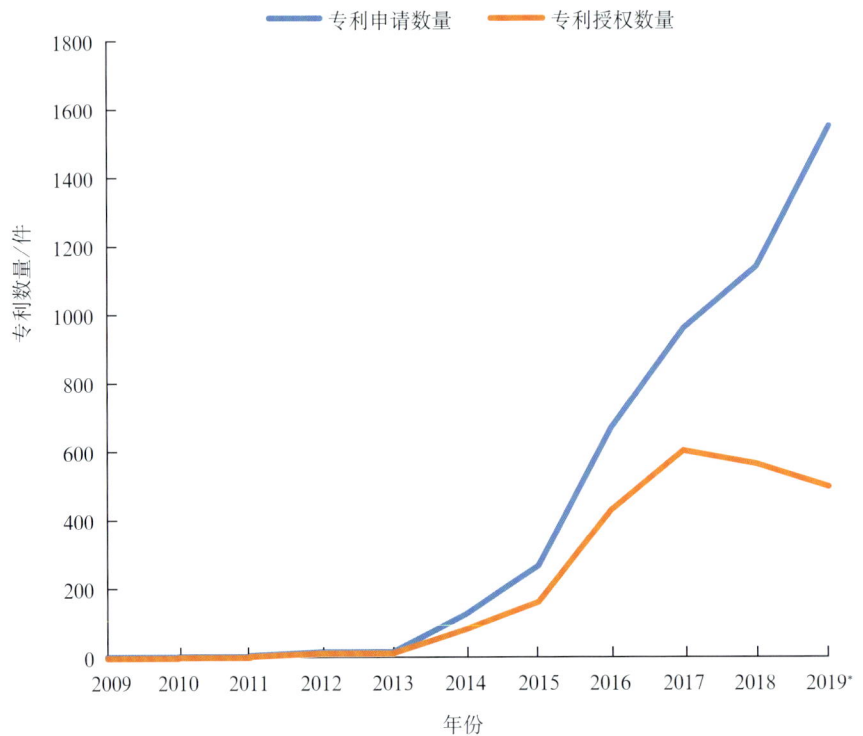

* 表示该年数据为不完全统计。

图6-4 钙钛矿太阳电池领域专利申请情况

2. 论文发表趋势

PSC相关论文开始发表于2009年，当年东京大学Kojima等人发现了有机卤化铅钙钛矿纳米晶体能够有效地敏化TiO_2，实现可见光向电能的转化，并测量出3.8%的光电转换效率。截至2019年，有SCI收录论文13 010篇，CPCI-S收录论文952篇。和专利申请情况类似，PSC论文发表也可大致分为两个阶段：起步阶段和快速上升

6 钙钛矿太阳电池前沿态势报告

阶段。2009 年出现了 PSC 的第 1 篇论文，2010 年有 3 篇，2011 年有 4 篇，2012 年增至 13 篇，此段时间论文数量较少，PSC 研究处于探索阶段。2013 年以后进入快速上升阶段，包括美国、中国、德国和意大利等国的科研机构和学者开始参与进来，PSC 论文在 2013 年快速增加到 58 篇。2013 年钙钛矿太阳电池研究取得了突破性进展，转换效率提升至 15.9%，Henry J. Snaith 等人首次在论文中提出了"钙钛矿太阳电池"这一概念。2014—2019 年 PSC 论文数量稳步快速增长，由 2014 年的 458 篇增加到 2019 年的 3403 篇（图 6-5）。

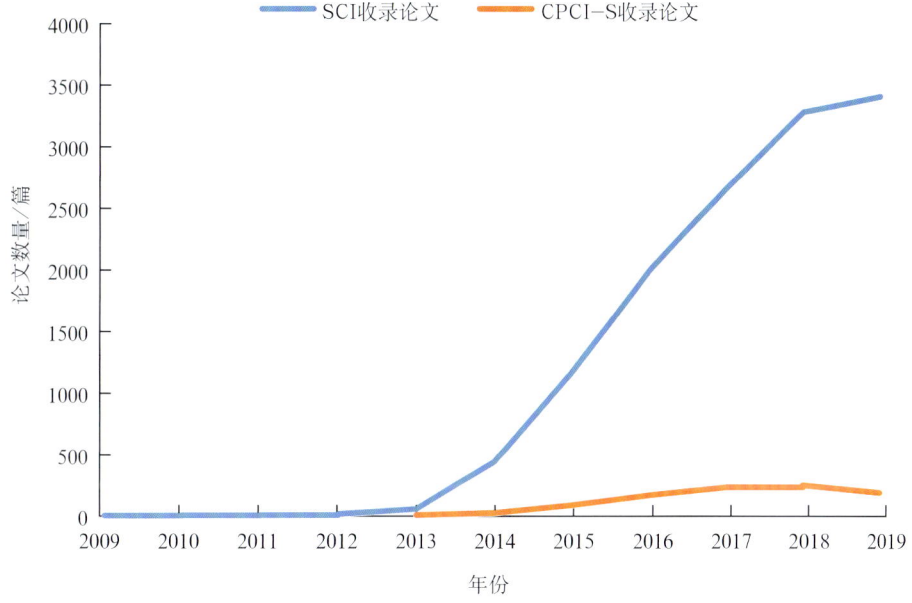

图 6-5　钙钛矿太阳电池领域论文发表情况

（二）国家/地区竞争格局

1. 专利视角

从专利数量和专利被引次数（专利质量）的角度综合考察不同国家/地区的竞争格局。从图 6-6 可以看出，中国、韩国、日本和美国占据了 PSC 专利申请的绝大部分，占比达 89.7%，其中中国申请量为 2426 件，占 65.1%，其他国家/地区的专利申请数量较少，说明 PSC 专利申请非常集中。

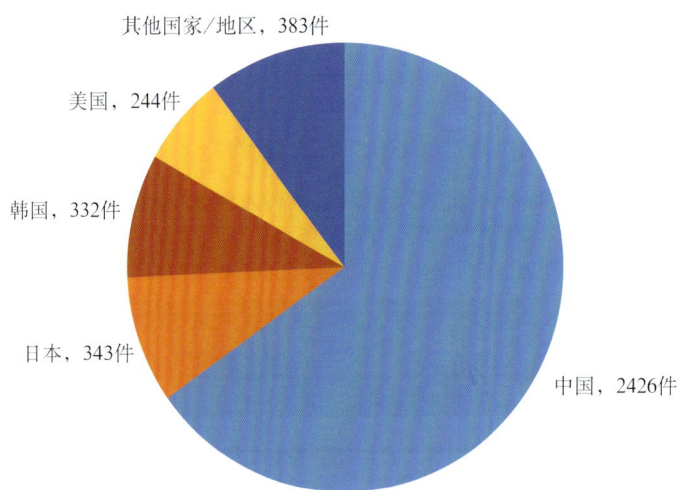

图 6-6 钙钛矿太阳电池领域专利申请国家/地区分布情况

综合实力居前 5 位的国家/地区为中国、美国、日本、韩国和中国台湾地区，如图 6-7 所示。中国的专利数量遥遥领先，但专利质量相对不高（平均被引次数只有 2.0 次）。美国专利少于中国，但专利质量要高于其他国家/地区，专利平均被引次数达到了 6.6 次。

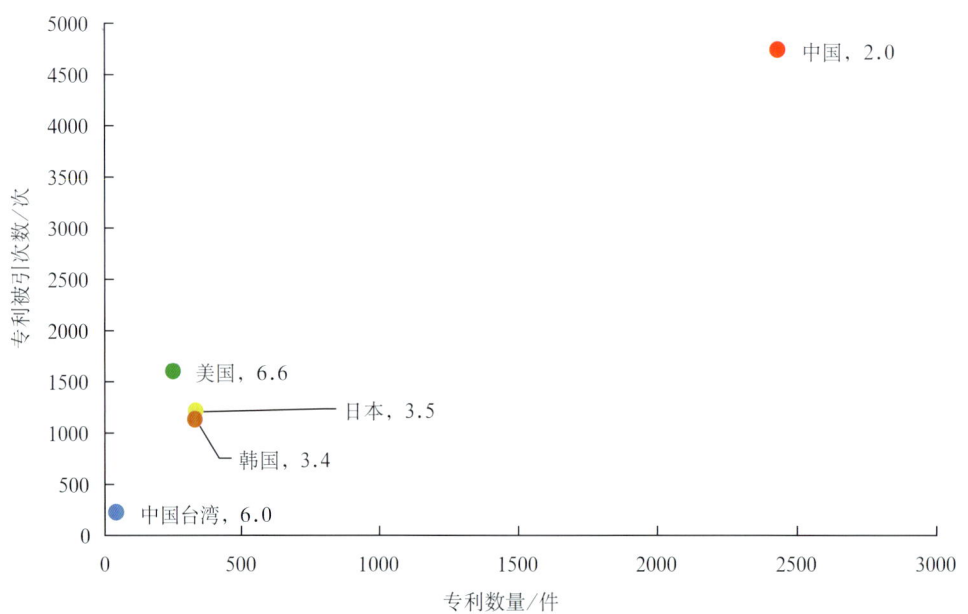

注：国家/地区后所列数字为论文的平均被引次数。

图 6-7 钙钛矿太阳电池领域专利申请数量全球排名居前 5 位的国家/地区

6 钙钛矿太阳电池前沿态势报告

主要国家/地区专利申请历年趋势如图6-8所示,PSC诞生初期申请专利较少,主要有中日两国申请PSC专利。主要国家在2013年后申请数量稳步上升,其中中国专利申请数量急剧上升,2019年达到了1146件。日本、韩国和美国专利数量上升相对平缓,2019年专利数量都在100余件。

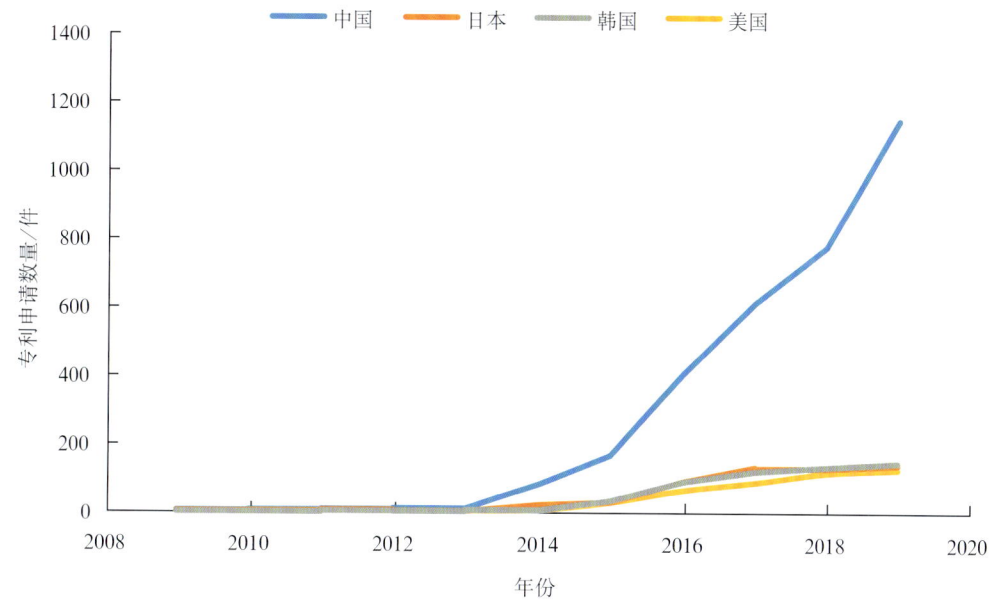

图6-8　钙钛矿太阳电池领域专利申请数量全球排名居前4位国家的历年趋势

2. 论文视角

从论文数量和论文被引次数综合考察不同国家/地区的基础研究实力。共有90个国家/地区发表了钙钛矿太阳电池论文,如图6-9所示,中国、美国和韩国发表的论文数量超过论文发表总数的一半,论文发表相对集中。

论文发表数量居前5位的国家为中国、美国、韩国、日本和英国。中国论文的平均质量相对不高,平均被引次数只有31.4次,低于美国、日本和韩国,远低于英国和瑞士。英国和瑞士虽然发文不多,但是凭借着主要科研机构(牛津大学和洛桑联邦理工学院)和研究领域内的著名学者(Michael Graetzel和Henry J. Snaith),产出了大批高水平高被引论文(图6-10)。从论文占比随时间区间变化来看,中国呈现增长趋势，美国和韩国保持平稳（图 6-11）。从论文被引次数占比随时间区间变化来看，中国和美国占据领先地位，中国增长较快，与美国差距缩小，而美国则继续保持领先优势（图 6-12）。

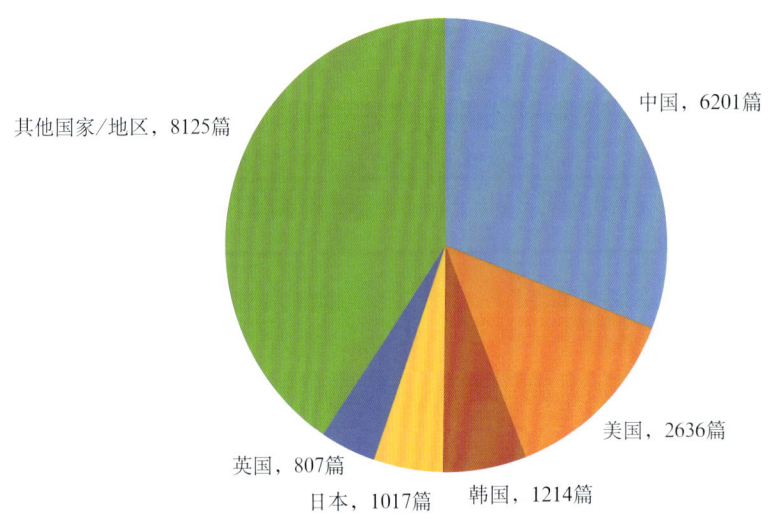

图 6-9　钙钛矿太阳电池领域论文发表国家/地区分布情况

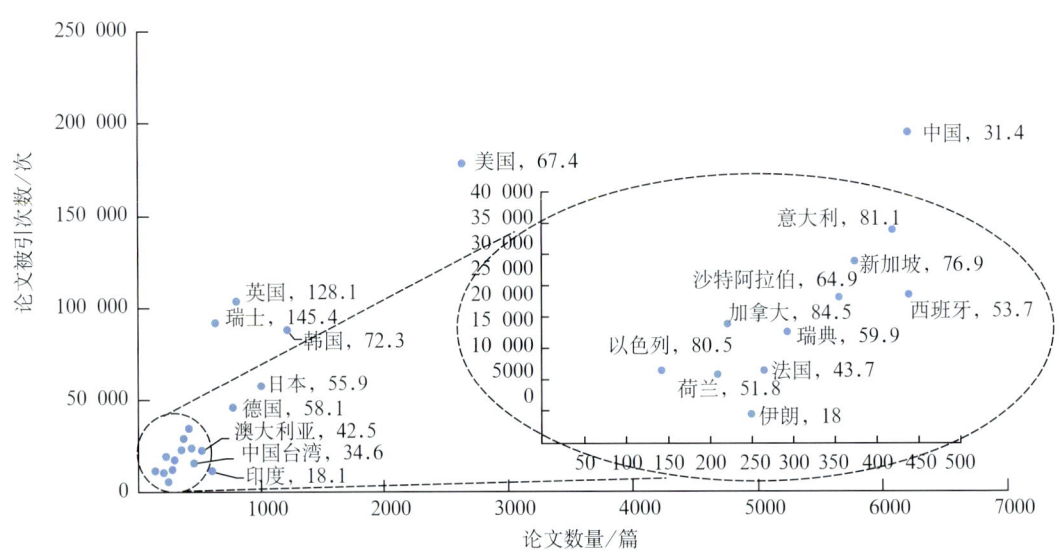

注：国家/地区后所列数字为论文的平均被引次数。

图 6-10　钙钛矿太阳电池领域论文发表数量全球排名居前 20 位的国家/地区

6 钙钛矿太阳电池前沿态势报告

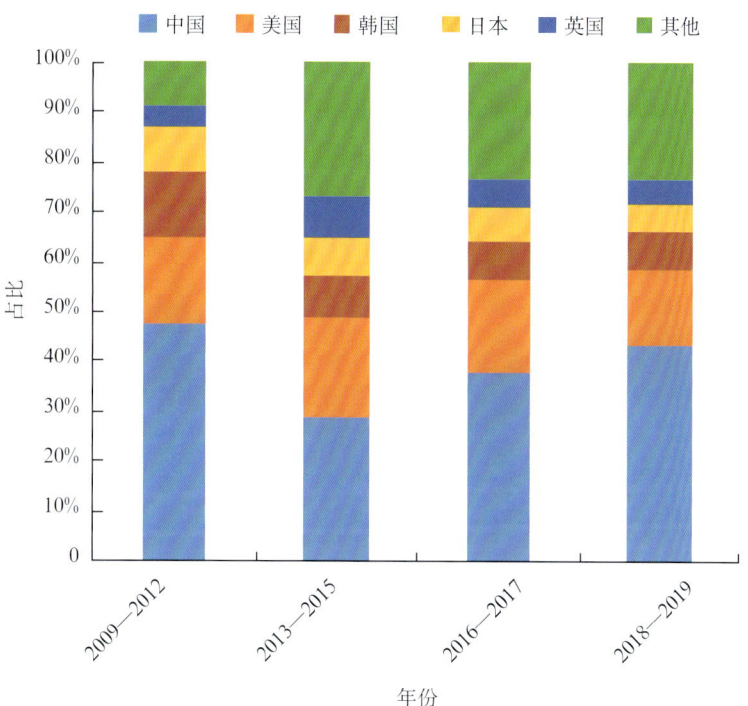

图 6-11 钙钛矿太阳电池领域主要国家不同时间区间论文数量占比变化情况

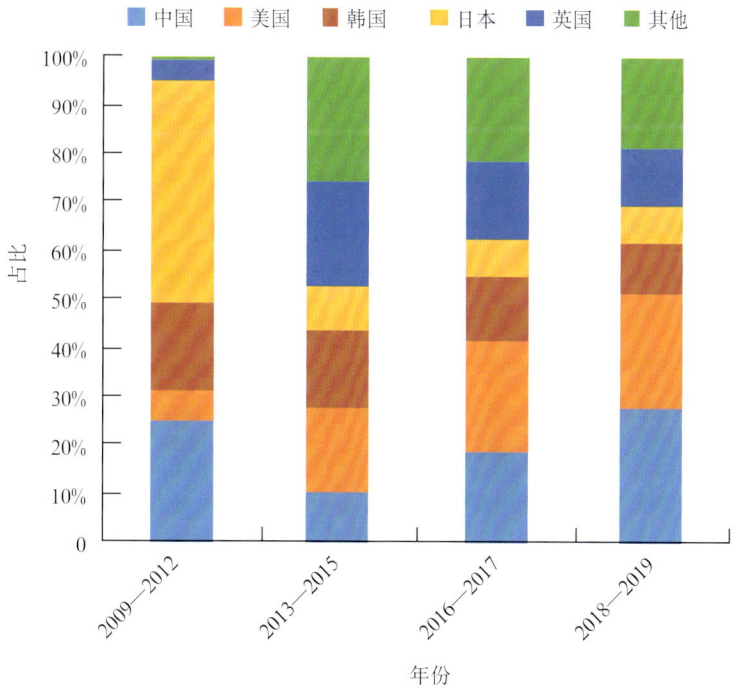

图 6-12 钙钛矿太阳电池领域主要国家不同时间区间论文被引次数占比变化情况

（三）城市竞争格局

从钙钛矿太阳电池研究集中分布情况来看，全球和中国集中程度接近。在全球范围内，钙钛矿太阳电池研究区域分布广泛，居前20位城市的论文数量占论文总数的63%，中国居前5位城市的论文数量也占中国论文总数的63%（图6-13）。

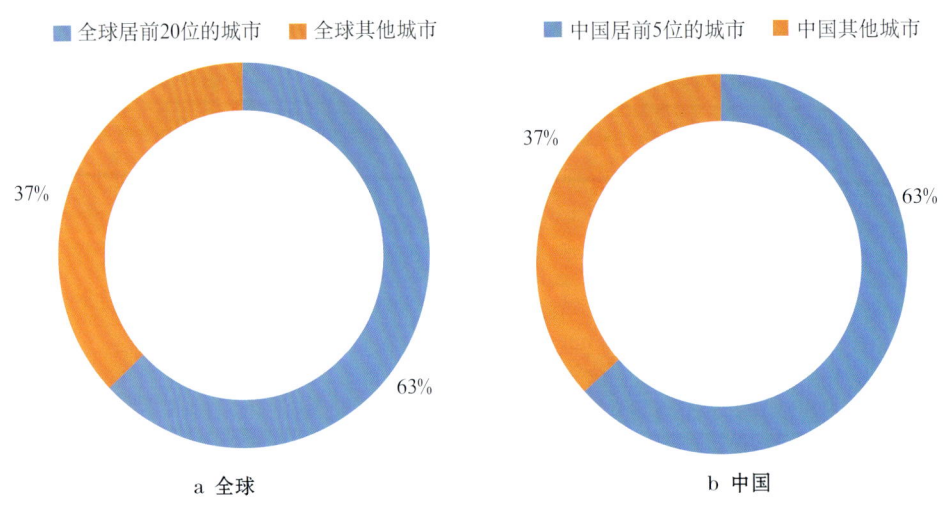

图6-13　钙钛矿太阳电池领域全球及中国城市论文数量集中分布情况

钙钛矿太阳电池领域全球城市论文竞争格局显示，综合实力居前10位的城市为北京、江苏、上海、首尔、香港、广东、湖北、洛桑和新加坡。发文数量上北京远远领先于其他城市，主要是由于中国科学院和众多高校均在北京。瑞士洛桑、英国牛津和韩国水原的论文平均水平要明显高于其他城市，这归功于其各自拥有自身的高水平研究高校，分别是洛桑联邦工学院、牛津大学和成均馆大学（图6-14）。

钙钛矿太阳电池领域中国城市论文竞争格局显示，综合实力居前10位的城市为北京、江苏、上海、香港、广东、湖北、陕西、深圳、浙江和天津（图6-15）。

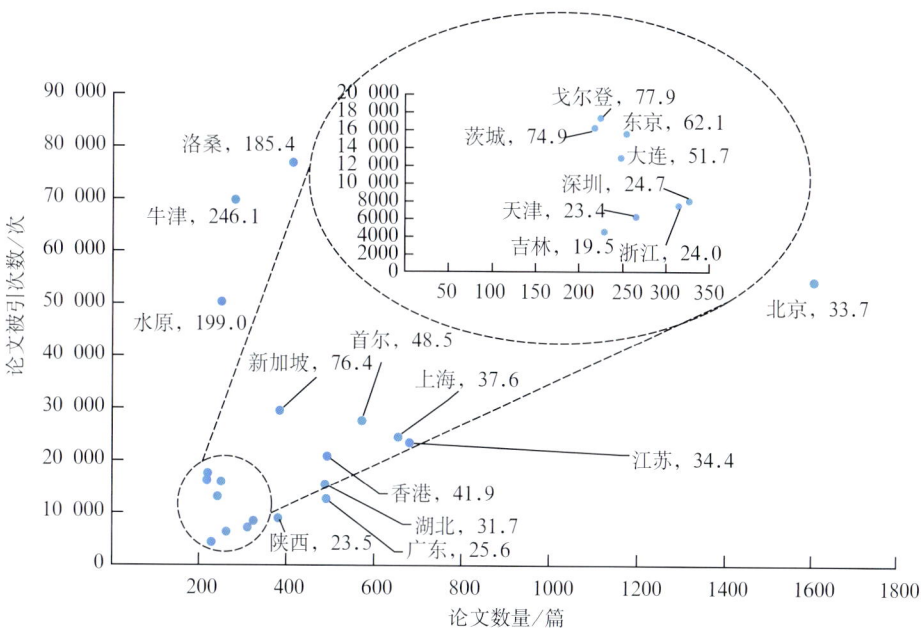

注：城市后所列数字为论文的平均被引次数。

图6-14　钙钛矿太阳电池领域全球城市论文竞争格局

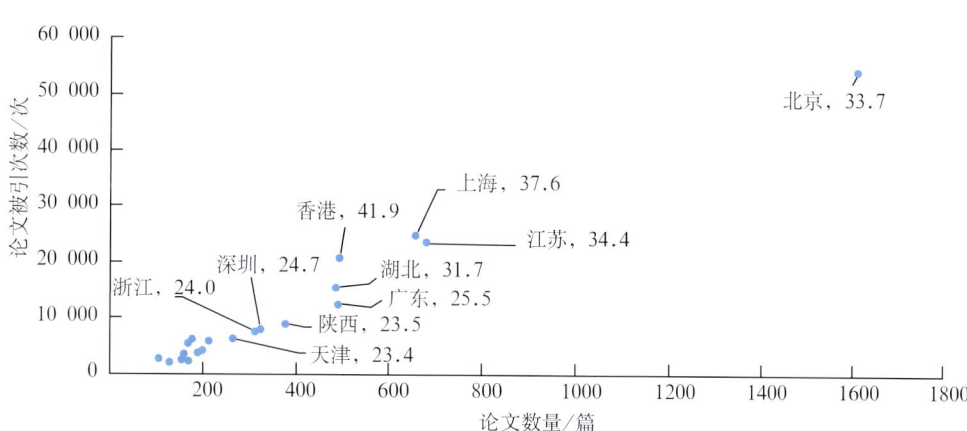

注：城市后所列数字为论文的平均被引次数。

图6-15　钙钛矿太阳电池领域中国城市论文竞争格局

（四）机构竞争格局

1.专利视角

从专利视角研究全球和中国钙钛矿太阳电池应用研究主体的竞争实力。全球机构分布显示，专利申请数量居前 20 位的机构中，有 12 家高校和科研机构。华中科技大学、武汉理工大学和苏州大学这 3 所中国院校申请专利最多。来自中国的机构还有电子科技大学、西安交通大学、南京邮电大学、北京大学、中国科学院上海硅酸盐研究所、南京工业大学、陕西师范大学和常州大学。企业主要有日本的积水化学工业株式会社、富士胶片公司和松下电器公司，韩国的 LG 化学公司，中国的杭州纤纳光电科技有限公司、宁波吉电鑫新材料科技有限公司和协鑫集团，此外还有德国的默克专利有限公司（图 6-16）。

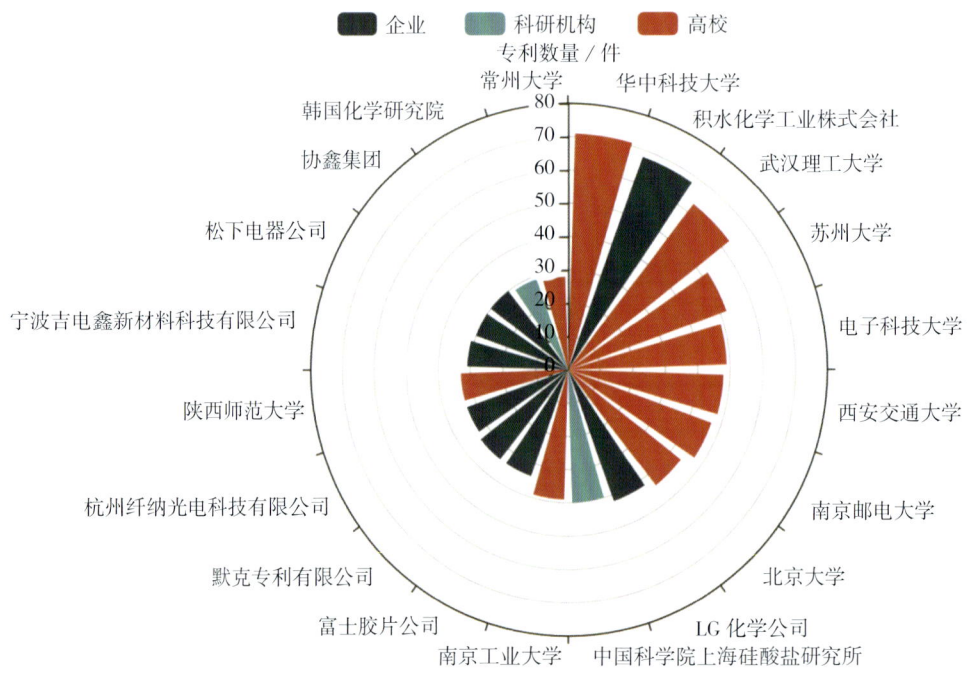

图 6-16　钙钛矿太阳电池领域全球排名居前 20 位的专利申请机构

中国机构分布中，高校是专利申请的主要来源，这些高校和科研机构的 PSC 论文产出也居世界前列，可以看出 PSC 专利产出与论文产出密切相关。居前 20 位的专利申请机构中有 3 家企业。杭州纤纳光电科技有限公司于 2015 年成立，其研制的 PSC 光电转换效率多次打破世界纪录，2019 年被杭州市政府列为最具成长性的准独角兽科创企业之一。2019年8月，杭州纤纳光电科技有限公司将PSC大面积模组（200～800 cm²）的转换效率提升到接近12%，刷新了世界纪录。协鑫集团作为能源龙头企业，多年位居中国企业500强新能源行业首位。宁波吉电鑫新材料科技有限公司成立于2017年，在2年时间内就申请了31件PSC相关专利，发展迅速。这些企业的出现和对PSC积极地投入得益于中国经济进一步发展和政策的积极引导（图6-17）。

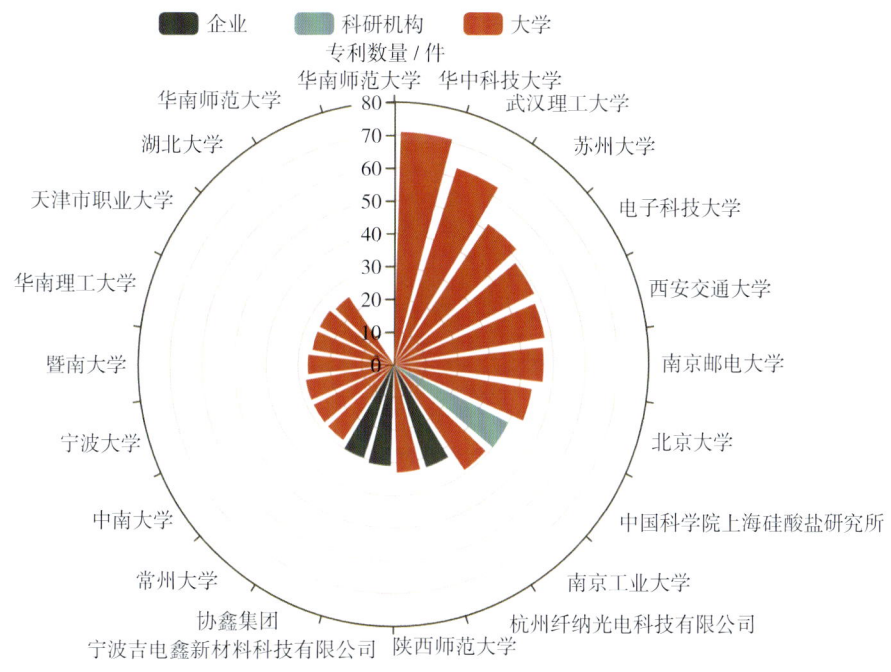

图6-17　钙钛矿太阳电池领域中国排名居前20位的专利申请机构

2. 论文视角

从全球范围具体机构分布来看，论文数量居前20位的机构全部为高校和科研机构。论文发表数量排在前10位的依次为中国科学院、美国能源部、洛桑联邦理工学院、北京大学、杭州电子科技大学、苏州大学、牛津大学、德国亥姆霍兹国家研究中心、加州大学、南洋理工大学。论文平均被引次数排在前5位的依次为牛津大学、成均馆大学、洛桑联邦理工学院、剑桥大学和牛津大学。综合来看，英国、美国和瑞士在 PSC 领域的基础研究实力较强，影响力较大。中国机构较多，但是论文平均被引次数相对不高，呈现出数量领先但平均质量较低的特点，缺少 PSC 领域具有较大影响力的机构（图 6-18）。

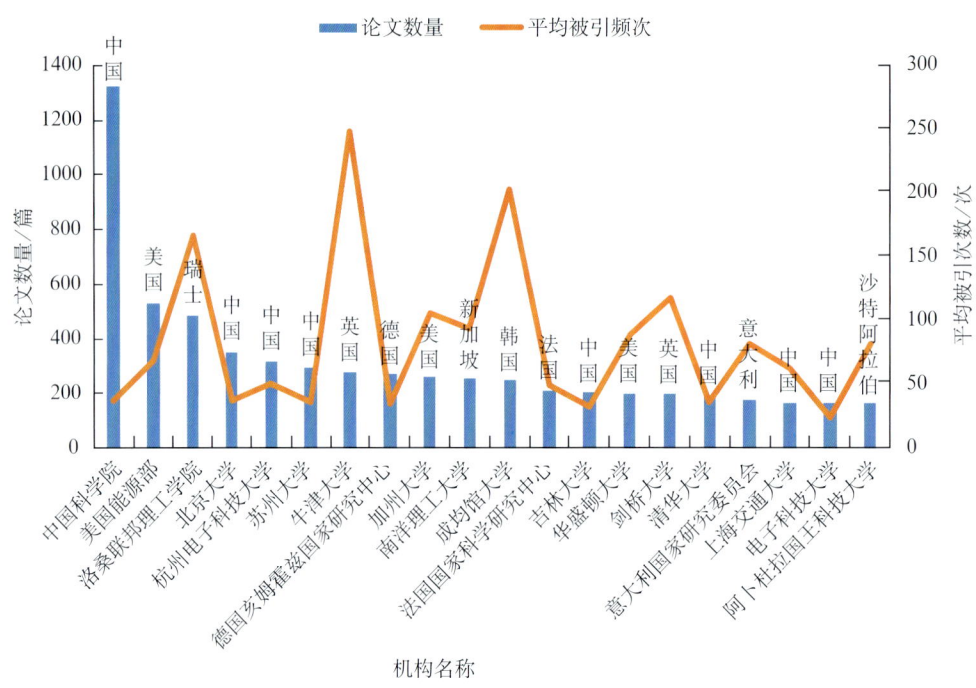

图 6-18　钙钛矿太阳电池领域全球排名居前 20 位的论文发表机构

就中国的具体机构分布来看，论文数量居前 10 位的机构依次为中国科学院、北京大学、杭州电子科技大学、苏州大学、吉林大学、清华大学、上海交通大学、电子科技大学、陕西师范大学和武汉大学。上海交通大学和香港科技大学论文平均被引次数较高，论文平均质量较高（图 6-19）。

6 钙钛矿太阳电池前沿态势报告

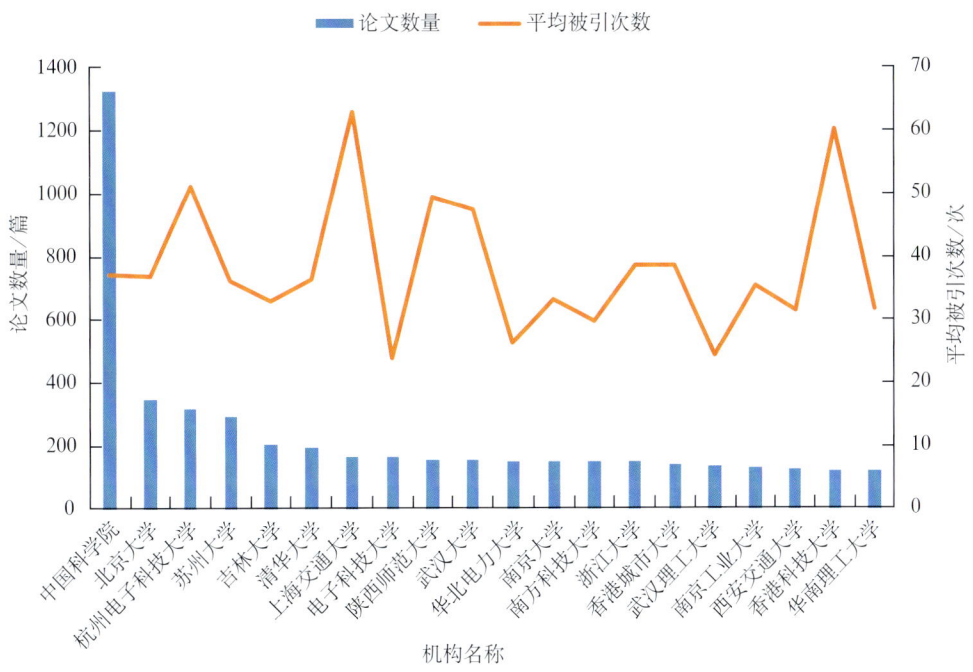

图 6-19 钙钛矿太阳电池领域中国排名居前 20 位的论文发表机构

（五）区域合作

1. 国家合作

从论文的视角考察 PSC 领域研究的国家/地区间合作情况（图 6-20）。目前，PSC 研究国际合作日益深化，初步形成了 4 个合作中心。其中，英格兰和瑞士是欧洲合作网络的双中心，瑞士的主要合作网络还延伸至东亚地区和新加坡，英格兰与美国也有着紧密的联系。中国和美国互相之间交流合作最多，中美是欧洲以外的双中心。日本、新加坡等位于合作网络的中间位置，与欧洲、中美等均有频繁交流。韩国和沙特阿拉伯与欧洲联系最为紧密。除了上述国家外，加拿大、瑞典、马来西亚、荷兰和德国等的研究也比较活跃，与其他国家和地区保持着紧密联系。

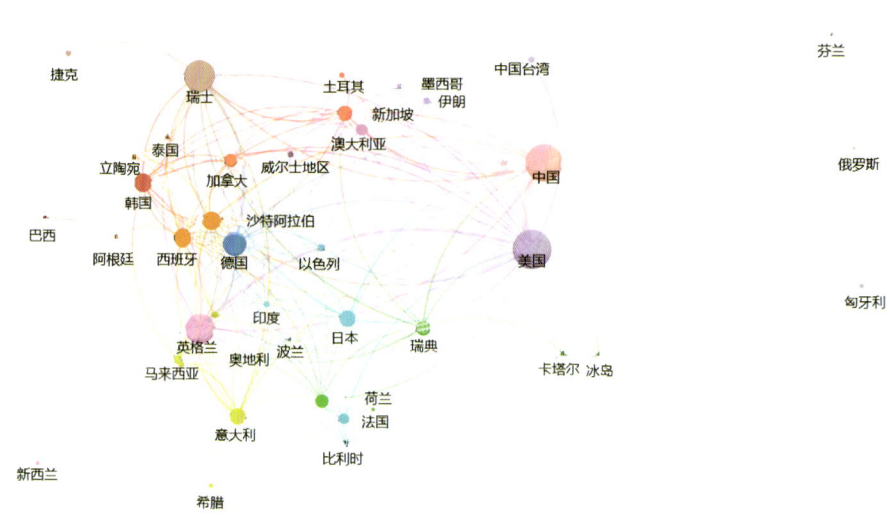

图 6-20　钙钛矿太阳电池领域主要国家/地区间论文合作情况

2. 城市合作

从全球城市间国际合作分析来看（图 6-21），合作发表论文数量在 20 篇以上的不同国家城市有北京和新加坡、江苏和新加坡、上海和茨城、洛桑和新加坡、深圳

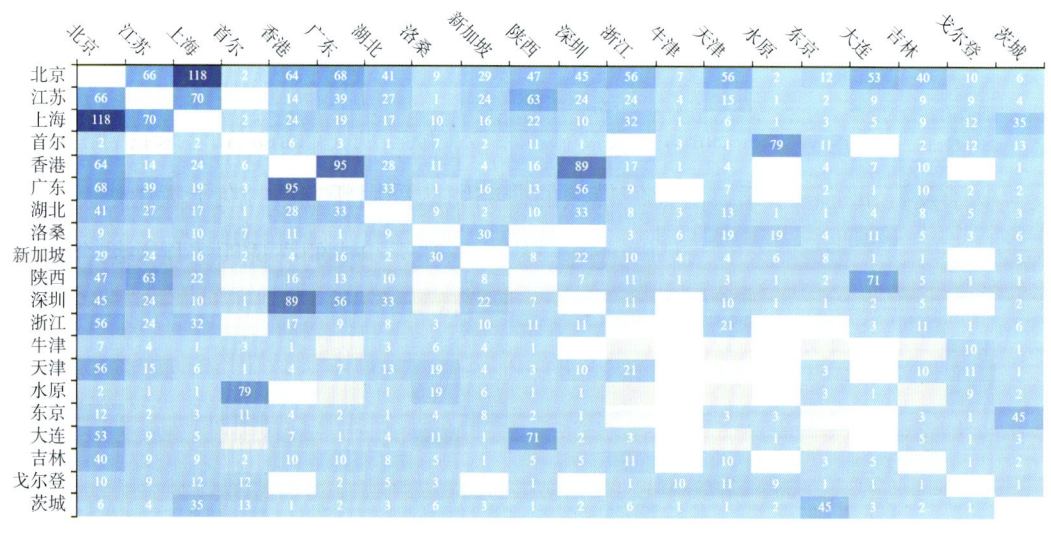

图 6-21　钙钛矿太阳电池领域全球主要城市间论文合作情况（单位：篇）

和新加坡。国际的城市合作主要发生在中国、新加坡、日本和瑞士的城市之间，这些国家的科研机构相对集中。

（六）顶尖人才

迈克尔·格兰泽尔（Michael Gratzel）是瑞士洛桑联邦理工学院（EPFL）PSC研究团队的核心人物，他也是染料敏化电池（DSSC，DSC，DYS或格兰泽尔电池）的发明者。在PSC领域他发表论文211篇，每篇论文平均被引用约207次，有高被引论文82篇，是目前PSC研究领域的引领者。他的主要贡献包括：2012年使用$CH_3NH_3PbI_3$纳米粒子得到转换效率为9.7%的钙钛矿太阳电池（当时最高）；2013年发现$CH_3NH_3PbI_3$中的长程平衡电子和空穴输运长度，为PSC提高效率提供理论依据；2013年利用沉积法得到转换效率为15%的PSC。

亨利·斯奈斯（Henry J. Snaith）是牛津大学PSC研究团队的核心人物，曾经在EPFL与迈克尔·格兰泽尔从事博士后工作。他的主要贡献包括：2013年证明钙钛矿吸收器不需要复杂的纳米结构，并提出其效率可以超过15%；2014年参与实现无铅的钙钛矿太阳电池，多次刷新钙钛矿太阳电池的转换效率。

朴南圭（Park Nam-Gyu）是成均馆大学化学工程学院教授，是韩国PSC研究团队的核心人物。2017年9月，朴教授因共同发现并应用钙钛矿材料实现有效的能源转换，荣获化学领域2017年度"引文桂冠奖"。

徐星全（Charles Chee Surya）教授和讲席教授欧雪明（Clarea Au）来自香港理工大学电子及资讯工程学系，由他们带领的研究团队采用新方法：在干氧中进行低温退火化学工艺减少钙钛矿缺陷，制作由三氧化钼和金组成的高透明三层并结合模仿玫瑰花瓣表面形态的光捕获膜等，提高了透光率和光电性能，制备出2016年世界上转换效率最高的钙钛矿太阳电池，转换效率高达25.5%。这种新型钙钛矿太阳电池的转化成本约为2.73港元/瓦，而2016年市场上的硅太阳电池转化成本约为3.9港元/瓦。

南京大学朱嘉、谭海仁和张春峰团队，2019年开发了一种减少锡中空位的策略混合的Pb-Sn窄带隙钙钛矿，其通过金属锡将Sn^{4+}还原为Sn^{2+}相称反应。该团队将窄带隙钙钛矿中的载流子扩散长度增加到 3 μm。对于 1.22 eV 的窄带隙太阳电池，获得 21.1% 的效率。全钙钛矿串联电池小面积器件（0.049 cm²）的效率为 24.8%，大面积器件（1.05 cm²）的效率为 22.1%，并且具有优异的稳定性。

四、未来展望

综合分析钙钛矿太阳电池国内外研发部署与进展，系统分析已取得成效，展望未来，主要有以下发展趋势。

一是钙钛矿太阳电池前景光明、影响深远。目前，钙钛矿太阳电池技术已经在全球光伏领域掀起了一场以高效低成本器件为目标的新技术革命，其转化效率不断提升，显示出钙钛矿太阳电池未来有可能对整个太阳能科学与技术行业及人类经济和社会生活产生巨大而深远的影响。

二是钙钛矿太阳电池还有不少科学与技术难题亟待深入研究。钙钛矿太阳电池的关键科学问题、关键材料、核心技术、转化效率与产品稳定性等制约着其未来的技术发展；而钙钛矿太阳电池产品的规模化生产、制造成本、使用寿命、环保等因素则是未来制约其产业化发展的重要因素。这些问题如果得不到解决，直接阻碍钙钛矿太阳电池的大规模开发与利用。

三是多主体、多学科、多领域协同创新将加速钙钛矿太阳电池的技术与产业化进步。综合国内外钙钛矿太阳电池研究，我们认为未来钙钛矿太阳电池需要不同领域技术专家、企业家、金融家的协同创新，相信通过综合利用结构工程、材料工程、界面工程、能带工程、入射光管理工程和能源系统管理工程等，在关键科学问题、重大原理、关键材料、大规模制备工艺、转化效率、稳定性、产业化等方面做出系统性部署与持续研究，形成创新链、产业链、价值链的良性互动，将会加快推动钙钛矿太阳电池研究成果产业化步伐，有可能通过突破性制备工艺生产出转换效率高、成本低、绿色环保的钙钛矿基太阳能新能源，真正成为新一代绿色能源产业的主流产品，为全球清洁能源发展、气候变化应对与生存环境改善做出应有贡献。

四是深化国际科技合作将推动钙钛矿太阳电池的未来发展。钙钛矿太阳电池作为未来应对气候变化、实现碳中和的关键技术之一,加强与深化国际科技合作是大势所趋。瑞士、英国、美国、日本、韩国等发达国家在钙钛矿太阳电池研发上取得了良好的创新性成果,中国、印度等发展中国家后来居上,在科学原理、材料研发、工艺研究、器件制备等方面迎头赶上,各国深化合作不仅可以发挥各自的优势,而且可以交流各自研发的成果、经验与教训,进一步优化技术路线,加速关键技术研发步伐,不断提升钙钛矿太阳电池的技术水平,推动钙钛矿太阳电池的未来持续发展。

参考文献

[1] ANARAKI E H, KERMANPUR A, STEIER L, et al. Highly efficient and stable planar perovskite solar cells by solution-processed tin oxide [J]. Energy & environmental science, 2016, 9(10), 3128-3134.

[2] BAI S, WU Z, WU X, et al. High-performance planar heterojunction perovskite solar cells: preserving long charge carrier diffusion lengths and interfacial engineering [J]. Nano research, 2014, 7(12): 1749-1758.

[3] CHEN W, LI X, LI Y, et al. A review: crystal growth for high-performance all-inorganic perovskite solar cells [J]. Energy & environmental science, 2020, 13(7): 1971-1996.

[4] DONG Y, LI W, ZHANG X, et al. Highly efficient planar perovskite solar cells via interfacial modification with fullerene derivatives [J]. Small, 2016, 12(8): 1098-1104.

[5] IM J H, JANG I H, PELLET N, et al. Growth of $CH_3NH_3PbI_3$ cuboids with controlled size for high-efficiency perovskite solar cells [J]. Nature nanotechnology, 2014, 9(11): 927-932.

[6] JIN Y K, LEE J W, JUNG H S, et al. High-efficiency perovskite solar cells [J]. Chemical reviews, 2020, 120(15): 7867-7918.

[7] JR PONSECA C S, CHABERA P, UHLIG J, et al. Ultrafast electron dynamics in solar

energy conversion [J]. Chemical reviews. 2017，117（16）：10940–11024.

[8] KOJIMA A，TESHIMA K，SHIRAI Y，et al. Organometal halide perovskites as visible-light sensitizers for photovoltaic cells [J]. Journal of the American chemical society，2009，131（17）：6050–6051.

[9] LIN R，XIAO K，QIN Z，et al. Monolithic all-perovskite tandem solar cells with 24.8% efficiency exploiting comproportionation to suppress Sn（Ⅱ）oxidation in precursor ink [J]. Nature energy，2019，4：864–873.

[10] LISTED N. 2013 Runners-up.Newcomer juices up the race to harness sunlight [J]. Science，2013，342（6165）：1438–1439.

[11] MAZZARELLA L，LIN Y H，KIRNER S，et al. Infrared light management using a nanocrystalline silicon oxide interlayer in monolithic perovskite/silicon heterojunction tandem solar cells with efficiency above 25% [J]. Advanced energy materials，2019，9（14）.

[12] MEI A，LI X，LIU L，et al. A hole-conductor-free，fully printable mesoscopic perovskite solar cell with high stability [J]. Science，2014，345（6194）：295–298.

[13] MICHAEL S，TAISUKE M，JI-YOUN S，et al. Cesium-containing triple cation perovskite solar cells：improved stability，reproducibility and high efficiency [J]. Energy & environmental science，2016，9（6）：1989–1997.

[14] NERL. Best research-cell efficiency chart [EB/OL].[2020–09–02]. https：//www.nrel.gov/pv/cell-efficiency.html.

[15] QIN P，PAEK S，DAR M I，et al. Perovskite solar cells with 12.8% efficiency by using conjugated quinolizino acridine based hole transporting material [J]. Journal of the American chemical society，2014，136（24）：8516–8519.

[16] ROY P，SINHA N K，TIWARI S，et al. A review on perovskite solar cells：evolution of architecture，fabrication techniques，commercialization issues and status[J]. Solar energy，2020，198：665–688.

[17] SAHLI F, WERNER J, KAMINO B A, et al. Fully textured monolithic perovskite/silicon tandem solar cells with 25.2% power conversion efficiency [J]. Nature materials, 2018, 17 (9): 820-826.

[18] SEO S, PARK I J, KIM M, et al. An ultra-thin, un-doped NiO hole transporting layer of highly efficient (16.4%) organic-inorganic hybrid perovskite solar cells [J]. Nanoscale, 2016, 8 (22): 11403-11412.

[19] Tandem solar cells with high power conversion efficiency [EB/OL]. [2020-08-21]. https://www.polyu.edu.hk/cpa/excel/en/201604/research/r1/index.html.

[20] WANG R, MUJAHID M, DUAN Y, et al. A review of perovskites solar cell stability [J]. Advanced functional materials, 2019, 29 (47).

[21] XING G, MATHEWS N, SUN S, et al. Long-range balanced electron-and hole-transport lengths in organic–inorganic $CH_3NH_3PbI_3$ [J]. Science, 2013, 342 (6156): 344-347.

[22] YAN K, WEI Z, LI J, et al. High-performance graphene-based hole conductor-free perovskite solar cells: schottky junction enhanced hole extraction and electron blocking [J]. Small, 2015, 11 (19): 2269-2274.

[23] YUE S, LIU K, XU R, et al. Efficacious engineering on charge extraction for realizing highly efficient perovskite solar cells [J]. Energy & environmental science, 2017, 10: 2570-2578.

[24] ZHANG F, YI C, WEI P, et al. A novel dopant-free triphenylamine based molecular "Butterfly" hole-transport material for highly efficient and stable perovskite solar cells [J]. Advanced energy materials, 2016, 6 (14).

[25] ZHANG F, ZHU K. Additive engineering for efficient and stable perovskite solar cells [J]. Advanced energy materials, 2020, 10.

[26] ZHANG W, XIONG J, LI J, et al. Guanidinium induced phase separated perovskite layer for efficient and highly stable solar cells [J]. Journal of materials chemistry A,

2019，7：9486-9496.

[27] ZHOU H，CHEN Q，LI G，et al. Interface engineering of highly efficient perovskite solar cells [J]. Science，2014，345（6196）：542-546.

[28] ZUO L，GU Z，YE T，et al. Enhanced photovoltaic performance of $CH_3NH_3PbI_3$ perovskite solar cells through interfacial engineering using self-assembling monolayer [J]. Journal of the American chemical society，2015，137（7）：2674-2679.

[29] 白宇冰，王秋莹，吕瑞涛，等. 钙钛矿太阳能电池研究进展 [J]. 科学通报，2016，61（4-5）：489-500.

[30] 北极星太阳能光伏网. 牛津光伏宣布钙钛矿/硅串联电池效率达到29.52% [EB/OL]. [2020-12-23]. http：//guangfu.bjx.com.cn/news/20201222/1124232.shtml.

[31] 边文越，李国鹏，周秋菊. 钙钛矿太阳能电池国际战略规划及发展态势分析 [J]. 世界科技研究与发展，2019，41（2）：127-136.

[32] 李萌. 高效稳定钙钛矿太阳能电池的研究 [D]. 苏州：苏州大学，2018.

[33] 魏静，赵清，李恒，等. 钙钛矿太阳能电池：光伏领域的新希望 [J]. 中国科学：技术科学，2014，44（8）：801-821.

[34] 谢慧红，邹正光，武晓鹂，等. 钙钛矿太阳能电池研究进展 [J]. 广东化工，2016，44（17）：1-5.

[35] 徐尧，曾宪伟，张文君，等. 反式p-i-n结构钙钛矿太阳能电池 [J]. 中国科学：化学，2016，46（4）：342-356.

[36] 姚鑫，丁艳丽，张晓丹，等. 钙钛矿太阳电池综述 [J]. 物理学报，2015，64（3）：145-152.

[37] 易炜. 高效钙钛矿太阳电池研究及其产业化进展 [J]. 电源技术，2020，44（7）：1073-1075.

[38] 朱立峰，石将建，李冬梅，等. 多孔 TiO_2 层厚度对钙钛矿太阳能电池性能的影响 [J]. 化学学报，2015（73）：261-266.